I0487680

Samarium(II)-halogenid-vermittelte α-Defunktionalisierung geschützter α,β-Dihydroxycarbonylverbindungen und deren Anwendung in der Synthese von Statinseitenketten: 1,3-Diolsynthesen

Inaugural-Dissertation

zur Erlangung der Doktorwürde
der Fakultät für Chemie, Pharmazie und Geowissenschaften
der Albert-Ludwigs-Universität Freiburg

vorgelegt von

Andreas P. Zörb

aus
Lörrach

Freiburg im Breisgau, 2010

Referent und Leiter der Arbeit:	Prof. Dr. R. Brückner
Korreferent:	Prof. Dr. P. Spiteller
Promotionsausschussvorsitzender:	Prof. Dr. R. Schubert
Dekan:	Prof. Dr. H. Hillebrecht

Tag der Verkündung des Prüfungsergebnisses: 04.11.2010

© Lulu, Raleigh, N.C., 2010

Andreas Zörb | Alle Rechte vorbehalten | ISBN: 978-1-4461-2753-7

1. Auflage, 2010

„Nothing in this world can take the place of persistence.
Talent will not; nothing is more common than unsuccessful people with talent.
Genius will not; unrewarded genius is almost a proverb.
Education will not; the world is full of educated derelicts.

Persistence and determination alone are omnipotent.

The slogan "press on" has solved and always will solve the problems of the human race".

Calvin Coolidge (30th President of the United States, 1872-1933)

Die vorliegende Arbeit wurde zwischen Februar 2007 und August 2010 im Arbeitskreis von Prof. Dr. Reinhard Brückner am Institut für Organische Chemie und Biochemie der Albert-Ludwigs-Universität Freiburg angefertigt.

Herrn Prof. Dr. R. Brückner danke ich für die Möglichkeit zu dieser Arbeit, die interessante Themenstellung, sein Interesse am Fortgang dieser Arbeit sowie sein Engagement bei der Ausbildung seiner Mitarbeiter.

Allen Mitarbeitern des Arbeitskreises danke ich für die Hilfsbereitschaft, das angenehme Arbeitsklima und die vielen fachlichen und nichtfachlichen Gespräche, die zum Gelingen dieser Arbeit beigetragen haben. Für die praktische Unterstützung bei der täglichen Laborarbeit danke ich Frau Bich Nguyen.

Weiterhin möchte ich meinem langjährigen Labornachbarn Herrn Dipl.-Chem. Christian Stock für die gute Zusammenarbeit bei der gemeinsamen Betreuung zahlreicher „Organisch-Chemischer-Fortgeschrittenenpraktika" danken.

Für das sorgfältige Korrekturlesen dieser Arbeit geht ein besonderer Dank an Herrn Dipl.-Chem. Thomas Wüster und Herrn Dipl.-Chem. Patrick Walleser.

Mein Dank gilt weiterhin allen Mitarbeitern der Serviceabteilungen des Instituts für Organische Chemie und Biochemie der Universität Freiburg für die stets zuverlässige Bearbeitung meiner Anliegen.

Ein besonderer Dank gebührt meinen Eltern für die finanzielle und tatkräftige Unterstützung während meines Studiums sowie meiner geduldigen und verständnisvollen Freundin Tatjana.

Abkürzungsverzeichnis

AIBN   Azo-bis-(isobutyronitril)

BINAP   2,2'-Bis(diphenylphosphino)-1,1'-binaphthyl

BINOL   1,1'-Bi-2-naphthol

(Boc)$_2$O   Di-*tert*-butyldicarbonat

br.   breites Signal

CH   Cyclohexan

CSA   Camphersulfonsäure

d   Dublett

DC   Dünnschichtchromatographie

DDQ   2,3-Dichlor-5,6-dicyanbenzochinon

DMDO   Dimethyldioxiran

DIBAL   Diisobutylaluminiumhydrid

EE   Essigsäureethylester

ges.   gesättigt

HYTRA   2-Hydroxy-1,2,2-triphenylethylacetat

IBX   "2-Iodoxybenzoesäure" = (1-Hydroxy-1,2-benziodoxol-3(1*H*)-on-1-oxid)

LDA   Lithiumdiisopropylamid

LG   Leaving Group (Abgangsgruppe)

Lsg.   Lösung

m   Multiplett

m$_c$ zentriertes Multiplett

mCPBA   3-Chlorperbenzoesäure

NBS   N-Bromsuccinimid

PCC   Pyridiniumchlorochromat

Ph   Phenyl

PPTS   Pyridinium-*para*-toluolsulfonat

*p*TsOH   *para*-Toluolsulfonsäure

q   Quartett

Red-Al®   Natrium-bis(2-methoxyethoxy)aluminiumdihydrid

Rxn   Reaktion

s	Singulett
SET	Single Electron Transfer (Einelektronentransfer)
t	Triplett
TBDMS	*tert*-Butyldimethylsilyl-
TBDPS	*tert*-Butyldiphenylsilyl-
TBME	*tert*-Butylmethylether
TBS	*tert*-Butyldimethylsilyl-
TFA	Trifluoressigsäure
THF	Tetrahydrofuran
THP	Tetrahydropyran
TMS	*Tri*methylsilyl-, bzw. im Zusammenhang mit aufgenommenen NMR-Spektren *Tetra*methylsilan
unges.	ungesättigt
wässr.	wässrig

Inhaltsverzeichnis

1. Einleitung

Die häufigsten Todesursachen in Deutschland und vielen anderen westlichen Industrienationen sind, weit vor den malignen Krebserkrankungen, Erkrankungen des Herz-Kreislaufsystems. Beinahe jeder 2. Gestorbene (42,2% bzw. 356.729 Personen) erlag 2008 einer solchen Erkrankung.[1] Innerhalb dieser relativ unspezifisch als Herz-Kreislauferkrankungen zusammengefassten Todesursachen macht die so genannte koronare Herzkrankheit (KHK)[2] den zahlenmäßig größten Anteil (134.822 Personen) aus.[1] Neben Rauchen und einem hohen Blutdruck ist ein erhöhter Cholesterinspiegel einer der wichtigsten Risikofaktoren und Verursacher dieser Erkrankung, die durch Durchblutungsstörungen des Herzmuskels in Folge verengter Herzkranzgefäße entsteht.

Pathogenetisch[3] entsteht die KHK bei erhöhtem Serumcholesterinspiegel durch die Bildung so genannter Plaques, die sich an der Innenseite der Arterien ablagern und eine im Volksmund als „Arterienverkalkung" bekannte Verengung der Gefäße (Arteriosklerose) verursachen.

Der Grund für die Gefahr der „Arterienverkalkung" durch einen zu hohen Cholesterinspiegel im Blut ist die Tatsache, dass sich Cholesterin selbst nicht in Blut löst, sondern zum Transport innerhalb des Körpers an wasserlösliche Carrierproteine gebunden wird. Bei diesen Lipoproteinen wird entsprechend ihrer Dichte zwischen LDL (Low-Density-Lipoprotein) und HDL (High-Density-Lipoprotein) unterschieden, wobei LDL überwiegend den Transport von Cholesterin zum s. g. extrahepatischen[4] Gewebe übernimmt und HDL für den Cholesterintransport aus extrahepatischem Gewebe zur Leber, dem Hauptausscheidungsort von Cholesterin, zuständig ist.[5]

Da das HDL den Transport des Cholesterins aus den Arterien in die Leber übernimmt und so zur Senkung des Serumcholesterinspiegels beiträgt, gilt es im

---

[1] Statistisches Bundesamt, Fachserie 12, Reihe 4, „Todesursachen in Deutschland 2008", 23.02.2010.

[2] Auch ischämische Herzkrankheit.

[3] Die Entstehung einer Krankheit (Pathogenese) betreffend.

[4] Außerhalb der Leber gelegen.

[5] G. Löffler, P. E. Petrides, *Biochemie und Pathobiochemie*, 6. Auflage, Springer-Verlag, Berlin, **1998**, 463-480.

Volksmund als „gutes Cholesterin". Ein hoher HDL-Spiegel gilt als cardioprotektiv. Der im Durchschnitt bei Frauen im Vergleich zu Männern höhere HDL-Spiegel gilt als einer der Gründe für ihre längere Lebenserwartung.[6]

Weil LDL, das die größten Cholesterinanteile im Blut transportiert, leicht oxidiert wird und sich dann an bzw. in den Arterienwänden anreichern kann und so zur Gefäßverengung führt, wird es oft und in umstrittener Weise als das „schlechte Cholesterin" bezeichnet.

Unabhängig von seiner Transportform ist Cholesterin für den menschlichen Körper Fluch und Segen zugleich. Neben dem beschriebenen Risiko eines erhöhten Cholesterinspiegels ist Cholesterin für den menschlichen Körper essentiell. Ungefähr 10% der festen Bestandteile unseres Gehirns bestehen aus Cholesterin. 23% des im Körper vorkommenden Cholesterins sind hier zu finden. Auch die Membranen der roten Blutkörperchen sind reich an Cholesterin. Cholesterin ist außerdem wichtiger Ausgangsstoff für die Produktion von Gallensäuren und die Biosynthese der Sexualhormone Progesteron, Testosteron und Östrogen. In der Tat werden alle im menschlichen Körper vorkommenden Steroide vom Körper biosynthetisch von Cholesterin abgeleitet.[6]

Das Cholesterin in *Homo sapiens* stammt aus zwei Quellen: zum einen aus der so genannten intestinalen Resorption von Cholesterin, also der Aufnahme mit unserer Nahrung; zum anderen produziert unsere Leber selbst Cholesterin, wenn die mit der Nahrung aufgenommenen Mengen nicht zur Bedarfsdeckung ausreichen. Etwa 70% des in unserem Körper vorhandenen Cholesterins entstammen dieser eigenen, überwiegend in der Leber stattfindenden, Biosynthese.

---

[6] J. J. Li, *Triumph of the heart – The Story of Statins*, 1. Auflage, Oxford University Press, New York, **2009**, 4-12.

1.1   Biosynthese von Cholesterin

Schema 1:   Wichtige Zwischenprodukte der Cholesterin-Biosynthese und Angriffspunkt von Statinen als HMG-CoA-
Reduktase-Hemmer.

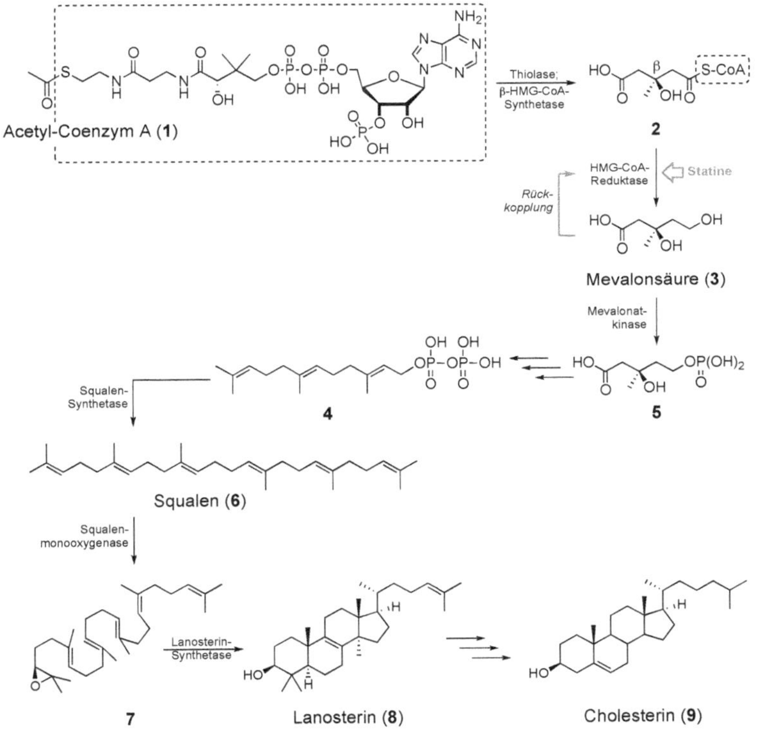

Im Rahmen der Cholesterin-Biosynthese (wichtige Zwischenprodukte sind in *Schema 1* gezeigt) werden die 27 Cholesterin aufbauenden C-Atome aus Acetyl-Coenzym A (1) geliefert. Zunächst bilden 3 Moleküle Acetyl-Coenzym A (1) unter der Einwirkung einer Thiolase und von β-HMG-CoA-Synthetase die noch immer an Coenzym-A gebundene β-Hydroxycarbonsäure 2 (β-Hydroxy-β-methylglutaryl-CoA = β-HMG-CoA). Der nächste, geschwindigkeitsbestimmende Schritt der Cholesterin-Biosynthese ist die HMG-CoA-Reduktase-katalysierte Reduktion zur Mevalonsäure (3). Es folgen eine Phosphorylierung, eine decarboxylierende GROB-Fragmentierung und eine stufenweise Trimerisierung zu dem C-15-Körper

3

Farnesyldiphosphat (**4**). Dessen Dimerisierung liefert das aus sechs Isopreneinheiten bestehende Squalen (**6**). Squalen (**6**) durchläuft im abschließend gezeigten Schritt der Cholesterin-Biosynthese eine enzymatische Cyclisierung seines Monoepoxids **7**. Unter Bildung mehrerer kationischer Zwischenstufen (nicht gezeigt) wird Lanosterin (**8**) zu Cholesterin (**9**) gestutzt.[7]

Bei gesunden Menschen hemmt das frühe Zwischenprodukt der Cholesterin-Biosynthese Mevalonsäure (**3**) (*vgl. Schema 1*) durch eine so genannte negative Rückkopplung auf die HMG-CoA-Reduktase den geschwindigkeitsbestimmenden Schritt der Cholesterin-Biosynthese und verhindert so eine Cholesterin-Überproduktion.

20-25% der Erwachsenen in Deutschland leiden jedoch an einer Erhöhung der Serum-Cholesterinkonzentration über dem Normalbereich. Man nimmt an, dass bei ihnen eine genetische Disposition zu erhöhten LDL-Konzentrationen besteht, diese wird jedoch durch zusätzliche äußere Faktoren wie Übergewicht oder Bewegungsmangel verstärkt.[5] Um das Risiko von Herz-Kreislauferkrankungen zu senken, kann bei solchen Patienten eine medikamentöse Senkung des Cholesterinspiegels durch Hemmung der HMG-CoA-Reduktase sinnvoll sein.

---

[7] T. Kreutzig, *Kurzlehrbuch Biochemie*, 10. Auflage, Urban & Fischer, München, **2000**, 234-239.

1.2 Entdeckung der ersten HMG-CoA-Reduktase-Inhibitoren und die sich anschließende Entwicklung der Statine

AKIRA ENDO, Mitarbeiter des japanischen Pharmakonzerns Sankyo, entdeckte 1971 den ersten Vertreter der heute als Statine bezeichneten Substanzklasse der HMG-CoA-Reduktase-Inhibitoren: Ein von *Penicillium citrium Mevastatin* produzierter und von ENDO deshalb als *Mevastatin* bezeichneter Wirkstoff war in der Lage, durch Wechselwirkung mit HMG-CoA-Reduktase den geschwindigkeitsbestimmenden Schritt der Cholesterin-Biosynthese (*vgl. Schema 1*) im menschlichen Körper zu unterdrücken und so erhöhten Cholesterinwerten entgegen zu wirken.[8] Obwohl Sankyo *Mevastatin* 1974 zum Patent anmeldete, wurde nie ein Präparat mit diesem Wirkstoff auf den Markt gebracht. Erst 1989 gelangte im Rahmen einer Kooperation von Sankyo mit Bristol-Myers-Sqibb ein Metabolit von *Mevastatin* unter dem Namen Pravachol® zur Marktreife. Er erhielt von der FDA als zweiter Vertreter[9] dieser neuen, als Statine bezeichneten Wirkstoffklasse im Oktober 1991 die Zulassung.

Von allen Medikamenten, die den Lipidstoffwechsel beeinflussen, weisen Statine auch heute noch die höchste Potenz auf. Sie sind deshalb die am häufigsten eingesetzten Präparate zur blutfettsenkenden Therapie.[6] Der Markt der Cholesterinsenker wird heute auf mehr als 20 Mrd. US-$/Jahr geschätzt. Er ist damit einer der größten des pharmazeutischen Sektors. Allein der Pharmakonzern Pfizer erzielte mit seinem Blockbuster Lipitor® (*Atorvastatin*) im Jahr 2009 einen Umsatz von 11.4 Mrd. US-$.[10]

Aus diesem Grund überrascht es nicht, dass seit ENDOS Entdeckung Anfang der 70er Jahre große Forschungsanstrengungen unternommen werden, um neue und immer bessere HMG-CoA-Reduktase-Hemmer zu entwickeln.

---

[8] 1976 entdeckten A. G. Brown *et al.* einen HMG-CoA-Reduktase-Hemmer in *Penicillium brevicompactum* und gaben diesem den Namen *Compactin*. Kristallstrukturanalysen belegten später, dass die beiden als *Mevastatin* und *Compactin* bezeichneten Substanzen identisch waren.

[9] Bereits 1987 brachte Merck, Sharp & Dohme mit Lovastatin (*vgl. Abbildung 1*) unter dem Handelsnamen Mevacor® das erste Statin auf den Markt.

[10] Pfizer Inc., Financial Report (Geschäftsbericht), **2009**, S. 21.

1.3   Statine: Strukturelle Gemeinsamkeiten und Unterschiede

Bis heute wurden acht unterschiedliche Statine zur (temporären) Marktreife entwickelt.

Cerivastatin (**17**) ist der Vollständigkeit halber in *Abbildung 1* aufgeführt. Das entsprechende Präparat (Lipobay®) wurde allerdings von Bayer aufgrund von gehäuft auftretenden Wechselwirkungen mit anderen Medikamenten bereits im August 2001 wieder vom Markt genommen. Alle anderen in *Abbildung 1* gezeigten Statine sind bis heute am Markt erhältlich.

Abbildung 1: *Strukturelle Gemeinsamkeiten und Unterschiede der acht bisher zur Marktreife entwickelten Statine. Zum Vergleich Mevalonsäure (3) als wichtiges Zwischenprodukt der Cholesterin-Biosynthese.*

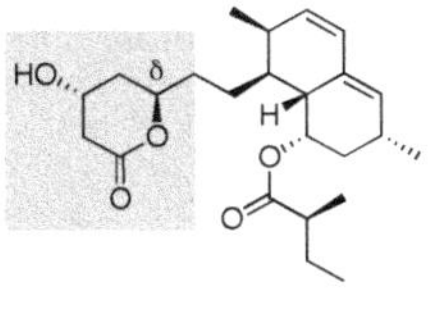

Lovastatin (10)
Mevinolin®

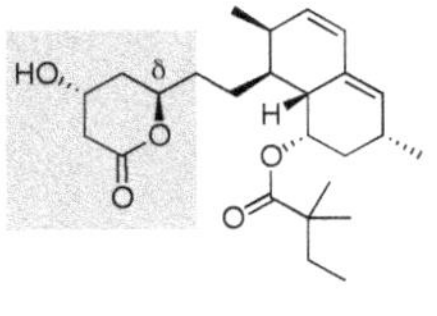

Simvastatin (11)
Zocor®

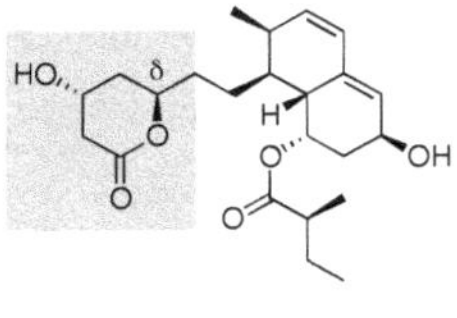

Pravastatin (12)
Pravachol®

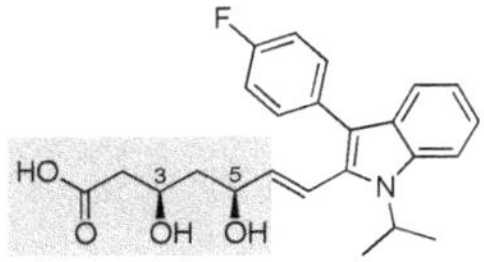

Fluvastatin (13)
Locol®

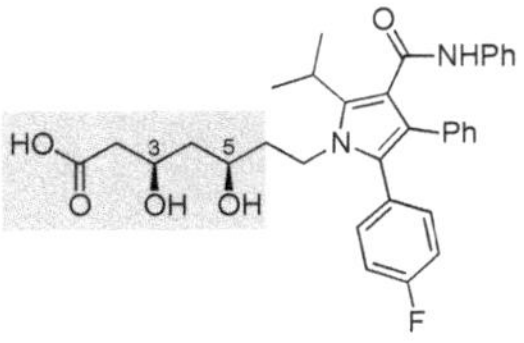

Atorvastatin (14)
Lipitor®

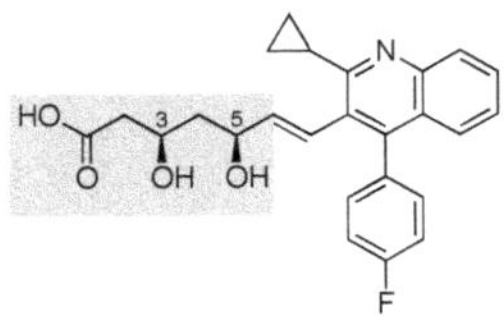

Pitavastatin (15)
Livalo®

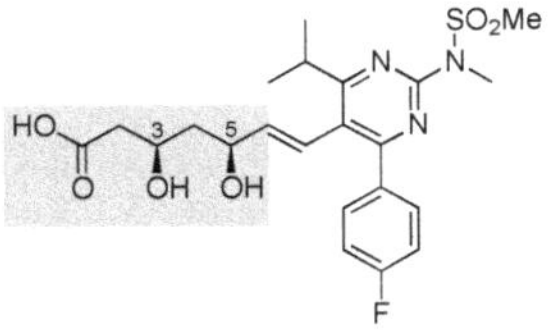

Rosuvastatin (16)
Crestor®

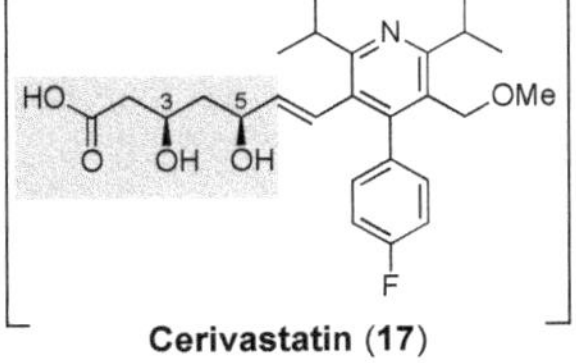

zum Vergleich:

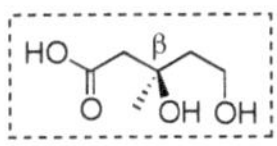

Mevalonsäure (3)

Cerivastatin (17)
Lipobay®

Alle enthalten einen heteroaromatischen oder isocyclischen Rest und eine 3,5-Dihydroxysäure, die in einigen Fällen zum δ-Lacton geschlossen ist und den eigentlichen Pharmakophor darstellt. Es war vorallem die erste Statin-Generation, die die zum δ-Lacton geschlossene Seitenkette enthielt (*vgl. Abbildung 1; oben*). Demgegenüber stellte man etwa Mitte der 80er Jahre fest, dass deren Hydrolysat, also die entsprechende 3,5-Dihydroxysäure (bzw. die im pharmazeutischen Präparat verabreichten Salze davon) die Bioverfügbarkeit im Körper erhöht und eine niedrigere Dosierung zulässt.[6]

Die Strukturverwandtschaft vor allem der Statine mit offenkettiger 3,5-Dihydroxycarbonsäureseitenkette zur Mevalonsäure (**3**), die im Körper als Zwischenprodukt der Cholesterin-Biosynthese gebildet wird und sich lediglich durch eine in β-Position zur Säurefunktion zusätzlich vorhandene Methylgruppe von diesen unterscheidet, ist offensichtlich.

2. Literaturbekannte Synthesestrategien zum Aufbau von Statinseitenketten bzw. 3,5-Dihydroxycarbonsäuresubstrukturen

Trotz der Häufigkeit und Wichtigkeit von 1,3-Diolen als Substruktur von Statinen und zahlreichen anderen Naturstoffen setzte sich bisher keine einfache, universell anwendbare Synthesestrategie zur stereoeinheitlichen Darstellung von 1,3-Diolen durch (wie dies z. B. bei der Synthese von *cis-vic*-1,2-Diolen, die fast ausschließlich mittels SHARPLESS' asymmetrischer Dihydroxylierung aufgebaut werden, der Fall ist).

Aus diesem Grund und vor dem Hintergrund des enormen wirtschaftlichen Potentials der Statine ist es nicht verwunderlich, dass in der Vergangenheit mannigfaltige[11,12] Synthesestrategien zum Aufbau des 3,5-Dihydroxy-carbonsäureteils der Statine (= Statinseitenkette) entwickelt und veröffentlicht wurden.

Klammert man Synthesen, die das Strukturelement der 3,5-Dihydroxycarbonsäure in racemischer Form liefern, ebenso aus wie solche, die auf einer Racematspaltung (z. Bsp. durch Kristallisation mit einem enantiomerenreinen Amin) beruhen oder ihre Stereoinformation aus enantiomerenreinen Naturstoffen (*ex-chiral pool*) aufbauen, lässt sich die folgende Übersicht (*S. 10 – 46*) über bisher veröffentlichte, organisch-chemische (also enzymfreie) Synthesen aufstellen.

---

[11] Eine am 29.03.2010 durchgeführte SciFinder-Recherche (*CAPLUS Datenbank*) nach „references associated with

preparation of": mit den Einschränkungen: *abs. stereo, rel. stereo, mirror stereo, german, english, journal, review, letter, patent* lieferte 155 von Duplikaten bereinigte Treffer. Eine am 31.03.2010 durchgeführte SciFinder Recherche nach dem entsprechenden *gesättigten* Substrukturelement lieferte mit den identischen Einschränkungen 377 Treffer.

[12] Einen umfassenden Überblick gibt folgender Review: Y. Chapleur, „The Chemistry and Total Synthesis of Mevinolin and Related Compounds", in G. Lukacs (Ed.), *Recent Progress in the Chemical Synthesis of Antibiotics and Related Microbial Products*, Vol. 2, Springer-Verlag, Berlin, 1993, 829-937.

2.1 Stöchiometrisch asymmetrische Verfahren

2.1.1 Desymmetrisierung cyclischer Hydroxypentandisäureanhydride

Schema 2: *Desymmetrisierung nach HEATHCOCK und ROSEN[13].*

Reagenzien und Reaktionsbedingungen[13]: *a) (R)-1-Phenylethanol (19), NEt₃, DMAP, –30°C; keine weiteren Angaben. – b) CH₂N₂; keine weiteren Angaben. – c) HF/CH₃CN; keine weiteren Angaben. – d) 21 (6.5 Äquiv.), THF (hexanfrei), –78°C, 10 min; 43%. – e) TBDMS-Cl, Imidazol; keine weiteren Angaben. – f) H₂, Pd/C; keine weiteren Angaben. – g) CH₂N₂; 79% über 3 Stufen [e)-g)]; keine weiteren Angaben. – h) 25, LiCl, DBU; keine weiteren Angaben. – i) HF, CH₃CN; 87%; keine weiteren Angaben. – j) NaBH₄, ds = 2:1 (syn:anti); keine weiteren Angaben.*

ROSEN und HEATHCOCK[13] entwickelten im Rahmen ihrer Totalsynthese von *Compactin* 1985 ein Verfahren zur Darstellung der 3,5-Dihydroxycarboxylsubstruktur, das auf der Desymmetrisierung eines O-geschützten 3-Hydroxypentandisäureanhydrids **18** durch ein chirales Nucleophil [hier: 1-Phenylethanol (**19**)] beruht.[13] Obgleich es (später praktizierte) Varianten dieser erstmals von ROSEN und HEATHCOCK realisierten Strategie (z. B. mit anderen Schutzgruppen oder Nucleophilen[14]) gibt, wird in *Schema 2*, wie auch bei sämtlichen anderen im folgenden vorgestellten literaturbekannten Synthesestrategien, der Übersichtlichkeit halber stets das ursprünglich publizierte Orginalbeispiel vorgestellt.

---

[13] T. Rosen, C. H. Heathcock, *J. Am. Chem. Soc.* **1985**, *107*, 3731-3733.

[14] Während anfangs 1-Phenylethanol (**19**) als Nucleophil eingesetzt wurde, ersetzten es KARANEWSKY *et al.* 1990 durch das analog reagierende, billigere und besser verfügbare 1-Phenylethylamin (nicht gezeigt): D. S. Karanewsky, M. F. Malley, J. Z. Gougoutas, *J. Org. Chem.* **1991**, *56*, 3744-3747.

Nach nucleophiler Öffnung des cyclischen, prochiralen Anhydrids **18** wurde die erhaltene β-oxygenierten Carbonsäure **20** durch Veresterung mit Diazomethan, Desilylierung und anschließenden Angriff von lithiiertem Dimethylmethylphosphonat **21** regioselektiv in Phosphonat **22** überführt. Hierbei erfolgte der Angriff des lithiierten Dimethylmethylphosphats **21** ausschließlich am Methylester-Terminus (und nicht alternativ an der Carboxylgruppe, die im ersten Schritt vom Nucleophil angegriffen wurde). Nach Abspaltung dieses Nucleophils folgte eine HWE-Reaktion an einem Aldehyd, der entsprechend der geplanten Synthese funktionalisiert war. Eine unselektive NaBH$_4$-Reduktion lieferte ein durch Kristallisation trennbares 2:1 (*syn:anti*)-Gemisch der beiden Diastereomere der 3,5-Dihydroxy-carboxylsubstruktur **23**.

2.1.2 Asymmetrische Allyladdition

Eine weitere stöchiometrisch asymmetrische Synthesestrategie zum Aufbau der Statinseitenkettensubstruktur stellen Allyladditionen von stöchiometrischen Mengen einer Allylmetallspezies an Aldehyde dar.

Schema 3: *Asymmetrische Allylierung durch einen enantiomerenreinen Allyltitankomplex 27[17], eine Allyl-Bor-Spezies 28[19,22] bzw. das LEIGHTON-Reagenz 29[16,20].*

Reagenzien und Reaktionsbedingungen[19,22]: *a) R = Pentyl; OsO_4, $NaIO_4$, 2,6-Lutidin, Dioxan/H_2O 3:1 (v:v), Raumtemp.; quant.; keine weiteren Angaben.– b) R = $CH_2CH_2OTBDPS$; Methylacrylat (3 Äquiv.), HOVEYDA-Katalysator[8] (1.5 mol-%), CH_2Cl_2, Rückfluss; keine weiteren Angaben.– c) AllylSiMe₃, $SnCl_4$, CH_2Cl_2, –78°C; 74% [über 2 Stufen: a) und c)], dr = 93:7 (syn:anti); keine weiteren Angaben.– d) PhCHO, tBuOK, THF, 0°C; 89%; keine weiteren Angaben.– e) 2,2-Dimethoxypropan, PPTS, CH_2Cl_2, Raumtemp.; 95%; keine weiteren Angaben.– f) $RuCl_3$, $NaIO_4$, CH_2Cl_2/MeCN/H_2O; 77%; keine weiteren Angaben.*

Die Addition der Di(*iso*pinocampheyl)-Allyl-Borverbindung **28**[19,22] „BROWN-Allylierung"[15] bzw. des LEIGHTON-Reagenz[16,20] **29** an einen entsprechenden Aldehyd **30** lieferte hier jeweils einen enantiomerenreinen sekundären Homoallylalkohol **31**.[17]

Durch Metathese von **31** mit Acrylsäuremethylester gelang sowohl ROUSH und DINEEN[19] als auch O'DOHERTY *et al.*[20] der Einstieg in die s. g. EVANS-Halbketal-addition[21] von Benzaldehyd; über das nicht isolierbare Halbacetal **36** führte sie zum geschützten 3,5-dioxygenierten Seitenkettenbaustein **38** (*Schema 3; rechts*). Bemerkenswert ist, dass hierbei ausschließlich das gezeigte, thermodynamisch stabilere (weil all-äquatorial substituierte) Acetal entstand und nicht, das am Acetalzentrum anders konfigurierte, ebenfalls denkbare Diastereomer (nicht gezeigt).

COSSY *et al.*[22] gelang ausgehend vom Homoallylalkohol **31** nach Dihydroxylierung mit OsO$_4$ und anschließender Periodatspaltung die Darstellung des β-oxygenierten Aldehyds **32**. Daran wurde anschließend diastereoselektiv Allyltrimethylsilan (**34**) addiert. Das so entstandene dioxygenierte Olefin **35** ließ sich nach Schützung, erneuter oxidativer Spaltung (dieses Mal durch RuCl$_3$/NaIO$_4$) und abschließender Oxidation in den geschützten Seitenkettenbaustein **37** überführen (*vgl. Schema 3; links*).[22]

[15] U. S. Racherla, H. C. Brown, *J. Org. Chem.* **1991**, *56*, 401-404.

[16] K. Kubota, J. L. Leighton, *Angew. Chem.* **2003**, *115*, 976-978; *Angew. Chem. Int. Ed.* **2003**, *42*, 946-948.

[17] Die enantiomerenreine Allyltitanspezies ist der Vollständigkeit halber in *Schema 3* aufgeführt. Sie wurde zwar nicht zur Synthese von Statinseitenkettensubstrukturen eingesetzt, liefert (mit div. L*) jedoch durch Addition an diverse Aldehyde *analoge* sekundäre Homoallylalkohole: A. Hafner, R. O. Duthaler, R. Marti, G. Rib, P. Rothe-Streit, F. Schwarzenbach, *J. Am. Chem. Soc.* **1992**, *114*, 2321-2336.

[18]

[19] W. R. Roush, T. A. Dineen, *Org. Lett.* **2004**, *6*, 2043-2046.

[20] H. Guo, M. S. Mortensen, G. A. O'Doherty, *Org. Lett.* **2008**, *10*, 3149-3152.

[21] D. A. Evans, J. A. Gauchet-Prune, *J. Org. Chem.* **1993**, *58*, 2446-2453.

[22] a) F. Allais, M.-C. Louvel, J. Cossy, *Synlett* **2007**, *3*, 451-452; b) Darstellung fluorhaltiger Derivate: P. V. Ramachandran, K. J. Padiya, V. Rauniyar, M. V. R. Reddy, H. C. Brown, *J. Fluorine Chem.* **2004**, *125*, 615-620.

2.1.3 Aldoladdition chiraler Enolate an Aldehyde

Die Aldol-Addition enantiomerenreiner Essigesterenolate an Aldehyde stellt ein weiteres „stöchiometrisches Konzept" eines stereoselektiven Zugangs zu Statinseitenkettenstrukturen dar.

Im Rahmen ihrer Totalsynthese von *Tetrahydrolipstatin* nutzten WIDMER *et al.*[23] erstmals das von BRAUN entwickelte HYTRA-Aldolkonzept[24,25] zum Aufbau einer 3,5-dioxygenierten Carboxylsubstruktur. Obgleich sie in ihrer dortigen Synthese im Vergleich zu den Statinseitenketten die „falsche" Absolutkonfiguration aufbauten, soll ihr Konzept an diesem Beispiel vorgestellt werden. Es taugt nämlich prinzipiell – wie von diversen Autoren später gezeigt[26,27,28,29,30] – auch für den Aufbau der anderen Enantiomerenreihe und somit für die Synthese von Statinseitenketten-analogen Strukturen.

Schema 4:   *Asymmetrische "HYTRA"-Aldoladdition nach BRAUN[25].*

Reagenzien und Reaktionsbedingungen[23]: a) (iPr)₂NH (2.5 Äquiv.), THF, 0°C, Zugabe von nBuLi (1.6 M in Hexan, 2.5 Äquiv.), 15 min, Zugabe des LDA zu **39** in THF bei –75°C bis –68°C, → 0°C, 10 min, → –118°C, Zugabe von **40** (1.1 Äquiv.) in Et₂O, 1 h; 71%. – b) MeOH, NaOMe (1 Äquiv.) 1 h, Raumtemp.; 94.5%, 76% ee. – c) **42**, CH₂Cl₂, Dihydro-2H-pyran (2 Äquiv.) → 0°C, pTsOH (kat.), 45 min, → 10°C; 75%. – d) DIBAL (1.1 Äquiv.), CH₂Cl₂, –75°C, 35 min; 91%. – e) NaOMe, MeOH, Raumtemp., 30 min; 89%.

Im Rahmen der Synthese von WIDMER *et al.* wurde das von (*R*)-Mandelsäure (**44**) abgeleitete enantiomerenreine Acetat **39** [„(*R*)-HYTRA"] an den substituierten

---

[23] P. Barbier, F. Schneider, U. Widmer, *Helv. Chim. Act.* **1987**, *70*, 1412-1418.

[24] HYTRA = 2-Hydroxy-1,2,2-triphenylethylacetat.

[25] M. Braun, R. Devant, *Tetrahedron Lett.* **1984**, *25*, 5031-5034.

14

Aldehyd **40** addiert. Der so entstandene β-Hydroxycarbonsäureester **41** wurde anschließend mit Natriummethanolat in den entsprechenden Methylester **42** überführt, der durch Anbringen einer THP-Schutzgruppe und anschließende Reduktion den β-chiralen Aldehyd **43** lieferte. Es folgte eine erneute „HYTRA"-Addition inkl. anschließender Methylesterbildung. Das lieferte das monogeschützte Enantiomer der Statinseitenkettensubstruktur **45**.

[26] H. Jendralla, E. Baader, W. Bartmann, G. Beck, A. Bergmann, E. Granzer, B. v. Kerekjarto, K. Kesseler, R. Krause, W. Schubert, G. Wess, *Journal of Med. Chem.*, **1990**, *33*, 61-70.

[27] B. D. Roth, C. J. Blankley, A. W. Chucholowski, E. Ferguson, M. L. Hoefle, D. F. Ortwine, R. S. Newton, C. S. Sekerke, D. R. Sliskovic, C. D. Stratton, M. W. Wilsont, *Journal of Med. Chem.*, **1991**, *34*, 357-366.

[28] D. V. Patel, R. J. Schmidt, E. M. Gordon, *J. Org. Chem.* **1992**, *57*, 7143-7151.

[29] H. T. Lee, P. W. K. Woo, *J. Labelled Cpd. Radiopharm.* **1999**, *42*, 129-133.

[30] O. Tempkin, S. Abel, C. P. Chen, R. Underwood, K. Prasad, K. M. Chen, O. Repic, T. J. Blacklock, *Tetrahedron* **1997**, *53*, 10659-10670.

2.1.4 Diastereoselektive Reduktion enantiomerenreiner Diketo-carbonsäurederivate

Eine weitere Strategie zum Aufbau von 3,5-Dihydroxycarbonsäuren ist die Reduktion enantiomerenreiner Diketocarbonsäurederivate. Letztere wurden u. a. von SOLLADIÉ aus C-Nucleophilen und enantiomerenreinen Sulfinaten erhalten.[31,32]

Schema 5: *Addition eines 3,5-Diketocarbonsäuretrianions an ein enantiomerenreines Sulfinat nach SOLLADIÉ.[31]*

*Reagenzien und Reaktionsbedingungen[31]: a) NaH (1 Äquiv.), tBuLi (2 Äquiv.), THF, 0°C, 40 min; 68%.– b) **49**, THF, –78°C, DIBAL (2 Äquiv.), 15 min, MeOH, → Raumtemp., 30 min; 44%, de >98%.– c) **51**, THF/MeOH 5:1 (v:v), –78°C, Et₂BOMe (1.1 Äquiv.), 20 min, NaBH₄ (1.3 Äquiv.), 4 h; 99%, de >98%.– d) 2,2-Dimethoxypropan, pTsOH (2 mol-%), Aceton, Raumtemp., 3 h; 98%; keine weiteren Angaben.*

Spezifisch wurde hierbei das aus dem 3,5-Diketoester **47** mit NaH und tBuLi (2 Äquiv.) erzeugte Trianion an das enantiomerenreine Sulfinat **48** addiert.[33] Anschließend gelang durch diastereoselektive Reduktion mit DIBAL der Zugang zum Hydroxyketocarbonsäureester **51**. Dieser lieferte nach syn-Reduktion nach NARASAKA-PRASAD[34] (s. u.) und Acetonidschützung den Seitenkettenbaustein **50**.

---

[31] G. Solladié, J. Hutt, A. Girardin, *Synthesis* **1987**, 173.

[32] G. Solladié, C. Bauder, L. Rossi, *J. Org. Chem.* **1995**, *60*, 7774-7777.

[33] Der Vollständigkeit halber möchte ich hier darauf hinweisen, dass man neben dem gezeigten nucleophilen Angriff von Enolaten an Sulfinate zum Aufbau chiraler Sulfoxide auch den „umgepolten" Fall des nucleophilen Angriffs eines deprotonierten Methylsulfoxids an Ester zum Aufbau der Ketosulfoxidsubstruktur kennt: S. Raghavan, K. Rathore, *Synlett* **2009**, *8*, 1285-1288.

[34] Methode: K. Narasaka, F.-C. Pai, *Chem. Lett.* **1980**, 1415-1418; K. Narasaka, F.-C. Pai, *Tetrahedron* **1984**, *40*, 2233-2238; K.-M. Chen, G. E. Hardtmann, K. Prasad, O. Repic, M. J. Shapiro, *Tetrahedron Lett.* **1987**, *28*, 155-158; K.-M. Chen, K. G. Gunderson, G. E. Hardtmann, K. Prasad, O. Repic, M. J. Shapiro, *Chem. Lett.* **1987**, 1923-1926.

Der darin noch enthaltene Sulfoxidterminus wurde in einer dreistufigen Reaktionssequenz (nicht gezeigt) in den primären Alkohol **52** überführt.

Genauer eingehen möchte ich an dieser Stelle auf die in *Schema 5* erstmals vorgestellte und in der Literatur als NARASAKA-PRASAD-Reduktion bekannte Reduktion von β-Hydroxyketonen zu *syn*-1,3-Diolen.

Schema 6: *Mechanistische Betrachtungen zu der als NARASAKA-PRASAD-Reduktion bezeichneten syn-Reduktion von β-Hydroxyketonen zu 1,3-Diolen am Beispiel der Reduktion von β-Hydroxyketon 51 zum syn-1,3-Diol 54.*

Durch Zugabe von Triethylboran und Methanol (bzw. von Dialkylalkoxyboran) zum β-Hydroxyketon **51** bildet sich ein halbsesselförmiges 6-Ring Chelat **53**. Darin nehmen die Substituenten R^1 und R^2 eine vorteilhafte, äquatoriale Position ein. Anschließend zugegebenes NaBH$_4$ öffnet diesen Halbsessel diastereoselektiv zum *syn*-1,3-Diol **54**. Dies verläuft in einer Art „Einklang mit der FÜRST-PLATTNER-Regel" aus konformativen Gründen so, dass der Angriff des Hydrid-Ions axial erfolgt und zunächst ein Sesselkonformer liefert, was letztlich das gezeigte *syn*-1,3-Diol **54** ergibt.

Die diastereoselektive Reduktion eines enantiomerenreinen Diketocarbonsäureesters mit DIBAL (*vgl. Schema 5*) ist auch elementarer Bestandteil der Strategie von HIYAMA et al.[35] (*Schema 7*).

Schema 7: *Verwendung von TABER's Alkohol (55) als chirales Auxiliar.*

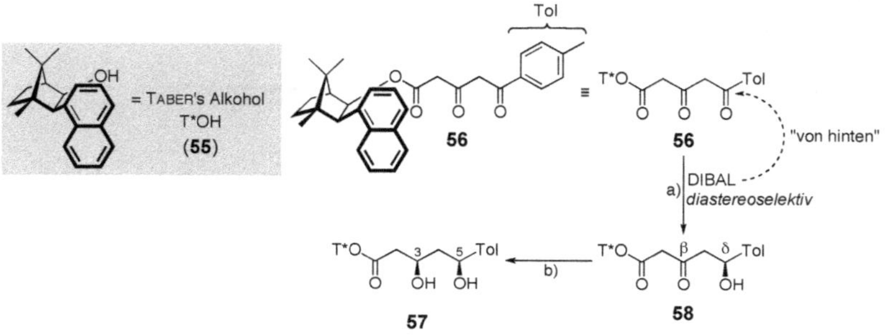

Reagenzien und Reaktionsbedingungen[35]: a) DIBAL (2 Äquiv.), THF, –78°C, 4 h; 78%, de >95:5.– b) 58, THF/MeOH 5:1 (v:v), –78°C, Et₂BOMe (1 Äquiv.), → Raumtemp., 15 min, → –78°C, NaBH₄ (2.1 Äquiv.), 4 h, → Raumtemp., über Nacht; 81% dr >99:1 (syn:anti).

Ausgehend von TABER's Alkohol[36a-c] (**55**) gewannen HIYAMA et al.[35] den enantiomerenreinen Diketocarbonsäureester **56**, der sich mit DIBAL in ganz analoger Weise wie das oben gezeigten Sulfoxid (*vgl. Schema 5*) diastereoselektiv (nämlich hier von der sterisch besser zugänglichen Rückseite) zum δ-Hydroxy-β-ketoester **58** reduzieren ließ. Die abschließende NARASAKA-PRASAD-Reduktion lieferte schließlich auch hier das Seitenkettensubstrukturelement **57**.

[35] G. B. Reddy, T. Minami, T. Hanamoto, T. Hiyama, *J. Org. Chem.* **1991**, *56*, 5752-5754.

[36] a) D. F. Taber, T. Raman, M. D. Gaul, *J. Org. Chem.* **1987**, *52*, 28-34; b) D. F. Taber, P. B. Deker, M. D. Gail, *J. Am. Chem. Soc.* **1987**, *109*, 7488-7494; c) D. F. Taber, J. C. Amedio, Y. K. Patel, *J. Org. Chem.* **1985**, *50*, 3618-3619.

2.1.5 Sonstige stöchiometrisch asymmetrische Verfahren

Unter *Sonstiges* möchte ich an dieser Stelle zum einen solche (exotischeren) Strategien zusammenfassen, die sich nicht in die bisher vorgestellten Kategorien einordnen lassen. Zum anderen möchte ich hier auch auf Synthesen eingehen, die sich zum Aufbau der dioxygenierten Seitenkettenstruktur sowohl *stöchiometrisch asymmetrischer* als auch *katalytisch asymmetrischer* Verfahren (die eigentlich erst im nächsten Kapitel vorgestellt werden) bedienen.

Schema 8: *Hydrierung von Phloroglucin (59) und anschließende Desymmetrisierung der erhaltenen Cyclohexantriole.*

60a (PG = TBDPS)[37b]
60b (PG = Bn)[38]

61

62a
62b

63

64a (PG = TBDPS; R = Et)[37b]
64b (PG = Bn; R = H)[38]

Reagenzien und Reaktionsbedingungen[37b,38]***:*** *a) Rh/H$_2$, H$_2$O; keine weiteren Angaben.– b)*[37b] *TBDPS-Cl, DMF, Imidazol; keine weiteren Angaben.– bzw. b')*[38] *NaH, Pyridin, Raumtemp., TBDPS-Cl in THF, 0°C; keine weiteren Angaben. Anschließend NaH, BnBr, Bu$_4$NI, THF, Raumtemp.; keine weiteren Angaben.– c) PCC, AcONa, Celite, CH$_2$Cl$_2$, Raumtemp.; keine weiteren Angaben.– d) PG = Bn; Lithiumbis[(S)-methylbenzyl]amid, TMS-Cl, THF, –100°C; keine weiteren Angaben.– e) PG = TBDPS; mCPBA; keine weiteren Angaben.– f) O$_3$, CH$_2$Cl$_2$, –78°C, dann PPh$_3$, dann NaBH$_4$, MeOH; keine weiteren Angaben .– g) EtOH, TFA; keine weiteren Angaben.*

[37] a) K. Prasad, *US-Patent* 4.841.071, **1989**; b) O. Repic, K. Prasad, G. T. Lee, *Organic Process Research & Development* **2001**, *5*, 519-527.

[38] T. Honda, S. Ono, H. Mizutani, K. O. Hallinan, *Tetrahedron Asymmetry* **1997**, *8*, 181-184.

Ausgehend von käuflichem Phloroglucin (**59**) gelangten NARASAKA *et al.*[37b] nach Hydrierung zum Trihydroxycyclohexan (nicht gezeigt), Diastereomerentrennung per Kristallisation und anschließender Silylierung (*t*BDPS) von zwei der drei Hydroxyfunktionen zum Monoalkohol **60a**. Den analogen Dibenzylmonoalkohol **60b** machten HONDA *et al.*[38] in zwei Stufen aus Trihydroxycyclohexan zugänglich.

Beiden Arbeitsgruppen oxidierten anschließend ihren jeweiligen bisgeschützten Alkohol (**60a** bzw. **60b**) mit Pyridiniumchlorochromat (PCC) zum entsprechenden Keton **62a** bzw. **62b**.

NARASAKA *et al.*[37b] gelang anschließend die desymmetrisierende BAYER-VILLIGER-Oxidation von **62a**. Sie lieferte das Siebenring-Lacton **63** und dessen Ethanolyse das Seitenkettensubstrukturelement **64a**. HONDA *et al.*[38] desymmetrisierten das Keton **62b** durch eine asymmetrische Deprotonierung mit Lithiumbis[(*S*)-methylbenzyl]amid[39]. Durch Abfangen mit TMS-Cl wurde der Enolether **61** erhalten. Er lieferte durch Ozonolyse und Reduktion das Seitenkettenstrukturelement **64b**.

39

Ph$\diagdown$N$\diagup$Ph
      Li

20

OGUNI et al.[40] realisierten 1995 eine weitere interessante Strategie zum Aufbau 3-5-dioxygenierter Carbonsäurestrukturen (*Schema 9*).

Schema 9: *Addition von Diketen (65) an einen Aldehyd 66 unter dem Einfluss einer enantiomerenreinen Schiff-Base nach OGUNI et al.[40]*

Reagenzien und Reaktionsbedingungen[40]: a) (R)-2-(N-3-tert-Butylsalicyliden)amino-3-methyl-1-butanol (69) (1.1 Äquiv.), CH₂Cl₂, Raumtemp., Zugabe von Ti(OiPr)₄ (1 Äquiv.), 1 h, → –40 °C, Zugabe von 66 (1 Äquiv.) und Diketen (65) (2 Äquiv.), 96 h; 56%, 90% ee.– b) 67, BEt₃ (1.1 Äquiv.), THF/MeOH 4:1 (v:v), Raumtemp., 2 h → –80°C, Zugabe von NaBH₄ (1.1 Äquiv.), 1 h; 56%.

Unter Einwirkung stöchiometrischer Mengen einer enantiomerenreinen Schiff-Base **69** in Kombination mit Ti(O*i*Pr)₄ gelang ihnen die nucleophile Addition von Diketen (**65**) an einen Aldehyd **66**.[40,41] Der erhaltene δ-Hydroxy-β-ketoester **67** ließ sich auch hier nach NARASAKA-PRASAD *syn*-selektiv zur *syn*-3,5-Diolsubstruktur von **68** reduzieren.[42]

---

[40] M. Hayashi, H. Kaneda, N. Oguni, *Tetrahedron Asymmetry* **1995**, *6*, 2511-2516.

[41] Die Addition des „ungewöhnlichen" Nucleophils Diketen an Aldehyde unter Einwirkung von (achiralen) Lewissäuren wurde erstmals 1975 beobachtet: T. Izawa, T. Mukaiyama, *Chem. Lett.* **1975**, *4*, 161-164.

[42] OGUNIS Strategie wird hier vorgestellt, obwohl sie, die andere Absolutkonfiguration als diejenige in Statinseitenketten liefert. Prinzipiell sollte mit OGUNIS Konzept unter Verwendung der spiegelbildlichen Schiff-Base jedoch auch die andere („richtige") Enantiomerenreihe zugänglich sein.

Zum Abschluß dieses Kapitels der *stöchiometrisch asymmetrischen* Methoden und als Überleitung zum folgenden *Kapitel 2.2 katalytisch asymmetrischer* Methoden zeigen *Schema 10* und *Schema 11* zwei letzte Synthesen, die diese beiden Strategien kombinieren. So wurde von RYCHNOVSKY *et al.*[43] im Rahmen ihrer Totalsynthese des Polyol/Polyen-Antibiotikums *Roflamycoin* folgende Strategie publiziert:

Schema 10: *Aus RYCHNOVSKYS Totalsynthese von Roflamycoin[43]: Eine Kombination von BROWNS[15] stöchiometrisch asymmetrischer Allylierung (vgl. Schema 3) und einer katalytisch asymmetrischen Aldoladdition.*

28   **70**   **71**

72   **73**   **74**

Reagenzien und Reaktionsbedingungen[43]: *a) 28, NaOH, H_2O_2; keine weiteren Angaben. – b) TBSOTf, Lutidin; 75%; keine weiteren Angaben. – c) OsO_4, NMO; $NaIO_4$; 76%; keine weiteren Angaben. – d) CARREIRA-Katalysator[44]; 84%; keine weiteren Angaben.*

Zunächst synthetisierten Sie mittels der in *Schema 3* vorgestellten *stöchiometrisch asymmetrischen* Allyladdition nach BROWN[15] den sekundären Homoallylalkohol **71**. Silylschützung, Dihydroxylierung und Periodatspaltung (ebenfalls in völliger Analogie zu *Schema 3*) führten zum β-oxygenierten Aldehyd **73**. Dieser wurde anschließend einer MUKAIYAMA-Aldoladdition unterworfen, die durch eine enantiomerenreine Lewissäure katalysiert wurde. Diese Reaktion lieferte mit dem geschützten Baustein **74** das Enantiomer der Statinseitenkettensubstruktur.

---

[43] S. D. Rychnovsky, U. R. Khire, G. Yang, *J. Am. Chem. Soc.* **1997**, *119*, 2058-2059.
[44]

*Reagenzien und Reaktionsbedingungen[46]: a) **76** (2.5 mol-%), CuTC (2 mol-%), CH₂Cl₂, Raumtemp., 30 min Zugabe von **75** (1.5 Äquiv.) in CH₂Cl₂, Raumtemp., 5 min → –78°C, Zugabe von EtMgBr (1.7 Äquiv.) während 4 h, 2 h Nachrühren, Zugabe von BF₃·Et₂O (1.5 Äquiv.), Zugabe von **77** (1 Äquiv.), 24 h, → –30°C, 16 h; 87%, E/Z = 22:1. – b) H₂ (1 bar), PtO₂ (5 mol-%), EtOAc, Raumtemp., 1.5 h; 98%. – c) Li, NH₃(liq), iPrOH, –78°C, 4 h; 46%[45]. – d) **83**, Pyridin, O₃, CH₂Cl₂, MeOH, –78°C; keine weiteren Angaben. – e) **82** (Rohprodukt), THF/MeOH 4:1 (v:v), –78°C, Zugabe von Et₂BOMe (1 Äquiv.), NaBH₄ (4.6 Äquiv.), –78°C, 3 h; 44% über 2 Stufen [d) und e)].*

Auch CAROSI und HALL gelang 2009 der Aufbau eines Seitenkettenanalogons **81** durch Kombination eines *katalytisch asymmetrischen* mit einem *stöchiometrisch asymmetrischen* Verfahren. Die Autoren bauten das enantiomerenreine Allylboronat **77** zunächst mittels per Phosphoramidit *katalysierter* Allyladdition[46] auf. Anschließend folgte die Addition *stöchiometrischer* Mengen dieses enantiomerenreinen Allylboronats **77** an Aldehyd **78** zum Aufbau des enantiomerenreinen Homoallylalkohols **79**. Der Hydrierung der nicht benötigten C=C-Doppelbindung folgte eine BIRCH-Reduktion des *m*-Anisylrests zum Cyclohexadien **83**. Dessen doppelte Ozonolyse ergab den δ-Hydroxy-β-ketoester **82**. **82** wurde im letzten gezeigten Reaktionsschritt mit Hilfe der bereits vorgestellte NARASAKA-PRASAD-Reduktion in das Seitenkettenstrukturelement **81** überführt.

---

[45] D. A. Evans, J. A. Gauchet-Prunet, E. M. Carreira, A. B. Charette, *J. Org. Chem.* **1991**, *56*, 741-750.

[46] L. Carosi, D. G. Hall, *Can. J. Chem.* **2009**, *87*, 650-661.

2.2 Katalytisch asymmetrische Verfahren

Neben einer ganzen Reihe *stöchiometrisch asymmetrischer* Verfahren (*vgl. Kapitel 2.1*) zur Darstellung von Statinseitenkettensubstrukturen gibt es auch *katalytisch asymmetrische* Varianten. Der ökonomische Vorteil dieser Verfahren liegt auf der Hand: Im Gegensatz zu den *stöchiometrisch asymmetrischen* Verfahren genügt hier eine geringe Menge an asymmetrischer Information des Katalysators, um große Mengen an enantiomerenreinen Molekülen zugänglich zu machen.[47]

2.2.1 Asymmetrische Allyladdition

Es gibt zahlreiche *katalytisch asymmetrische* Varianten der in *Kapitel 2.1.2* vorgestellten Allyladditionsreaktionen an Aldehyde zum Auftakt des Aufbaus der gewünschten Statinseitenkettensubstruktur. Eine zentrale Rolle spielt dabei jeweils die Bildung eines enantiomerenreinen Metallallylkomplexes. Nach der enantioselektiven Übertragung des Allylrestes auf einen Aldehyd muss überdies die Neubildung des Metallallylkomplexes aus dem Katalysator und der stöchiometrisch benötigten Allylquelle (Allylbromid, Tributylallylstannan, etc.) gewährleistet sein.

---

[47] K. Muñiz, *Chem. Unserer Zeit* **2006**, *40*, 112-124.

Schema 12: Katalytisch asymmetrische Allyladdition nach NOZAKI-HIYAMA[48] bzw. KECK-MIKAMI[51].

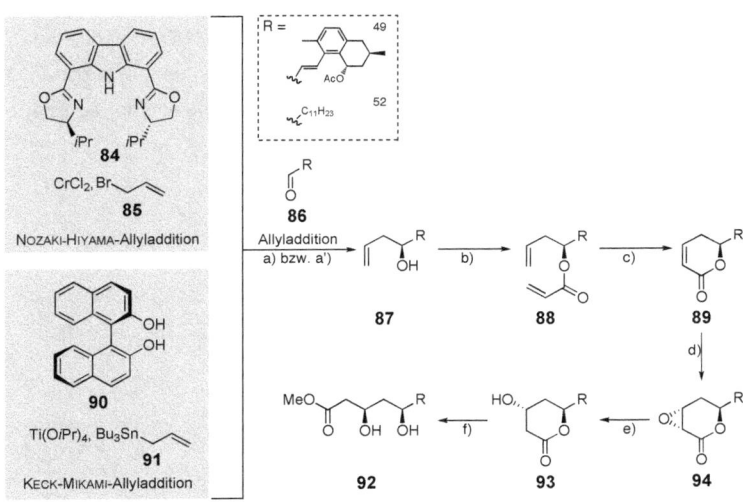

Reagenzien und Reaktionsbedingungen[52]: a) Allylbromid, CrCl₂ (15 mol-%), **75** (16 mol-%), Mn, (iPr)₂EtNH, TMS-Cl, THF, 3°C; 99%, 90% de; keine weiteren Angaben. – a')[52] (R)-BINOL (10 mol-%), Ti(OPri)₄; 90%; keine weiteren Angaben.– b) CH₂=CHCOCl, NEt₃, DMAP, 23°C; 91%; keine weiteren Angaben.– c) (PCy₃)₂Cl₂Ru=CHPh (10 mol-%), Ti(OiPr)₄ (0.3 Äquiv.), CH₂Cl₂, 40°C, 15 h; 93%. – d) NaOHₐq, H₂O₂, 23°C, 1 h; keine weiteren Angaben.– e) PhSeSePh, NaBH₄, iPrOH, AcOH, 0°C; 83%; keine weiteren Angaben.– f) NEt₃, MeOH, 23°C, 12 h; 75%; keine weiteren Angaben.

NAKADA und INOUE bauten die Statinseitenkettensubstruktur im Rahmen ihrer Synthese des HMG-CoA-Reduktase-Hemmers FR901512 per katalytisch asymmetrischer NOZAKI-HIYAMA-Allyladdition[48] auf (*Schema 12*; *oben*).[49,50] GOSH und LIU gewannen in ihrer Synthese von *(–)-Tetrahydrolipstatin* das erste Stereozentrum per KECK-MIKAMI-Allyladdition[51] (*Schema 12*; *unten*). Ab dort benutzten sie dieselbe Vorgehensweise wie NAKADA und INOUE zum Aufbau (des dort benötigten Enantiomers) der gezeigten Seitenkettensubstruktur **92**.[52]

[48] Y. Okude, S. Hirano, T. Hiyama, H. Nozaki, J. Am. Chem. Soc. **1977**, 99, 3179-3180.

[49] a) M. Inoue, T. Suzuki, A. Kinoshita, M. Nakada, The Chemical Record **2008**, 8, 169-181. b) M. Inoue, M. Nakada, Synthesis **2009**, 3694-3707.

[50] M. Bandini, P. G. Cozzi , P. Melchiorre, A. Umani-Ronchi, Angew. Chem. **1999**, 111, 3558-3561; Angew. Chem. Int. Ed. **1999**, 38, 3357-3359.

[51] G. E. Keck, K. H. Tarbet, L. S. Geraci, J. Am. Chem. Soc. **1993**, 115, 8467-8468; G. E. Keck, D. Krishnamurthy, Org. Synth. **1997**, 75, 12-18.

[52] A. K. Ghosh, C. Liu, Chem. Commun. **1999**, 17, 1743-1744.

Nach Aufbau des enantiomerenreinen Homoallylalkohols **87** veresterten beide Gruppen mit Acrylsäurechlorid zu dem Metathesesubstrat **88** (*Schema 12*). Nach Ringschlussmetathese gelang die diastereoselektive H_2O_2-Epoxidierung zum Epoxid **94**[53], das mit Diphenyldiselenid und $NaBH_4$ zu der Lactonform **93** der Statinseitenkette reduziert werden konnte. Eine basische Methanolyse lieferte den offenkettigen 3,5-Dihydroxycarbonsäuremethylester **92**.

Schema 13: Katalytisch asymmetrische MARUOKA-*Allyladdition.*[54]

Reagenzien und Reaktionsbedingungen[55]: a) **95** (10 mol-%), **98** (1.3 Äquiv.), CH_2Cl_2, –15°C bis 0°C, 20 h; 83%.– b) Boc_2O, (1.5 Äquiv.), DMAP (35 mol-%), MeCN, 5 h; 81%.– c) I_2 (3.1 Äquiv.), CH_3CN, –20°C, 6 h; 72%.– d) K_2CO_3 (3 Äquiv.), MeOH, 20°C, 30 min; 82%.– e) TBDMS-Cl (2 Äquiv.), Imidazol (2 Äquiv.), CH_2Cl_2; 91%.– f) Vinylmagnesiumbromid (4 Äquiv.), CuCN (40 mol-%), THF, –20°C, 1 h, → Raumtemp., 2 h; 85%.– g) TBDMS-Cl (2 Äquiv.), Imidazol (2 Äquiv.), CH_2Cl_2; 88%.– h) $NaIO_4$ (4 Äquiv.), $RuCl_3 \cdot H_2O$ (2.2 mol-%), $CCl_4/CH_3CN/H_2O$ 2:2:3 (v:v:v), Raumtemp., 3 h; 75%.

Die in *Schema 13* zum Abschluß dieses Unterkapitels vorgestellte MARUOKA-Variante[54] der KECK-MIKAMI-Allyladdition (vgl. *Schema 12*) unter Verwendung eines enantiomerenreinen BINOL-Titankomplexes bildet die Basis der von DAS *et al.* publizierten Totalsynthese von *Verbalacton*[55]. Dabei wird ebenfalls das Statinsubstrukturelement „3,5-Dihydroxysäure" aufgebaut.

---

[53] Beide Gruppen geben an, das gezeigte Diastereomer des Epoxids erhalten zu haben, eine genauere Angabe zu *ds* fehlt in beiden Fällen.

[54] H. Hanawa, T. Hashimoto, K. Maruoka, *J. Am. Chem. Soc.* **2003**, *125*, 1708-1709.

[55] B. Das, K. Laxminarayana, M. Krishnaiah, D. Nadan Kumar, *Helv. Chim. Act.* **2009**, *92*, 1840-1844.

Katalysiert vom (S)-BINOL-Abkömmling **95** gelang dort der Zugang zum geschützten Homoallylakohol **97**. Dessen diastereoselektive Iodlactonisierung lieferte Alkyliodid **99**. Durch Einwirkung von K_2CO_3 und MeOH (Methanolyse des Carbonats) und anschließende Silylierung war Epoxid **102** zugänglich. Daran war die diastereoselektive Addition von Vinylmagnesiumbromid möglich. Sie lieferte das terminale Olefin **101**. Die oxidative Spaltung der C=C-Doppelbindung führte dann zur 3,5-Dihydroxycarbonsäure **100**.

2.2.2 Asymmetrische Hydrierung

Katalytisch asymmetrische Hydrierungen von funktionalisierten Ketonen – vorallem 1,3-Diketonen oder β-Ketoestern – stellen einen eleganten Zugang zu stereoeinheitlichen funktionalisierten Alkoholen – z. B. 1,3-Diolen oder β-Hydroxyestern – dar. Die Tatsache, dass das dort zum Einsatz kommende Reduktionsmittel (nämlich molekularer Wasserstoff) billig ist und kein Nebenprodukt hinterlässt, erklärt die Popularität dieser Verfahren. Es waren SABURI et al.[56] bzw. BÖRNER und ANDRUSHKO et al.[57], die die Leistungsfähigkeit der ursprünglich von NOYORI entwickelten BINAP-Katalysatoren[58] bei der Reduktion von β-Ketoestern im Kontext von Synthesen des hier interessierenden syn-3,5-Dihydroxycarboxyl-strukturelements demonstrierten.

Schema 14:   Ru-BINAP katalysierte asymmetrische Hydrierung von β-Ketoestern nach SABURI et al.[56]:

Reagenzien und Reaktionsbedingungen[56]: a) Ru₂Cl₄{[(R)-BINAP]₂(NEt₃)}, H₂, 100 atm, MeOH, 50°C, 48 h; 75%, 94% ee; keine weiteren Angaben.– b) MeOH, H₂SO₄, Rückfluss, 5 h; 91%; keine weiteren Angaben.– c) LDA (3.5 Äquiv.), tBuOAc (3 Äquiv.), THF, –78°C, Zugabe von 104 in THF, –50°C, 1.5 h, dann –15°C, 15 min; 65%.– d) 105 in THF/MeOH 4:1 (v:v), BEt₃, Raumtep., 2 h, –78°C, Zugabe von NaBH₄ (1.1 Äquiv.), 6 h; keine weiteren Angaben.

[56] L. Shao, H. Kawano, M. Saburi, Y. Uchida, *Tetrahedron* **1993**, *49*, 1997-2010.

[57] A. Korostylev, V. Andrushko, N. Andrushko, V. I. Tararov, G. König, A. Börner, *Eur. J. Org. Chem.* **2008**, *5*, 840-846.

[58] A. Miyashita, A. Yasuda, H. Takaya, K. Toriumi, T. Ito, T. Souchi, R. Noyori, *J. Am. Chem. Soc.* **1980**, *102*, 7932-7934.

Umfangreiche Untersuchungen zur asymmetrischen Hydrierung von β-Ketoestern zur Synthese von Statinseitenketten machten SABURI et al. 1993.[56,59] Ihre Strategie ist in *Schema 14* an einem Beispiel gezeigt. Den Auftakt machte hier die asymmetrische Hydrierung des benzyloxyhaltigen β-Ketoesters **103** zum β-Hydroxyester **104**. Die sich anschließende gekreuzte CLAISEN-Kondensation lieferte den δ-Hydroxy-β-ketoester **105**. Dieser wurde mittels NARASAKA-PRASAD-Reduktion in den 3,5-Dihydroxyester **106** überführt.[56,60]

Schema 15: Ru-BINAP katalysierte asymmetrische Hydrierung von β-Ketoestern nach BÖRNER und ANDRUSHKO et al.[57]:

Reagenzien und Reaktionsbedingungen[57]: a) Ru[(R)-BINAP]Cl₂ (0.2 mol-%), H₂, 50 bar; MeOH, Raumtemp., 3 h; >99%, 99% ee. – b) TBDPS-Cl (1.1 Äquiv.), Imidazol (2.2 Äquiv.), DMF, Raumtemp., 2 h; 90%. – c) CrO₃, H₂SO₄, Aceton/Wasser 5:1 (v:v), 0°C → Raumtemp.; 68%; keine weiteren Angaben. – d) **110** in Toluol, NEt₃ (1.5 Äquiv.), –40°C, Zugabe von EtOC(O)Cl (1.5 Äquiv.), 0°C, 1 h, anschließend Raumtemp., über Nacht; 95%. – e) Methyltriphenylphosphoniumbromid (2 Äquiv.), THF, –78°C, Zugabe von BuLi (2 Äquiv.), 0°C, 10 min, –78°C, Zugabe von **112** in THF, –30°C, über Nacht, Raumtemp., 1 h; 45%. – f) Acetonitril, **111** (1 Äquiv.), Rückfluss, 14 h; 70%. – g) HF, Acetonitril, 0°C, 90 min; keine weiteren Angaben. – h) Et₂BOMe (1.02 Äquiv.), THF, MeOH, –78°C, 30 min, Zugabe von NaBH₄ (1.12 Äquiv.), 3 h; 85% über zwei Stufen [g) und h)]; keine weiteren Angaben.

Auch BÖRNER und ANDRUSHKO et al. bedienten sich zum Auftakt ihrer Synthese des Rosuvastatin-Ethylesters (**115**) der asymmetrischen Hydrierung eines acetalhaltigen β-Ketoesters **108** (→**109**). Nach Silylschützung, Spaltung des Acetals und JONES-Oxidation erhielten die Autoren den enantiomerenreinen

---

[59] Die Autoren untersuchten neben der in *Schema 14* vorgestellten Hydrierung von β-Ketoestern auch die einstufige asymmetrische Reduktion von 3,5-Diketoestern zu 3,5-Dihydroxyestern. Hierbei wurden jedoch stets Diastereomerengemische erhalten, die als Hauptdiastereomer, das hier nicht angestrebte *anti*-1,3-Diol Strukturelement enthielten.

[60] Der Vollständigkeit halber möchte ich an dieser Stelle darauf hinweisen, dass außer den vorgestellten Ru/BINAP-katalysierten Hydrierungen auch eine SYNPHOS® katalysierte Hydrierung eines β-Ketoesters zu einem per gekreuzter CLAISEN-Kondensation verlängerbaren Hydroxyester bekannt ist. Da dort jedoch im Vergleich zum Statinseitenkettensubstrukturelement die „falsche" Absolutkonfiguration etabliert wird, wurde auf eine detaillierte Vorstellung an dieser Stelle verzichtet: R. Le Roux, N. Desroy, P. Phansavath, J.-P. Genêt, *Synlett* **2005**, 3, 429-432.

Monoester **110** der Dicarbonsäure. Eine Aktivierung der freien CO_2H-Gruppe mit $ClCO_2Me$ ermöglichte die Acylierung von deprotoniertem Methyltriphenylphosphoniumbromid (nicht gezeigt) zum Ylid **111**. Dieses bewirkte eine WITTIG-Olefinierung des Aldehyds **114**. Eine Desilylierung und eine NARASAKA-PRASAD-Reduktion vervollständigten den Rosuvastatin-Ethylester (**115**).

2.2.3 Katalytisch asymmetrische MUKAIYAMA-Aldoladdition

Katalytisch asymmetrische Aldoladditionen beziehen ihre Stereoselektivität aus der Koordination einer chiralitätsspendenden Lewissäure an einen Aldehyd. Der entstehende Komplex wird von einem achiralen Silylenolether, Silylketenacetal oder vergleichbaren C-Nucleophil enantioselektiv angegriffen.

Schema 16: Asymmetrische Addition des Silylketenacetals **116** an Aldehyde und anschließende Weiterfunktionalisierung des erhaltenen (Hydroxyalkyl)dioxinons **118** zur Statinseitenkettensubstruktur **122**.

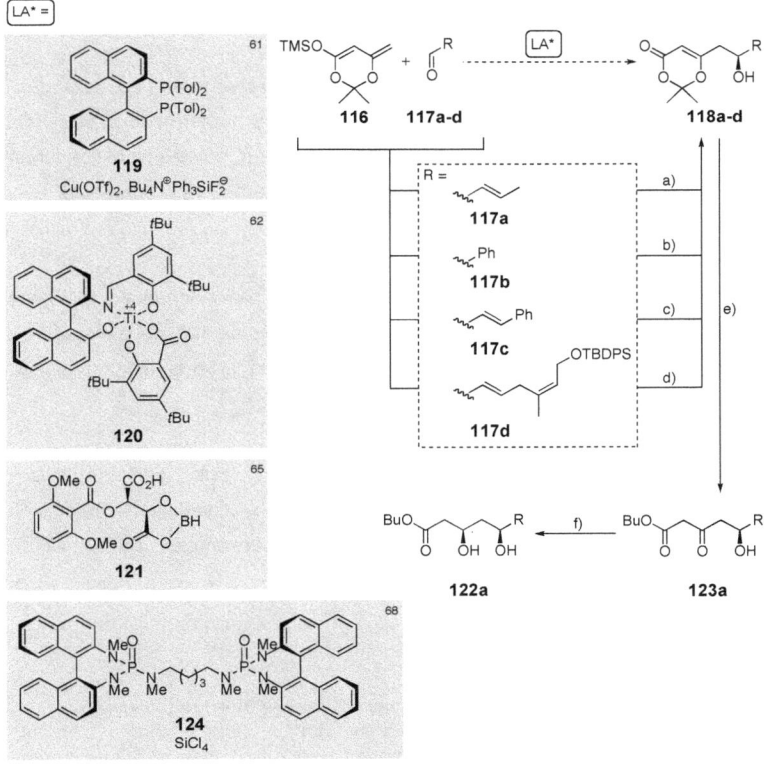

Reagenzien und Reaktionsbedingungen: a)[61] **119** (2.1 mol-%), Bu₄NPh₃SiF₂ (4.0 mol-%), THF, –78°C, Zugabe von **117a**, 4 h, Zugabe von TFA; 42%, 91% ee; keine weiteren Angaben.– b)[62] **120** (2 mol-%), Lutidin (40 mol-%), Et₂O, Zugabe von **117b**, Zugabe von **116** (1.5 Äquiv.), 0°C, 4 h; 83%, 96% ee.– c)[65] **121** (50 mol-%), CH₂Cl₂, –78°C, Zugabe von **117c**, 20 min, Zugabe von **116** (1.2 Äquiv.) während 1 h, 3 h Nachrühren; 69%, 67% ee.– d)[68] **124** (1 mol-%), SiCl₄ (1.1 Äquiv.), CH₂Cl₂, –78°C, Zugabe von **116** (1.1 Äquiv.) während 5 h, 18 h Nachrühren; 67%, 93% ee.– e)[61] BuOH, Rückfluss, 1 h; 78%.– f)[61] NaBH₄, Et₃B, MeOH, THF, –78°C, 5 h; keine weiteren Angaben.

31

Alle in *Schema 16* vorgestellten Synthesen verfolgen dieselbe Strategie. Sie unterscheiden sich aber in der katalysierenden enantiomerenreinen Lewissäure (LA*). Sie bauen enantiomerenreine (Hydroxyalkyl)dioxinone **118a-d** durch die Addition des Silylketenacetals **116** an einen geeignet substituierten Aldehyd **117a-d** auf. Allen Aldoladditionen in *Schema 16* folgte die Alkoholyse des Dioxinonstrukturteils zum δ-Hydroxy-β-ketoester **123**. Dessen *syn*-selektive Reduktion führte zum 3,5-Dihydroxycarbonsäurestrukturelement **122**. Diese stets analogen Reaktionsschritte sind in *Schema 16* exemplarisch am ersten Beispiel gezeigt.

FETTES und CARREIRA fanden während ihrer Totalsynthese von *Leucascandrolid A*, dass eine Kombination aus (*R*)-Tol-BINAP (**119**) und Kupfer(I)fluorid eine Addition von **116** an den ungesättigten Aldehyd **117a** katalysiert.[61] Diese Reaktion führte mit einem Enantiomerenüberschuss von 91% in immerhin 42% Ausbeute zu dem (Hydroxyalkyl)dioxinon **118a**.

Ebenfalls von CARREIRA stammt die zweite in *Schema 16* gezeigte Dioxinonsynthese. Sie griff auf einen Titan(IV)-Komplex **120** als Lewissäure zum enantioselektiven Aufbau des (Hydroxyalkyl)dioxinons **118b** zurück; hier wurde ein einem Enantiomerenüberschuss von 96% erzielt.[62,63,64]

Auch KANEKO und SATO *et al.* bedienten sich zum Aufbau der (Hydroxyalkyl)dioxinonstruktur **118c** der MUKAIYAMA-Aldoladditionsstrategie.[65] Mit einem von *L*-Weinsäure abgeleiteten Acyloxyborankomplex (CAB) **121**[66] als

---

[61] A. Fettes, E. M. Carreira, *Angew. Chem.* **2002**, *114*, 4272-4275; *Angew. Chem. Int. Ed.* **2002**, *41*, 4098-4101.

[62] R. A. Singer, E. M. Carreira, *J. Am. Chem. Soc.* **1995**, *117*, 12360-12361.

[63] Zwar wird auch in diesem Beispiel das Enantiomer des zur Synthese von Statinseitenketten benötigten δ-Hydroxy-β-ketoesters **122** aufgebaut. CARREIRA selbst weist jedoch bereits darauf hin, dass die Verwendung der enantiomeren Lewissäure *ent*-**120** (nicht gezeigt) den Zugang zum korrekt konfigurierten Strukturelement ermöglichen sollte.

[64] Der nach Erhitzen in BuOH in 68% erhaltene δ-Hydro-β-ketoester wurde im Rahmen dieser Synthese nicht zum 3,5-Dihydroxyseitenkettenstrukturelement reduziert, sondern einer anderen Anwendung zugeführt.

[65] M. Sato, S. Sunami, Y. Sugati, C. Kaneko, *Chem. Pharm. Bull.* **1994**, *42*, 839-845.

[66] K. Furuta, S. Shimizu, Y. Miwa, H. Yamamoto, *J. Org. Chem.* **1989**, *54*, 1481-1483; K. T. Maruyama, H. Yamamoto, *J. Am. Chem. Soc.* **1991**, *113*, 1041-1042.

Katalysator addierten sie das Silylketenacetal **116** mit einem mäßigen Enantiomerenüberschuss von 67% an den Aldehyd **117c**.[67]

Während die Absolutkonfiguration von **118c** im Vergleich zu den Statinseitenketten falsch ist, macht die Tatsache, dass beide Enantiomere der Weinsäure in großen Mengen verfügbar sind, es prinzipiell einfach und billig durch einen Wechsel von (im Schema gezeigtem) *L*- auf *D*-Tartrat die andere Enantiomerenreihe zu erhalten.

FLOREANCIG *et al.* bedienten sich im Rahmen ihrer Totalsynthese von *(+)-Dactylolid* einer ähnlichen Aldoladditionsstrategie zum Aufbau von 3,5-dioxygenierten Carbonsäureestern.[68] Sie setzten auf DENMARKS Bisphosphoramid[69] **124** als enantiomerenreine Lewissäure. Die Addition von Silylketenacetal **116** an Aldehyd **117d** gelang auf diesem Weg mit einem Enantiomerenüberschuss von 93%. Sie lieferte das (Hydroxyalkyl)dioxinon **118d** in einer Ausbeute von 67%.

[67] Obwohl der von den Autoren durch Erhitzen in Gegenwart von Methanol erhaltene δ-Hydroxy-β-ketoester *syn*-selektiv reduzierbar gewesen sein müsste, entschied man sich für eine Reduktion mit NaBH₄ (nicht gezeigt), die ohne Stereokontrolle ablief.

[68] D. L. Aubele, S. Wan, P. E. Floreancig, *Angew. Chem.* **2005**, *117*, 3551-3554; *Angew. Chem. Int. Ed.* **2005**, *44*, 3485-3488.

[69] S. E. Denmark, T. Wynn, G. L. Beutner, *J. Am. Chem. Soc.* **2002**, *124*, 13405-13407.

Auch KIYOOKA *et al.* bauten Statinseitenkettensubstrukturen per MUKAIYAMA-Aldoladdition auf.[70] Sie erzeugten sogar beide Stereozentren auf diese Weise, brachten also ihren Oxazaborilidinon-Katalysator iterierend zum Einsatz.

Schema 17: *Iterative Oxazaborilidinon-katalysierte asymmetrische Aldoladdition nach KIYOOKA et al.[70]*

Reagenzien und Reaktionsbedingungen[70]: *a) 127, Nitroethan, –78°C, 1 h; 86%.– b) 128, H_2, Ni_2B, 1 h; 96%, >98% ee; keine weiteren Angaben.– c) TBS-Cl; keine weiteren Angaben.– d) DIBAL; 85% über 2 Stufen [c) und d)]; keine weiteren Angaben.– e) Bu_4NF; keine weiteren Angaben.*

Die Addition des ungewöhnlichen Silylketenacetals **125** als dithiolanhaltiges Syntheseäquivalent eines Acetatenolats an den Aldehyd **126** und eine *in-situ*-Reduktion mit H_2/Ni_2B lieferten den β-Hydroxyester **129**. Dieser wurde durch Anbringung einer TBS-Schutzgruppe und Reduktion in den Aldehyd **133** überführt. Eine erneute Aufeinanderfolge von Aldoladdition und Reduktion führte mit >98% *ee* zur monogeschützten dioxygenierten Seitenkettensubstruktur **130**.

Die Verwendung des schwefelhaltigen Silylketenacetals **125,** statt eines Acetatenolats (was die anschließende H_2/NiB_2-Reduktion überflüssig gemacht hätte) rechtfertigen die Autoren mit der erzielten Diastereoselektivität. So war aus dem β-chiralen Aldehyd **133** mit **125** wahlweise, eines der beiden Diastereomere *syn*- und *anti*-**131** zugänglich. Beim Aufbau des zweiten Stereozentrums trat also keinerlei Substratkontrolle auf. Allein die Wahl des eingesetzten Enantiomers der

---

[70] S. Kiyooka, T. Yamaguchi, H. Maeda, H. Kira, M. Abu Hena, M. Horiiket, *Tetrahedron Lett.* **1997**, *38*, 3553-3556.

chiralen Lewissäure **127** entschied hier über die Relativkonfiguration der beiden Stereozentren.[71]

Als letztes Beispiel einer katalytisch asymmetrischen Aldoladdition stellt *Schema 18* eine Reaktion aus der Totalsynthese von *(+)-Roxaticin* von EVANS und CONNELL vor.[72]

Schema 18: *Einstufiger asymmetrischer Aufbau eines δ-Hydroxy-β-ketoesters als Vorläufer einer syn-selektiven NARASAKA-PRASAD-Reduktion.*

Reagenzien und Reaktionsbedingungen[72,73]*: a) **137** (2 mol-%), CH₂Cl₂, –93°C bis –78°C; 85%, 99% ee; keine weiteren Angaben.*

Sie bedient sich als Katalysator eines enantiomerenreinen Cu(II)-Komplexes **137** eines BOX-Liganden. Dieser ermöglichte einen einstufigen Aufbau des δ-Hydroxy-β-ketoesters **136**[74] aus dem Bis-Silylketenacetal **134** und dem Aldehyd **135** mit >99% *ee* und in einer Ausbeute von 85%. Auch dieser wurde *syn*-selektiv zum 3,5-Dihydroxycarbonsäurestrukturelement (nicht gezeigt) reduziert.

---

[71] Die Autoren untersuchten auch MUKAIYAMA-Aldoladditionen mit schwefelfreien α-unsubstituierten Silylketenacetalen (auch deren Verwendung hätte die H₂/NiB₂-Reduktion überflüssig gemacht). Der bei diesen Reaktionen beobachtete Enantiomerenüberschuß war jedoch um 10-20% geringer als bei Verwendung von **125**: S. Kiyooka, M. A. Hena, *Tetrahedron Asymmetry* **1996**, *7*, 2181-2184.

[72] D. A. Evans, B. T. Connell, *J. Am. Chem. Soc.* **2003**, *125*, 10899-10905.

[73] D. A. Evans, M. C. Kozlowski, J. A. Murry, C. S. Burgey, K. R. Campos, B. T. Connell, R. J. Staples, *J. Am. Chem. Soc.* **1999**, *121*, 669-685.

[74] Auch hier gelangen die Autoren zum Enantiomer der Statinseitenkettensubstruktur. Durch einen Wechsel des Katalysators sollte jedoch prinzipiell auch *ent*-**136** zugänglich sein.

2.2.4 SHARPLESS' und andere asymmetrische Epoxidierungsstrategien

Die asymmetrische Epoxidierung von Allylalkoholen nach SHARPLESS (SAE) stellt seit ihrer Einführung Anfang der 80er Jahre die möglicherweise wichtigste Methode zum Aufbau enantiomerenreiner oxygenierter Zielmoleküle dar.[75]

Schema 19: *Iterativer Einsatz der SAE zum Aufbau des enantiomerenreinen Seitenkettenstrukturelements **146** nach DITTMER und KUMAR.[76]*

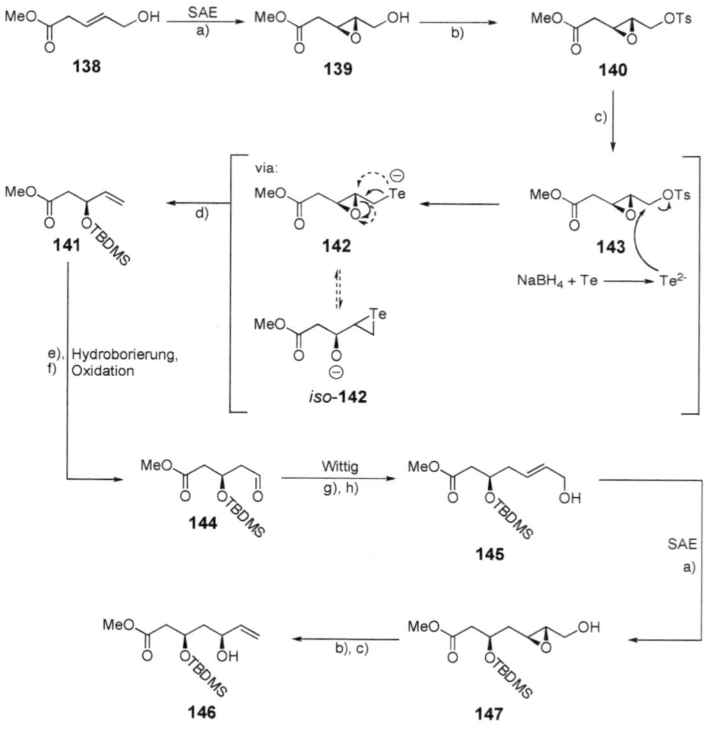

Reagenzien und Reaktionsbedingungen[76]: a) tBuOOH, Ti(OiPr)₄, (+)-DIPT, CH₂Cl₂, –23°C; 63%, 77% ee; keine weiteren Angaben.– b) TsCl, NEt₃, DMAP, CH₂Cl₂, –20°C → Raumtemp.; 79%; keine weiteren Angaben.– c) Te/NaBH₄/DMF-Komplex (1.8 Äquiv.); 72%; keine weiteren Angaben.– d) TBDMS-Cl (1.2 Äquiv.), Imidazol (2.5 Äquiv.), DMF; 94%; keine weiteren Angaben.– e) (Me₂CHCHMe)₂BH, THF, –12°C; keine weiteren Angaben.– f) PCC, CH₂Cl₂, Rückfluss; keine weiteren Angaben.– g) (Formylmethylen)triphenylphosphoran (1.2 Äquiv.), Benzol, 0°C → Rückfluss; 67%.– h) NaBH₄ (1.1 Äquiv.), MeOH; 78%; keine weiteren Angaben.

[75] T. Katsuki, K. B. Sharpless, *J. Am. Chem. Soc.* **1980**, *102*, 5976-5978.

[76] D. C. Dittmer, R. P. Discordia, Y. Zhang, C. K. Murphy, A. Kumar, A. S. Pepito, Y. Wang, *J. Org. Chem.* **1993**, *58*, 718-731.

Unter iterativem Einsatz von SHARPLESS' Asymmetrischer Epoxidierung gelang DITTMER und KUMAR ein eleganter Zugang zum Statinseitenkettenstrukturelement (*Schema 19*). Die SHARPLESS-Epoxidierung des Allylalkohols **138** gelang den Autoren unter dem Einfluss von (+)-Diisopropyltartrat und ergab den Epoxyalkohol **139**. Dessen Tosylat wurde durch Behandlung mit Te/NaBH$_4$ in einen sekundären Allylalkohol überführt.[76] Dieser wurde mit einer TBDMS-Schutzgruppe versehen und lieferte so Intermediat **141**. Nach Hydroborierung von dessen C=C-Doppelbindung und einer Oxidation über die Stufe des Alkohols hinaus zum Aldehyd folgten eine C$_2$-Verlängerung per WITTIG-Reaktion und eine Natriumborhydrid-Reduktion. Diese Reaktionssequenz ergab den Allylalkohol **145**. Dieser wurde erneut eine SAE unterworfen. Die Öffnung des hier gebildeten Epoxidrings erfolgte erneut unter Zuhilfenahme von Te/NaBH$_4$. Sie lieferte den vinylterminierten, monogeschützten Statinseitenkettenbaustein **146**.

Die Strategie von *Schema 20* zum Aufbau des Statinseitenkettenstrukturelements basiert auf dem diastereoselektiven Angriff eines Enolats an einem per SAE aufgebauten Epoxyaldehyd und wurde 1992 von SATO *et al.* veröffentlicht.[77,78]

Schema 20: Aufbau des Statinseitenkettenstrukturelements per SAE nach SATO et al.[77,78]

Reagenzien und Reaktionsbedingungen[77]: a) tBuOOH (2 Äquiv.), Ti(OiPr)₄ (3 mol-%), L-(+)-DIPT (3.6 mol-%), –20°C, 3.5 d; 90%, 99% ee[79]; keine weiteren Angaben.– b) DMSO (20 Äquiv.), NEt₃ (10 Äquiv.), CH₂Cl₂, 0°C, Zugabe von SO₃•Py (6 Äquiv.), 30 min; 75-80%.– c) 151/ZnCl₂ 1:2, THF, –78°C, ds = 76:24 (anti:syn); keine weiteren Angaben.– d) Et₂BOMe/NaBH₄; 60%; keine weiteren Angaben.– e) Bu₃SnLi; 75%; keine weiteren Angaben.

Die SWERN-Oxidation des per SAE enantiomerenrein zugänglichen Epoxyalkohols **149** lieferte hier den Aldehyd **150**. SATO *et al.* addierten daran mit einiger Diastereoselektivität das Bis(zinkenolat) von *tert*-Butylacetoacetat (**151**). Das lieferte als Hauptprodukt den δ-Hydroxy-β-ketoesters **153**. Dieser wurde einer NARASAKA-PRASAD-Reduktion unterworfen. Sie lieferte erwartungsgemäß das *syn*-1,3-Diol **152**. Den Abschluss machte die Modifizierung von dessen (Trimethylsilyl)epoxid-Terminus bei der Einwirkung von Bu₃SnLi. Nach einer nucleophilen Ringöffnung und *in-situ*-PETERSON-Olefinierung war daraus *trans*-selektiv der Vinylstannanteil des Dihydroxyesters **154** entstanden.

---

[77] H. Urabe, T. Matsuka, F. Sato, *Tetrahedron Lett.* **1992**, *33*, 4179-4182.

[78] H. Urabe, T. Matsuka, F. Sato, *Tetrahedron Lett.* **1992**, *33*, 4183-4186.

[79] Die angegebene Ausbeute und der ee beziehen sich auf die Darstellung von *ent*-**149**: Y. Kobayashi, T. Ito, Y. Isao, U. Hirokazu, F. Sato, *Synlett* **1991**, *11*, 811-813.

Von Bonini *et al.* stammt eine Veröffentlichung zur Synthese der Lactonform der Statinseitenketten per SAE; sie wird in *Schema 21* vorgestellt:[80]

Schema 21: *Synthese des cyclischen Statinseitenkettenstrukturelements per SAE nach Bonini et al.[80]*

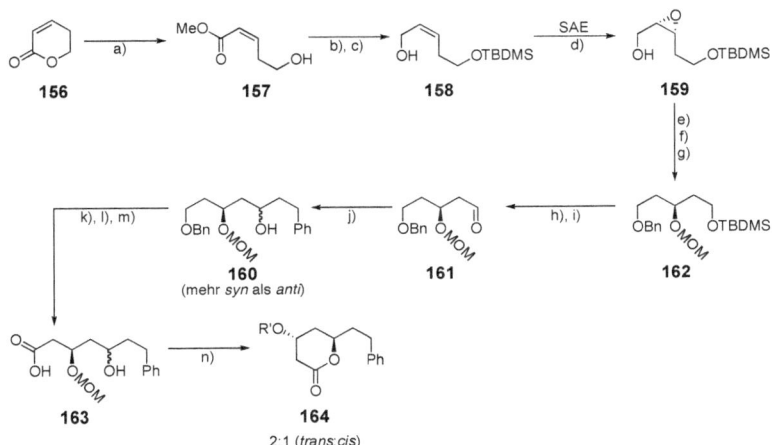

160
(mehr *syn* als *anti*)

163

164
2:1 (*trans:cis*)

Reagenzien und Reaktionsbedingungen[80,81]: *a) KOH (1.2 Äquiv.), H₂O (5 mol-%), Raumtemp., 2.5 h; keine weiteren Angaben.– b) 157 CH₂Cl₂, 0°C, Zugabe von NEt₃, DMAP, TBDMS-Cl, 10 min → Raumtemp., 1 h; 58% über 2 Stufen [a] und b)]; keine weiteren Angaben.– c) DIBAL (2.3 Äquiv.), Toluol, 0°C, 1 h; 91%.– d) (Für ent-159): Ti(OiPr)₄ (1.1 Äquiv.), D-(–)-DET (1.1 Äquiv.)(!), tBuOOH (2.5 Äquiv.), CH₂Cl₂, –30°C, 4 d; 95%, 98% ee[62].– e) Red-Al®, Toluol, –20°C, 2 h; 75%; keine weiteren Angaben.– f) "Benzylschützung"; keine weiteren Angaben.– g) "MOM-Schützung"; 69% über 2 Stufen [f) und g)]; keine weiteren Angaben.– h) Bu₄NF, THF, Raumtemp.; keine weiteren Angaben.– i) PCC/Al₂O₃, Benzol, Raumtemp.; 78%; keine weiteren Angaben.– j) Ph-(CH₂)₂-MgBr (1.5 Äquiv.), Et₂O, Raumtemp.; keine weiteren Angaben.– k) "Acetylierung"; 85%; keine weiteren Angaben.– l) H₂, Pd/C, MeOH, Raumtemp., 12 h; keine weiteren Angaben.– m) "Oxidation"; keine weiteren Angaben.– n) MeOH, NaOH (4 M), 12 h, anschließend HCl (2 M), 2 h; 35% über 3 Stufen [l), m) und n)], ds = 2:1 (trans:cis); keine weiteren Angaben.*

Durch basische Hydrolyse von käuflichem Lacton **156**, Silylschützung und Reduktion gelang den Autoren der Zugang zu Allylalkohol **158**. Dessen Sharpless-Epoxidierung lieferte den Epoxyalkohol **159**.[83] Epoxidöffnung mit Red-Al®[84], selektive Benzylschützung der primären Alkoholfunktion und MOM-Schützung der sekundären Alkoholfunktion lieferte den trioxygenierten Baustein **162**.

[80] F. Bonadies, R. Di Fabio, A. Gubbiotti, S. Mecozzi, C. Bonini, *Tetrahedron Lett.* **1987**, *28*, 703-706.

[81] P. Herold, P. Mohr, C. Tamm, *Helv. Chim. Act.* **1983**, *66*, 744-754.

[82] F. Bonadies, G. Rossi, C. Bonini, *Tetrahedron Lett.* **1984**, *25*, 5431-5434.

[83] Diese auf der (eigentlich *katalytisch* asymmetrischen) Sharpless-Epoxidierung basierende Synthese wird hier vorgestellt, obwohl die Autoren aus nicht näher angegebenen Gründen 1.1 Äquiv. D-(–)-DET einsetzen, was die Synthese genau genommen zu einer *stöchiometrisch* asymmetrischen Route macht.

[84]

Dessen Desilylierung und Oxidation machten Aldehyd **161** zugänglich. Die Addition einer Grignardverbindung an **161** verlief schwach *syn*-selektiv (ds ≈ 2:1). Benzylentschützung und Oxidation zur Säure lieferten die 3,5-Dihydroxysäure **163**. Deren Cyclisierung lieferte abschließend ein 2:1-Gemisch zugunsten des gezeigten *trans*-konfigurierten Lactons **164**.

Auch SABITHA *et al.* bedienten sich der SAE zum Aufbau von 3,5-Dihydroxy-carbonsäurestrukturen.[85]

Schema 22: *Synthese des cyclischen Statinseitenkettenstrukturelements per SAE nach* SABITHA *et al.*[85,86]

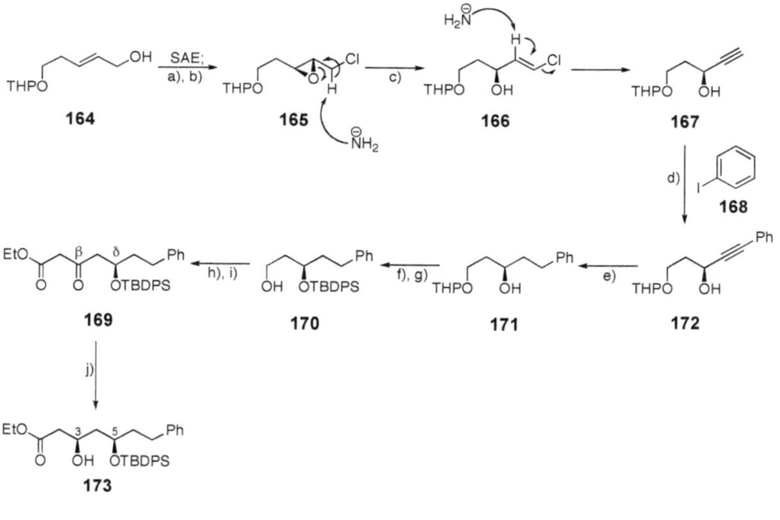

Reagenzien und Reaktionsbedingungen[85,86]: *a) (+)-DIPT, Ti(OiPr)₄, tBuOOH, CH₂Cl₂; keine weiteren Angaben.– b) PPh₃, CCl₄, NaHCO₃; keine weiteren Angaben.– c) LiNH₂ in NH₃(fl); keine weiteren Angaben.– d) Pd/C (10 mol-%), CuI (4 Äquiv.), Ph₃P (0.1 Äquiv.), K₂CO₃, H₂O/DME, 80°C, 2 h; 90%.– e) Pd/C, EtOH, 2 h; 90%.– f) TBDPS-Cl, Imidazol, CH₂Cl₂, DMAP, 2 h; 95%; keine weiteren Angaben.– g) PPTS, MeOH, 12 h; 90%.– h) 1-Hydroxy-1,2-benziodoxol-3(1H)-on-1-oxid, DMSO, CH₂Cl₂, 0°C bis Raumtemp., 2 h; 90%.– i) N₂CHCOOEt, SnCl₂ (kat.), CH₂Cl₂, 0°C bis Raumtemp., 40 min; 80%.– j) Catecholboran (2.2 Äquiv.), THF, –10 °C, 4 h; 95%; keine weiteren Angaben.*

Den Auftakt machte hier die SAE des Allylalkohols **165**. *In-situ* gelang dann die Substitution der Alkoholfunktion durch ein Chloratom durch Einwirkung von Triphenylphosphan und Tetrachlorkohlenstoff. Die Behandlung mit Lithiumamid in flüssigem Ammoniak führte anschließend zur eliminierenden Epoxidöffnung und

---

[85] G. Sabitha, K. Sudhakar, Ch. Srinivas, J. S. Yadav, *Synthesis* **2007**, 705-708.

[86] J. S. Yadav, P. K. Deshpande, G. V. M. Sharma, *Tetrahedron* **1990**, *46*, 7033.

(nach erneuter Eliminierung) zur Bildung des terminalen Alkins **168**. Nach Kupplung mit Iodbenzol (**169**) wurde die nicht mehr benötigten C≡C-Dreifachbindung hydriert. Der resultierende sekundäre enantiomerenreinen Alkohol **172** wurde zu dem primären Alkohol **171** umgeschützt. Eine IBX-Oxidation erzeugte daraus einen Aldehyd. An diesen wurde $SnCl_2$-katalysiert Ethyldiazoacetat addiert. Es schloss sich eine Semipinakolumlagerung zum δ-Hydroxy-β-ketoester **170** an. Eine abschließende Reduktion mit Catecholboran lieferte schließlich die *syn*-3,5-Dihydroxycarboxylsubstruktur **174**.

Zum Abschluß dieses Unterkapitels möchte ich eine Strategie zur asymmetrischen Epoxidierung vorstellen, die nicht auf der weit verbreiteten Epoxidierung nach SHARPLESS beruht.

Schema 23: "Enantioselektive"[87] Epoxidierung nach SHIBASAKI et al. und der von den Autoren vorgeschlagene selektivitätsbestimmende Übergangszustand.[88]

Reagenzien und Reaktionsbedingungen[88]: a) 178 (5 mol-%), tBuOOH (1.2 Äquiv.), THF, Raumtemp., 8 h; quant, ds = <1:99 (syn:anti).– b) EtOAc (3 Äquiv.), LiHMDS (3 Äquiv.), THF, –78°C, 30 min, Zugabe von 180 in THF, –78°C 6 h; keine weiteren Angaben.– c) (PhSe)₂ (1.5 Äquiv.), NaBH₄ (3 Äquiv.), EtOH, Raumtemp., 15 min → 0°C, Zugabe von 179 in EtOH, 10 min; keine weiteren Angaben.– d) 181, Et₂BOMe (1.1 Äquiv.), THF/MeOH 3:1 (v:v), –78°C, 1 h, Zugabe von NaBH₄ (1.25 Äquiv.), 2 h; 86%, ds >99.5:0.5 (syn:anti).

SHIBASAKI et al. epoxidierten das α,β-ungesättigte Morpholinamid **175** „enantioselektiv"[87] mit Hilfe eines 1:1:1 Samarium:BINOL:O=AsPh₃ Komplexes.[89,90] Das erhaltene Epoxyamid **180** wurde zu dem Epoxy-β-ketoester **179** verlängert.

---

[87] Dieses Beispiel wird hier vorgestellt, obwohl es sich dabei genau genommen, aufgrund des chiralen Rests R, um eine *diastereo*selektive Reaktion handelt. Es gibt jedoch Beispiele echter *enantio*selektiver Epoxidierungen unter diesen Reaktionsbedingungen (vgl. Lit.: 88).

[88] S. Tosaki, Y. Horiuchi, T. Nemoto, T. Ohshima, M. Shibasaki, Chem. Eur. J. **2004**, 10, 1527-1544.

[89] M. Bougauchi, S. Watanabe, T. Arai, H. Sasai, M. Shibasaki, J. Am. Chem. Soc. **1997**, 119, 2329-2330.

[90] T. Nemoto, T. Ohshima, M. Shibasaki, J. Am. Chem. Soc. **2001**, 123, 9474-9475.

Dessen reduktive Epoxidöffnung durch Diphenyldiselenid in Kombination mit NaBH$_4$ lieferte den δ-Hydroxy-β-ketoester **181**. Dieser war das Substrat einer abschließenden NARASAKA-PRASAD-Reduktion zum 3,5-Dihydroxycarbonsäureester **182**.

2.2.5 Asymmetrische Dihydroxylierung

Die Anwendung von SHARPLESS' Asymmetrischer Dihydroxylierung (SAD) zum Aufbau der 3,5-Dihydroxycarboxyluntereinheit von Statinseitenketten geht auf Arbeiten von O'DOHERTY und HUNTER zurück.[91]

Schema 24: *Aufbau des Statinseitenkettenstrukturelements per asymmetrischer Dihydroxylierung nach O'DOHERTY und HUNTER.[91]*

Reagenzien und Reaktionsbedingungen[91]: *a) AD-mix β™: [K$_3$Fe(CN)$_6$ (3 Äquiv.), K$_2$CO$_3$ (3 Äquiv.), (DHQD)$_2$PHAL (2 mol-%), OsO$_4$ (1 mol-%)], MeSO$_2$NH$_2$ (1 Äquiv.), tBuOH/H$_2$O 1:1 (v:v), Raumtemp., 15 min, → 0°C. Zugabe von 183, 0°C, über Nacht; 82%.– b) Triphosgen (1 Äquiv.), Pyridin (0.6 Äquiv.), DMAP (10 Äquiv.), CH$_2$Cl$_2$, 0°C, Zugabe des zunächst erhaltenen Diols, 1.5 h; 94%.– c) 184, Pd$_2$(dba)$_3$·CHCl$_3$ (2.5 mol-%), PPh$_3$ (6.5 mol-%), THF, Zugabe von NEt$_3$ (3.1 Äquiv.) und HCO$_2$H (3.1 Äquiv.), Rückfluss, 2 h; 88%.– d) 185, THF, 0°C, Zugabe von PhCHO (1.1 Äquiv.), KOtBu (11 mol-%), 15 min; die Zugabe von PhCHO und KOtBu wurde insgesamt 3 × wiederholt; 68%.*

Ausgehend vom α,β,γ,δ-ungesättigten Ester **183** dihydroxylierten O'DOHERTY und HUNTER zunächst regioselektiv und asymmetrisch die elektronenreichere C$^\gamma$=C$^\delta$-Doppelbindung. Sie schützten das erhaltene Diol (nicht gezeigt) zum cyclischen Carbonat **184**. Dessen Palladium-katalysierte Defunktionalisierung lieferte den α,β-ungesättigten δ-Hydroxyester **185**. Daraus wurde abschließend durch Halbketaladdition nach EVANS (*vgl. Kapitel 2.1.2*) der 3,5-dioxygenierte Ethylester **186** hergestellt.

---

[91] T. J. Hunter, G. A. O'Doherty, *Org. Lett.* **2001**, *3*, 1049-1052.

2.2.6 Sonstige katalytisch asymmetrische Verfahren

Auch das Kapitels zur Vorstellung katalytisch asymmetrischer Verfahren zum Aufbau 3,5-dioxygenierter Carbonsäuresubstrukturen möchte ich mit der Vorstellung einer Methode abschließen, die sich in keine der bisherigen Unterkapitel einordnen lässt.

Schema 25: Aufbau des Statinseitenkettenstrukturelements durch L-Prolin-katalysierte α-Aminooxylierung nach GEORGE und SUDALAI.[92]

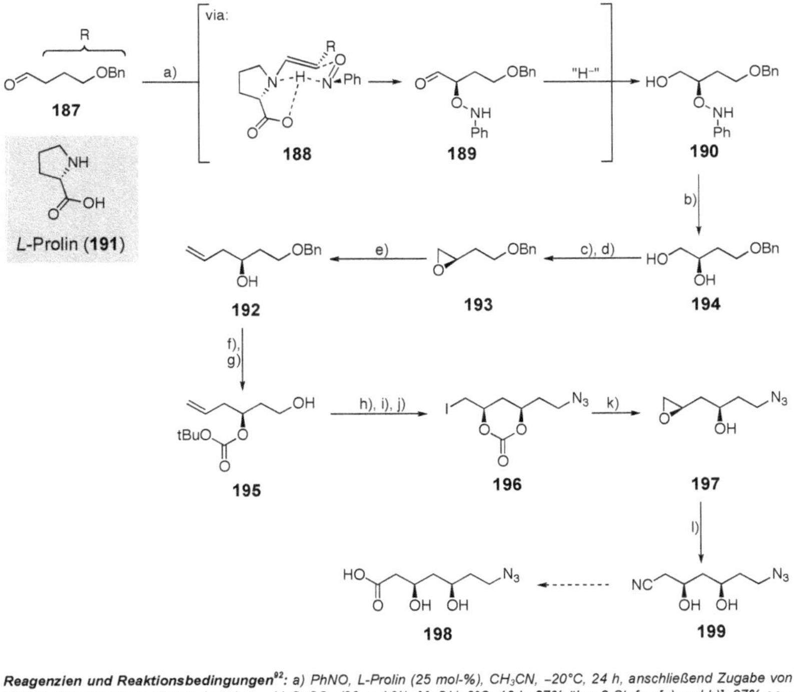

Reagenzien und Reaktionsbedingungen[92]: a) PhNO, L-Prolin (25 mol-%), CH₃CN, –20°C, 24 h, anschließend Zugabe von MeOH, NaBH₄; keine weiteren Angaben.– b) CuSO₄ (30 mol-%), MeOH, 0°C, 10 h; 87% über 2 Stufen [a) und b)], 97% ee.– c) MsCl, NEt₃, CH₂Cl₂, 0°C, 15 min; 92%; keine weiteren Angaben.– d) K₂CO₃, MeOH, Raumtemp., 1 h; 95%; keine weiteren Angaben.– e) Vinylmagnesiumbromid, CuI, THF, –40°C, 1 h; 92%; keine weiteren Angaben.– f) (Boc)₂O, DMAP, CH₃CN, Raumtemp., 5 h; 95%; keine weiteren Angaben.– g) DDQ, CH₂Cl₂/H₂O 2:1 (v:v), Raumtemp., 20 h; 85%; keine weiteren Angaben.– h) MsCl, NEt₃, CH₂Cl₂, 0°C, 30 min; 94%; keine weiteren Angaben.– i) NaN₃, DMF, 60°C, 2 h; 83%; keine weiteren Angaben.– j) NIS, CH₃CN, –40°C → Raumtemp., 20 h; 87%; keine weiteren Angaben.– k) K₂CO₃, MeOH, 0°C → Raumtemp., 2 h; 96%; keine weiteren Angaben.– l) NaCN, Ti(OiPr)₄, Bu₄NI, DMSO, 70°C, 6 h; 80%; keine weiteren Angaben.

[92] S. George, A. Sudalai, *Tetrahedron Lett.* **2007**, *48*, 8544-8546.

Den Auftakt der formalen Totalsynthese von Atorvastatin von GEORGE und SUDALAI machte die Addition eines aus L-Prolin (**191**) und dem Aldehyd **187** intermediär entstehenden Enamins an Nitrosobenzol.[92,93] Durch Reduktion des entstehenden α-oxygenierten Aldehyds **189** mit NaBH$_4$ gelang der enantioselektive Zugang zu dem α-oxygenierten Alkohol **190**. Durch Behandeln mit CuSO$_4$ erhielten die Autoren das Diol **194** in 87% Ausbeute über 2 Stufen und mit 97% *ee*. Überführung des primären Alkohols ins Mesylat, Cyclisierung zum Epoxid **193**, Epoxidöffnung durch Vinylmagnesiumbromid, Debenzylierung und Boc-Schützung des entstehenden Homoallylalkohols **192** lieferten das Hydroxycarbonat **195**. Nach Aktivierung der primären Alkoholfunktion zum Mesylat gelang der Austausch zum Azid. Eine anschließende Iodlactonisierung lieferte das cyclische Carbonat **196**. Eine basische Hydrolyse samt Ringschluss zum Epoxid lieferte den Baustein **197**. Er wurde durch den Angriff von NaCN in den *syn*-1,3-Diol-Baustein **199** überführt.

Die darin befindliche Nitrilgruppe wandelten die Autoren trotz der naheliegenden Option einer intramolekularen PINNER-Reaktion nicht in das Lacton oder die entsprechende Carbonsäure um. Sie verweisen vielmehr darauf, dass der von ihnen dargestellte Baustein der formalen Totalsynthese von Atorvastatin entspricht.

---

[93] Mechanismus der asymmetrischen α-Hydroxylierung von Aldehyden durch Prolin/Nitrosobenzol: G. Zhong, *Angew. Chem.* **2003**, *115*, 4379-4382; *Angew. Chem. Int. Ed.* **2003**, *35*, 4247-4250.

3. Die neueste arbeitskreiseigene Synthese von stereoeinheitlichen 1,3-Diolen: Enon → 1,3-Diol-Strategie

Die Tatsache, dass 1,3-Diole ein wichtiger strukturgebender Bestandteil nicht nur der Statine sind, sondern auch in zahlreichen anderen Naturstoffen wie den im Arbeitskreis seit vielen Jahren untersuchten Polyol/Polyen-Antibiotika auftreten, führte zur Entwicklung arbeitskreiseigener Zugänge zu diesem Strukturelement. Mehrere von Ihnen verliefen über disubstituierte γ-Lactone und überführten diese durch einen oxidativen Abbau direkt in (geschützte) 1,3-Diole[94,95] oder indirekt, indem zunächst (geschützte) β-Hydroxyketone entstanden.[96]

Ein völlig anderer Zugang, zu *syn-* und *anti*-1,3-Diolen wurde in unserem Arbeitskreis 2005 von KARSTEN KÖRBER und PHILIPPE RISCH entwickelt.[97] Sie überführten α,β-ungesättigte Ketone („Enone") zunächst in enantiomerenreine β-Hydroxyketone. Die letzteren wurden anschließend nach NARASAKA-PRASAD *syn-*selektiv oder nach EVANS *anti-*selektiv reduziert.

---

[94] H. Priepke, *Dissertation*, Universität Würzburg, **1993**.

[95] M. Menges, R. Brückner, *Synlett* **1993**, *12*, 901-905.

[96] Jan Hübner, *Dissertation*, Universität Freiburg, **2001**.

[97] K. Körber, P. Risch, R. Brückner, *Synlett* **2005**, *19*, 2905-2910.

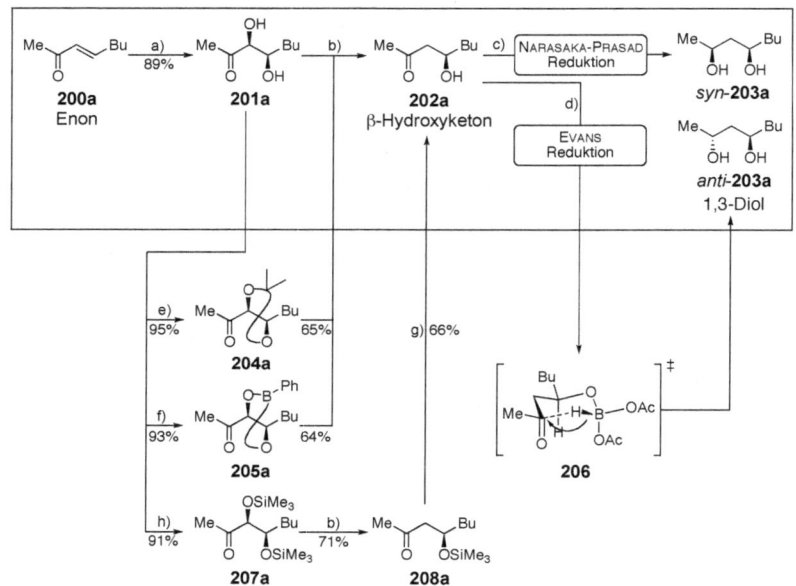

Reagenzien und Reaktionsbedingungen: *a) "Variierter AD-mix β™": [K₂OsO₂(OH)₄ (1 mol-%), (DHQD)₂PHAL (5 mol-%), K₃Fe(CN)₆ (3.0 Äquiv.), NaHCO₃ (3.0 Äquiv.), K₂CO₃ (3.0 Äquiv.)], tBuOH/H₂O 1:1 (v:v), 0°C, 60 h.– b) SmI₂ (2.1 Äquiv.), THF, –78°C, Zugabe von 201a bzw. 204a, 205a, 207a in THF/MeOH 2:1 (v:v), 50 min; –78°C → Raumtemp., 30 min.–c) BEt₃ (1.1 Äquiv.), THF/MeOH 4:1 (v:v), Raumtemp., 1 h, dann –78°C, Zugabe von 202a in THF, 2 h, Zugabe von NaBH₄ (0.8 Äquiv.), 16 h; 90% reines syn-Diastereomer.– d) Me₄NBH(OAc)₃ (4.1 Äquiv.), CH₃CN/HOAc 1:1 (v:v), Raumtemp., 30 min, dann –40°C, Zugabe von 202a in CH₃CN, 1 h, dann –20°C, 14 h; 51% anti-203a, keine Angaben zur beobachteten Diastereoselektivität.– e) PPTS (10 mol-%), 2,2-Dimethoxypropan, Raumtemp., 24 h; pTsOH (3 mol-%), 22 h; 95%.– f) Phenylboronsäure (1.1 Äquiv.), CH₂Cl₂, Raumtemp., 24 h; 93%.– g) Bu₄NF · 3 H₂O (3.6 Äquiv.), THF, Raumtemp., 6 h; 66%.– h) NEt₃ (8 Äquiv.), TMS-Cl (4 Äquiv.), CH₂Cl₂, 0°C, 3 h; 91%.*

Ausgehend vom Enon **200a** waren nach asymmetrischer Dihydroxylierung nach SHARPLESS die α,β-Dihydroxycarbonyle **201a** bzw. nach optionaler Anbringung einer Schutzgruppe deren Derivate **204a**, **205a** und **207a** zugänglich. Die C$^\alpha$–O-Bindungen all dieser Substrate **201a**, **204a**, **205a** und **207a** ließen sich anschließend mit 2.1 Äquivalenten SmI₂ spalten. Das führte in jedem Fall zum angestrebten β-Hydroxyketon **202a**. KÖRBER und RISCH testeten zahlreiche cyclische und acyclische Schutzgruppen. Das daraus in *Schema 26* vorgestellte Extrakt an Schutzgruppen erwies sich jedoch, bezogen auf die Gesamtausbeute für die Überführung der „freien" Dihydroxycarbonylverbindung **201a** in das „freie" β-Hydroxyketon **202a**, als präparativ am nützlichsten.

Die α-Defunktionalisierung des Bistrimethylsilylethers **207a** lieferte zwar die für diesen Teilschritt beste Ausbeute (71%), aber nur 66% Ausbeute bei der Entschützung des als Primärprodukt erhaltenen β-Siloxyketons **208a** was die Bistrimethylsilylether als Defunktionalisierungssubstrate letztlich unattraktiv machte. Entsprechend der von KÖRBER und RISCH beobachteten besten Ausbeute für die Gesamttransformation *Enon → β-Hydroxyketon* für den Fall des als Acetonid geschützten Dihydroxylierungsprodukts **204a**, wurden diese Dioxolane zum Ausgangspunkt weiterer methodischer Untersuchungen.

Die von KÖRBER und RISCH an dem Beispiel von *Schema 26* exemplarisch durchgeführten Hydridreduktionen des erhaltenen β-Hydroxyketons **202a** mit Literaturmethoden lieferte in guter (51% isoliertes *anti*-1,3-Diol) bzw. sehr guter Ausbeute (91% des gewünschten *syn*-1,3-Diols) die 1,3-Diole *syn*- bzw. *anti*-**203a**.[97]

Während die *syn*-Selektivität der NARASAKA-PRASAD-Reduktion bereits in *Kapitel 2.1.4* hinreichend erörtert wurde, möchte ich der Vollständigkeit halber an dieser Stelle kurz auf die, aus β-Hydroxyketonen *anti*-1,3-Diole zugänglich machende EVANS-Reduktion eingehen.

Nach Zugabe von Tetramethylammoniumtriacetoxyborhydrid wird hier ein sesselförmiger Übergangszustand **206** durchlaufen, in dem die am β-Hydroxyketon **202** als Substituenten enthaltenen Alkylreste R^1 und R^2 eine vorteilhafte äquatoriale Position einnehmen. Die anschließende (im Gegensatz zur NARASAKA-PRASAD-Reduktion) *intra*molekulare Hydridübertragung erfolgt entsprechend *Schema 26* und liefert das entsprechende *anti*-1,3-Diol *anti*-**203**.

Für analoge α-Defunktionalisierungen von α-oxygenierten Ketonen wie die in *Schema 26* gezeigten werden in der Literatur[97,98] zwei geringfügig voneinander verschiedene Mechanismen vorgeschlagen. MOLANDER und HAHN[98] propagieren den in *Schema 27* gezeigten Mechanismus. Hierbei entsteht zunächst durch Einelektronentransfer (1. SET[99]) das Ketylradikals **209** das umgehend durch Methanol protoniert wird. Weiteres Samarium(II)-iodid reduziert das resultierende OH-Substituierte Radikal durch einen 2. SET zum Carbanion **211**. Der nun erfolgende C^α–OR-Bindungsbruch liefert nach Abspaltung von Aceton das enolhaltige Alkoholat **212**. Dieses wird durch Methanol protoniert und tautomerisiert unverzüglich zum β-Hydroxyketon **202**.

KÖRBER schlug 2005 einen geringfügig modifizierten Mechanismus vor (nicht gezeigt).[97] Er verlegt den C^α–O-Bindungsbruch im Vergleich zu MOLANDER und HAHN (*vgl. Schema 27*) um zwei Schritte nach vorne auf die Stufe des Ketylradikals **209** (also vor den 2. SET). Es wird gleichfalls Aceton abgespalten, doch auf der Seite des Substrats verbleibt ein Sm(III)-Alkoholat, das ein Enol*radikal* enthält. Jetzt kommt es zum zweiten Einelektronentransfer. Er liefert das enolathaltige Sm(III)-Alkoholat das durch Methanol zum β-Hydroxyketon protoniert wird.

---

[98] G. A. Molander, G. Hahn, *J. Org. Chem.* **1986**, *51*, 1135-1138.

[99] Single-Electron-Transfer

In der Literatur wurden vor den KÖRBER/RISCH-α-Defunktionalisierungen auch Samarium(II)-iodid-vermittelte Reduktionen *von* β-Hydroxyketonen *zu* 1,3-Diolen beschrieben.[100] Eine Kombination dieser beiden Reduktionsschritte entspräche einer direkten „1-Topf"-Reduktion (ggf. geschützter) α,β-Dihydroxyketone mit überschüssigem Samarium(II)-iodid zu 1,3-Diolen.

Die prinzipielle Machbarkeit dieser nochmals neuartigeren Transformation wurde von KÖRBER 2006 erstmals an dem Beispiel von *Schema 28* gezeigt:[101]

Schema 28: *Exemplarische „1-Topf"-Reduktion eines acetonidgeschützten Dihydroxyketons **204a** zum entsprechenden 1,3-Diol anti-**203a** durch KÖRBER.[101]*

200a   **204a**   *anti*-**203a**

Reagenzien und Reaktionsbedingungen[97,101]: *a) "Variierter AD-mix β™": [K$_2$OsO$_2$(OH)$_4$ (1 mol-%), (DHQD)$_2$PHAL (5 mol-%), K$_3$Fe(CN)$_6$ (3.0 Äquiv.), NaHCO$_3$ (3.0 Äquiv.), K$_2$CO$_3$ (3.0 Äquiv.)], tBuOH/H$_2$O 1:1 (v:v), 0°C, 60 h; 89%.– b) 2,2-Dimethoxy-propan, pTsOH (3 mol-%), Raumtemp., 24 h; 95%.– c) SmI$_2$ (4.5 Äquiv.), THF, –78°C, Zugabe von **204a** in THF/MeOH 2:1 (v:v), 30 min, anschließend 0°C, 20 h; 84%.*

Aus dem ausgehend von Enon **200a** in 2 Stufen dargestellten 1,2-Dioxolan **204a** erhielt er mit 4.5 Äquivalenten Samarium(II)-iodid das 2,4-Octandiol *anti*-**203a** als reines *anti*-Diastereomer.

Schema 29: *Mechanistische Analyse der Reduktion von β-Hydroxyketonen mit SmI$_2$ zu 1,3-Diolen = 2. Teilschritt der "1-Topf"-Defunktionalisierung/Reduktion von α,β-Dihydroxyketonen.*

202   **214**   **215**

203   **216**

---

[100] G. E. Keck, C. A. Wager, T. Sell, T. T. Wager, *J. Org. Chem.* **1999**, *64*, 2172-2173.

[101] K. Körber, *unveröffentlichte Ergebnisse.*

Die Reduktion von β-Hydroxyketonen zu 1,3-Diolen bzw. der 2. Teilschritt der o. g. „1-Topf"-Transformation sollte mechanistisch analog beginnen wie die α-Defunktionalisierung mit Samarium(II)-iodid, die in *Schema 27* vorgestellt wurde.[100] Auch hier sollte nach der Bildung des Sm(II)-Chelats **214** zunächst ein 1. SET zu einem Ketylradikal (hier: **215**) führen. Ein anschließender 2. SET würde wie bei der α-Defunktionalisierung zu einem Carbanion (hier: **216**) führen. Das letztere würde *hier* mangels α-Substituent allerdings nicht defunktionalisiert werden können, sondern lediglich durch anwesendes Methanol zum 1,3-Diol **203** protoniert (*vgl. Schema 29*).

Die von KÖRBER etablierte dreistufige *Enon → 1,3-Diol*-Transformation, war konzeptionell neu. Sie war Grundlage und Ausgangpunkt für umfangreiche methodische Untersuchungen von „1-Topf"-Reduktionen acetonidgeschützter α,β-Dihydroxyketone zu 1,3-Diolen im Rahmen meiner Diplomarbeit, die ich von April 2006 bis Januar 2007 im Arbeitskreis anfertigte.[102]

[102] A. Zörb, *Diplomarbeit*, Universität Freiburg, **2007**.

4. Aufgabenstellung

Tabelle 1: *Ergebnisse meiner Diplomarbeit[102]: Asymmetrische Dihydroxylierung α,β-ungesättigter Ketone, Acetonidschützung und anschließende Reduktion mit überschüssigem SmI$_2$ zu 1,3-Diolen.*

Eintrag	R^1	R^2	Enon 200	Acetonid 204	1,3-Diol 203	Ausbeute [%]	ds (anti:syn)	ee^{103} [%]
1		Bu		a		81	>98:2	>99
2	Me	Ph		b		67	>98:2	92
3		iPr		c		72	?[a]	91
4				d		64	>98:2	97
5	Bu	Pr		e		90	82:18	>99
6	iPr			f		69	57:43	>99

[a] Die Bestimmung dieses Diastereomerenverhältnisses war aufgrund der Flüchtigkeit des von 1,3-Diol 203c abgeleiteten 1,3-Dioxolans nicht möglich.
Reagenzien und Reaktionsbedingungen: a) "Variierter AD-mix β^{TM}": [K$_2$OsO$_2$(OH)$_4$ (1 mol-%), (DHQD)$_2$PHAL (5 mol-%), K$_3$Fe(CN)$_6$ (3.0 Äquiv.), NaHCO$_3$ (3.0 Äquiv.), K$_2$CO$_3$ (3.0 Äquiv.)], tBuOH/H$_2$O 1:1 (v:v), 0°C, 60 h. – b) pTsOH (10 mol-%), 2,2-Dimethoxypropan (als Lösungsmittel), Raumtemp., 24 h. – c) SmI$_2$ (4.5 Äquiv.), THF, –78°C, Zugabe von 204 in THF/MeOH 2:1 (v:v), 30 min, anschließend 0°C, 20 h.

Im Rahmen meiner Diplomarbeit zeigte sich, dass die von KÖRBER an einem einzigen Substrat durchgeführte „1-Topf"-Reduktion geschützter Dihydroxyketone zu 1,3-Diolen an verschiedenen Substraten möglich war. So lieferte die Reduktion der von Methylketonen abgeleiteten Dioxolane **204a**, **204b** und **204d** die 1,3-Diole *anti*-**203a**, *anti*-**203b** und *anti*-**203d** in Ausbeuten zwischen 64% und 81% und jeweils mit einer Diastereoselektivität von >98:2.

Leider erwiesen sich die *anti*-Selektivitäten von analogen Reduktionen, denen kein Methylketon zugrunde lag (R^1 ≠ Me; *Einträge 5* und *6*), als nicht ebenbürtig bzw. schlichtweg fehlend. Im schlimmsten Fall entstand ein 57:43-*anti*:*syn*-Diastereomerengemisch (*vgl. Eintrag 6*).

---

[103] Bestimmt auf der Stufe der nach der Dihydroxylierung erhaltenen α,β-Dihydroxyketone bzw. geeigneter Derivate derselben (vgl. Diplomarbeit, Kapitel 3.4).

Schema 30: *Zentrale Fragestellungen für die vorliegende Arbeit vor dem Hintergrund der Vorarbeiten von KÖRBER und RISCH[97] bzw. der Ergebnisse von MUÑIZ und HÖVELMANN[104].*

KÖRBER und RISCH:[97]

200   **201**   **205**

R^1, R^2 = Alkyl

MUÑIZ und HÖVELMANN:[104]

217   98% *ee*
                           218

Zentrale Fragestellungen für diese Arbeit:

200   **205**   **202**

R^1, R^2 = Alkyl   diasereoselektiv?   *hydridische Reduktionen*

                SmI$_2$-Überschuß

                                           anti-203   *syn*-203

Reagenzien und Reaktionsbedingungen: *a) "Variierter AD-mix β™": [K$_2$OsO$_2$(OH)$_4$ (1 mol-%), (DHQD)$_2$PHAL (5 mol-%), K$_3$Fe(CN)$_6$ (3.0 Äquiv.), NaHCO$_3$ (3.0 Äquiv.), K$_2$CO$_3$ (3.0 Äquiv.)], tBuOH/H$_2$O 1:1 (v:v), 0°C, 60 h.– b) PhB(OH)$_2$ (1.1 Äquiv.), CH$_2$Cl$_2$, Raumtemp., 24 h.– c) "Variierter AD-mix β™": [K$_2$OsO$_2$(OH)$_4$ (1 mol-%), (DHQD)$_2$PHAL (5 mol-%), K$_3$Fe(CN)$_6$ (3.0 Äquiv.), K$_2$CO$_3$ (3.0 Äquiv.)], PhB(OH)$_2$ (1.2 Äquiv.), tBuOH/H$_2$O 1:1 (v:v), Raumtemp., 12 h; 92%, 98% ee.*

Im Rahmen meiner unmittelbar auf die Diplomarbeit aufbauenden Promotion galt es zunächst zu untersuchen, ob die von KÖRBER und RISCH in zwei Stufen dargestellten Phenylboronsäureester **205**[97] auch einstufig zugänglich sind. Hierzu sollte untersucht werden, ob sich eine 2005 von MUÑIZ und HÖVELMANN publizierte Modifikation[104] der asymmetrischen Dihydroxylierung nach SHARPLESS auf unsere Enone übertragen lässt. Die letzteren Autoren hatten berichtet, dass die Anwesenheit von 1.2 Äquivalenten Phenylboronsäure [PhB(OH)$_2$] bei einer asymmetrischen Dihydroxylierung nach SHARPLESS einstufig die vom intermediär gebildeten Diol abgeleiteten Phenylboronsäurester erhältlich macht. Dieselbe Art

---

[104] C. H. Hövelmann, K. Muñiz, *Chem. Eur. J.* **2005**, *11*, 3951-3958.

Phenylboronsäureester war KÖRBER und RISCH aus (isolierten) α,β-Dihydroxyketonen durch eine nachträgliche Veresterung mit PhB(OH)$_2$ zugänglich (vgl. Schema 26).[97] Zwar wendeten MUÑIZ und HÖVELMANN ihre Methode nicht auf die in unserem Fall eingesetzten Enone an, doch die publizierte Dihydroxylierung/Phenylboronylierung des Zimtsäureesters **217** belegte, dass ihr Verfahren für eine elektronenarme, weil akzeptorsubstituierte C=C-Doppelbindung griff. Das legte die Übertragbarkeit ihrer Dihydroxylierung auf unsere, allerdings noch elektronenärmeren, Substrate nahe. Die Motivation für diese Fragestellung bestand darin, die nach KÖRBER und RISCHS Arbeiten den Acetoniden bei der α-Defunktionalisierung nur knapp unterlegenen Phenylboronsäureester (vgl. Schema 26) im Erfolgsfall aus Enonen in einer statt zwei Stufen erhalten zu können.

Anschließend sollten diese Phenylboronsäureester – über β-Hydroxyketone als Zwischenprodukte oder im „1-Topf"-Verfahren – zu 1,3-Diolen reduziert und im Hinblick auf die zu erreichende Diastereoselektivität untersucht werden.

Nach Abschluß dieser methodisch ausgerichteten Arbeiten wollte ich die beste Variante der Enon → 1,3-Diol-Transformation auf praxisnahe Beispiele anwenden.

Schema 31: *Geplante Anwendung der arbeitskreiseigenen Transformation Enon → 1,3-Diol im Rahmen der Synthese zweier Statinseitenkettenbausteine.*

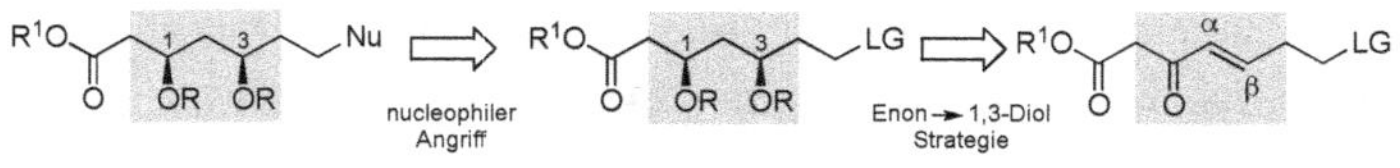

Aufgrund der Wichtigkeit der Statine (*vgl. Kapitel 1*) hielt ich für diesen Teil meiner Promotion die Seitenkettenbausteine **220** und **223** von *Schema 31* für attraktive Syntheseziele. Der Seitenkettenbaustein **220** enthält eine Abgangsgruppe für nucleophile Substitutionen, die einen Zugang zu Statinen ermöglichen sollte, worin eine gesättigte C_2-Brücke die Verbindung zum (poly)cyclischen Molekülteil darstellt.

Der Seitenkettenbaustein **223** hingegen sollte per Metathese bzw. HECK-Kupplung Statine zugänglich machen, worin eine ungesättigte und *trans*-konfigurierte C_2-Brücke zu dem (poly)cyclischen Molekülteil führt.

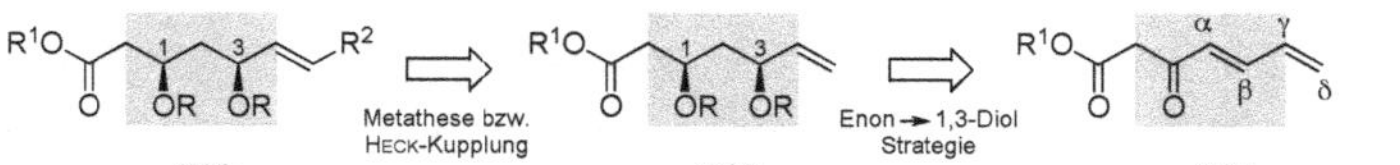

56

5. Synthese der Ausgangsverbindungen

5.1 Synthese der α,β-ungesättigten Ketone („Enone")

Tabelle 2: *Darstellung der benötigten Enone **200h-m** per WITTIG-Reaktion.*

| 225 | 226 | 227 | 228 | 200 |

Eintrag	R^1	R^2	Säurechlorid 226	Aldehyd 228	Enon 200	Ausbeute [%]
1	Me	Me		g		[a]
2		Bu		a		[a]
3		Me		h		62
4	Bu	Bu		i		73
5		iBu		j		72
6		iPr		k		81
7	iBu	Bu		l		70
8		iBu		m		71

[a] *käuflich.*
Reagenzien und Reaktionsbedingungen: *a) **225** (2.0 Äquiv.), BuLi (2.2 Äquiv.), THF, 0°C, 30 min; Zugabe von **226**, 0°C → Raumtemp., 3 h; Zugabe von **228** (5.0 Äquiv.), Raumtemp., 3 d.*

Um den Einfluß unterschiedlicher Alkylsubstituenten R^1 und R^2 auf Ausbeute und Diastereoselektivität der geplanten „1-Topf"-Reduktion beurteilen zu können, variierte ich diese Reste wie in *Tabelle 2* gezeigt. So kamen die kleinsten denkbaren Alkylreste (Methylgruppen) genauso zum Einsatz (*Einträge 1-3*) wie unverzweigte *n*Bu- (*Einträge 2-7*) und sterische anspruchsvollere *i*Bu- (*Einträge 5, 7* und *8*) bzw. *i*Pr- Reste (*Eintrag 6*). *n*Bu- und *i*Bu- interessierten im Hinblick auf eine spätere Anwendung im Rahmen von Naturstoffsynthesen. Sie bilden die in den 1,3-Diolteilen vieler Naturstoffe vorkommende unverzweigte (*n*Bu-) bzw. β-verzweigte (*i*Bu) Nahumgebung des 1,3-Diol-Strukturelements nach.

Ähnlich wie in meiner Diplomarbeit erhielt ich nicht käufliche Enone (hier: **200h-m**) per WITTIG-Reaktion stabilisierter Ylide **227**. Diese erzeugte ich durch die Acylierung von deprotoniertem Methyltriphenylphosphoniumbromid (**225**) mit den Säurechloriden **226h-m**.[105] Ohne **227** zu isolieren schloss ich die jeweilige WITTIG-Reaktion mit einem der Aldehyde **228h-m** an. Das lieferte die Enone in Ausbeuten zwischen 62% (*Eintrag 3*) und 81% (*Eintrag 6*). Die *trans*-Selektivität war in allen Fällen perfekt.[106]

---

[105] Acylierung von Methyltriphenylphosphoran mit Säurechloriden: J. R. Proudfoot, C. Djerassi, *J. Am. Chem. Soc.* **1984**, *106*, 5613-5622.

[106] Die ^{1}H-NMR-Spektren zeigten keinerlei Signale von evtl. anteilig gebildetem *cis*-Isomer.

5.2 Asymmetrische Dihydroxylierung von Enonen mit oder ohne Zusatz von PhB(OH)$_2$

Tabelle 3: *Asymmetrische Dihydroxylierung der Enone **200** und anschließende Schützung der Primärprodukte als Acetonid **204**. Asymmetrische Dihydroxylierung unter Zusatz von PhB(OH)$_2$ als neuer einstufiger Zugang zu den Phenylboronsäureestern **205**.*

Eintrag	R^1	R^2	Enon 200	Dihydroxylierungs-produkt 201		Acetonid 204	Phenylboronsäureester 205			
							c) [0°C, 3 d]		d) [Raumtemp., 1 d]	
				Ausbeute [%]	ee [%]	Ausbeute [%]	Ausbeute [%]	ee [%]	Ausbeute [%]	ee [%]
1	Me	Me	g	51	92	[a]	61	92	63	92
2		Bu	a	68	>99	84	70	97	72	97
3		Me	h	67	>99	98	71	>99	70	98
4	Bu	Bu	i	61	>99	89	64	98	65	98
5		iBu	j	63	>99	94	62	99	67	97
6		iPr	k	75	94	92	75	97	82	94
7	iBu	Bu	l	65	>99	98	64	99	69	96
8		iBu	m	69	>99	87	72	>99	74	94

[a] Produkt leichtflüchtig, nicht isolierbar.
Reagenzien und Reaktionsbedingungen: *a) "Variierter AD mix-β ™"; [K$_2$OsO$_2$(OH)$_4$ (1 mol-%), (DHQD)$_2$PHAL (5 mol-%), K$_3$Fe(CN)$_6$ (3.0 Äquiv.), K$_2$CO$_3$ (3.0 Äquiv.)], tBuOH/H$_2$O 1:1 (v:v), 0°C, 3 d.– b) 2,2-Dimethoxypropan (als Lösungsmittel), pTsOH (3 mol-%), Raumtemp., 12 h.– c) Identisch mit (a) bis auf die zusätzliche Zugabe von PhB(OH)$_2$ (1.2 Äquiv.).– d) Identisch mit (c) aber bei Raumtemp., 1 d.*

In Übereinstimmung mit den Vorarbeiten von KÖRBER und RISCH lieferten die asymmetrischen Dihydroxylierungen ohne Zusatz von Phenylboronsäure die gewünschten α,β-Dihydroxyketone **201a** und **g-m** in 51%-75% Ausbeute (*Tabelle 3*). Bei sechs der acht Produkte übertraf der erreichte Enantiomerenüberschuß[107] 99% *ee*. Lediglich die Enone **200g** (*Eintrag 1*; → 92% *ee*) und **200k** (*Eintrag 6*; → 94% *ee*) wurden weniger enantioselektiv dihydroxyliert.

---

[107] Der jeweilige Enantiomerenüberschuss wurde per GC bzw. HPLC-Analyse an geeigneten Derivaten bestimmt (vgl. Experimentalteil).

Die Absolutkonfiguration der Dihydroxyketone **201a** und **g-m** wurde nicht explizit aufgeklärt. Ich nahm vielmehr an, dass Sie mit der Vorhersage von "SHARPLESS' mnemonic"[108,109a-c] konsistent ist.

Die Schützung der α,β-Dihydroxyketone **201a** und **h-m** lieferte nach säulenchromatographischer Reinigung die entsprechenden Acetonide **204a** und **h-m** in Ausbeuten zwischen 84% (*Eintrag 2*) und 98% (*Einträge 3* und *7*). Lediglich das analog angestrebte Acetonid **204g** konnte aufgrund seiner Flüchtigkeit nicht verfügbar gemacht werden (*Eintrag 1*).

Im Unterschied zu der zweistufigen Synthese des Phenylboronsäureesters **205a** (*vgl. Schemata 26* und *30*) durch KÖRBER und RISCH[97] war es mir nun durch die Übertragung der Methode von MUÑIZ und HÖVELMANN auf Enone **200** erstmals einstufig möglich aus diesen, die Phenylboronsäureester **205a** und **g-m** darzustellen. Die dabei erzielten Ausbeuten lagen zwischen 61% (*Eintrag 1*) und 82% (*Eintrag 6*). Die Enantiomerenüberschüsse[107] der erhaltenen Phenylboronsäureester lagen, wenn ich wie MUÑIZ und HÖVELMANN bei Raumtemp. dihydroxylierte, zwischen 94% (*Eintrag 8*) und 98% (*Einträge 3* und *4*). Ein Senken der Dihydroxylierungstemperatur auf 0°C machte dieselben Phenylboronsäureester mit Enantiomerenüberschüssen zwischen 97% (*Einträge 2* und *6*) und >99% (*Einträge 3* und *8*) zugänglich; lediglich Phenylboronsäureester **205g** entstand auch bei 0°C nur mit 92% *ee* (*Eintrag 1*). Die Absolutkonfigurationen der Phenylboronsäureester **205a** und **g-m** wurden wiederum nicht experimentell ermittelt. Sie sollten denen der zugrundeliegenden Dihydroxyketone **201** entsprechen (die plausibel gemutmaßt wurden; s. o.).

[108] H. C. Kolb, M. S. VanNieuwenhze, K. B. Sharpless, *Chem. Rev.* **1994**, *94*, 2483-2547.

[109] a) K. B. Sharpless, W. Amberg, Y. L. Bennani, G. A. Crispino, J. Hartung, K.-S. Jeong, H.-L. Kwong, K. Morikawa, Z.-M. Wang, D. Xu, X.-L. Zhang, *J. Org. Chem.* **1992**, *57*, 2768-2771; b) H. C. Kolb, P. G. Andersson, K. B. Sharpless, *J. Am. Chem. Soc.* **1994**, *116*, 1278-1291; c) N. Moitessier, C. Henry, C. Len, Y. Chapleur, *J. Org. Chem.* **2002**, *67*, 7275-7282.

6. Samarium(II)-halogenid-vermittelte „1-Topf"-Reduktion zu 1,3-Diolen bzw. zu den davon abgeleiteten *B*-Phenyldioxaborinanen

Tabelle 4: *Samarium(II)-halogenid-vermittelte "1-Topf"-Reduktion geschützter α,β-Dihydroxyketone.*

Eintrag	R^1	R^2	203, 204, 205, 229	*B*-Phenyldioxaborinan 229				Diol 203	
				a)		b)			
				Ausbeute [%]	% *trans*	Ausbeute [%]	% *trans*	Ausbeute [%]	% *anti*
1	Me	Me	g	52	100	67	94	[a]	
2	Me	Bu	a	58	92	65	58	68	96
3		Me	h	53	89	71	75	70	91
4	Bu	Bu	i	59	80	71	58	69	63
5	Bu	iBu	j	53	66	66	60	71	71
6		iPr	k	61	82	69	50	65	80
7	iBu	Bu	l	52	57	65	58	67	64
8	iBu	iBu	m	58	74	58	58	55	58

[a] Substrat **204g** war entsprechend Tabelle 3 nicht zugänglich.
Reagenzien und Reaktionsbedingungen: a) SmI₂ (4.5 Äquiv.) in THF, –78°C, Zugabe von **205** in THF/MeOH 2:1 (v:v), 30 min, anschließend 0°C, 20 h.– b) Identisch mit (a) aber unter Verwendung von SmBr₂ (4.5 Äquiv.).– c) Identisch mit (a) aber Zugabe von **204**.– d) **229j** [60:40 (anti:syn) Gemisch], H₂O₂ (30% in H₂O, 2.0 Äquiv.), Aceton/AcOEt 1:1 (v:v), Raumtemp, 1 d; 80%.

Auch mit den nun vorliegenden Phenylboronsäureestern **205a** und **g-m** sowie den Acetoniden **204a** und **g-m** gelangen wie von KÖRBER mit einem Acetonid und von mir in meiner Diplomarbeit mit weiteren Acetoniden realisiert, direkte „1-Topf"-Reduktionen. Aus den Acetoniden wurden erwartungsgemäß die 1,3-Diole **203a** und **h-m** erhalten; ihre Ausbeuten bewegten sich zwischen 55% (*Eintrag 8*) und 71% (*Eintrag 5*). Aus den Phenylboronsäureestern **205a** und **g-m** wurden dagegen *nicht* wie erwartet dieselben freien 1,3-Diole erhalten, sondern die davon abgeleiteten *B*-Phenyldioxaborinane **229a** und **g-m**; deren Ausbeuten lagen zwischen 52% (*Einträge 1* und *7*) und 74% (*Eintrag 8*). Das 60:40-Diastereomerengemisch der *B*-Phenyldioxaborinane *trans*- und *cis*-**229j** wurde mit H_2O_2 entschützt.[110] Das lieferte in 80% Ausbeute das zugrundeliegende „freie" 1,3-Diol **203j** als Diastereomerengemisch unveränderter 60:40-Zusammensetzung. Diese Folgereaktion impliziert, dass die *B*-Phenyldioxaborinane als geschützten *und entschützbare* 1,3-Diole betrachtet werden können.

Es zeigte sich außerdem, dass Sm*Br*$_2$ (zugänglich aus Tetrabromethan und metallischem Samarium) ein vorteilhafteres Reduktionsmittel war als das bis dato verwendete Sm*I*$_2$ (aus Diiodethan und metallischem Samarium zugänglich). Die Samariumbromid/THF-Suspensionen schienen trotz der Tatsache, dass Sm*Br*$_2$ laut Redoxpotential[111] (-2.07 eV) ein stärkeres Reduktionsmittel als Sm*I*$_2$ (-1.55 eV) ist, sehr viel unempfindlicher gegenüber Luftsauerstoff zu sein. Das vereinfachte die Handhabung bei den (nach wie vor unter Inertgasatmosphäre) durchgeführten Reaktionen. *Tabelle 4* zeigt, dass der Wechsel von Sm*I*$_2$ auf Sm*Br*$_2$ darüberhinaus die Ausbeuten der „1-Topf"-Reduktionen geringfügig erhöhte – allerdings ggf. Hand in Hand mit einer etwas schlechteren Diastereoselektivität.

Der Wehrmutstropfen bei den „1-Topf"-Reduktionen sowohl der Acetonide **204** als auch der Phenylboronsäureester **205** war die geringe Diastereoselektivität. Abhängig von den Alkylresten R^1 und R^2 im Substrat wurden bei der Reduktion der Acetonide **204** Diastereomerenverhältnisse zwischen präparativ nützlichen 96:4 (*anti:syn*) (*Eintrag 2*) bzw. 91:9 (*Eintrag 3*) und unbrauchbaren 58:42 (*anti:syn*) (*Eintrag 8*) erreicht.

Die Reduktionen der Phenylboronsäureester **205** erbrachten mit Sm*I*$_2$ *anti*-Selektivitäten zwischen 100:0 (*Eintrag 1*) und 58:42 (*Eintrag 8*) bzw. mit Sm*Br*$_2$ *anti*-Selektivitäten zwischen 94:6 (*Eintrag 1*) und 50:50 (*Eintrag 6*). Die erhaltenen Diastereomerengemische waren per Säulenchromatographie entweder schlichtweg

---

[110] Hierbei kamen die von SHARPLESS zur Deborylierung von als B-Phenyldioxaborinane geschützten 1,2-Diole etablierten Reaktionsbedingungen zur Anwendung: A. Gypser, D. Michel, D. S. Nirschl, K. B. Sharpless, *J. Org. Chem.* **1998**, *63*, 7322-7327.

[111] A. Dahlén, E. Prasad, R. A. Flowers, G. Hilmersson, *Chem. Eur. J.* **2005**, *11*, 3279-3284.

untrennbar (*B*-Phenyldioxyborinane) oder zwar prinzipiell trennbar, aber nur aufwendig („freie" 1,3-Diole) – weshalb darauf verzichtet wurde.

Sämtliche in *Tabelle 4* angegebene Diastereoselektivitätsverhältnisse wurden durch Vergleich der Integralflächen getrennter Protonenresonanzen der beiden Diastereomere im 500 MHz ^{1}H-NMR-Spektrum bestimmt.

Tabelle 5: *Exemplarisch gezeigte Berechnung der Diastereomerenverhältnisse aus den Integralflächen in 500 MHz ^{1}H-NMR-Spektren von Gemischen der nBu/iBu-haltigen 1,3-Diole 203j (links) bzw. der entsprechenden B-Phenyldioxaborinane 229j (rechts).*

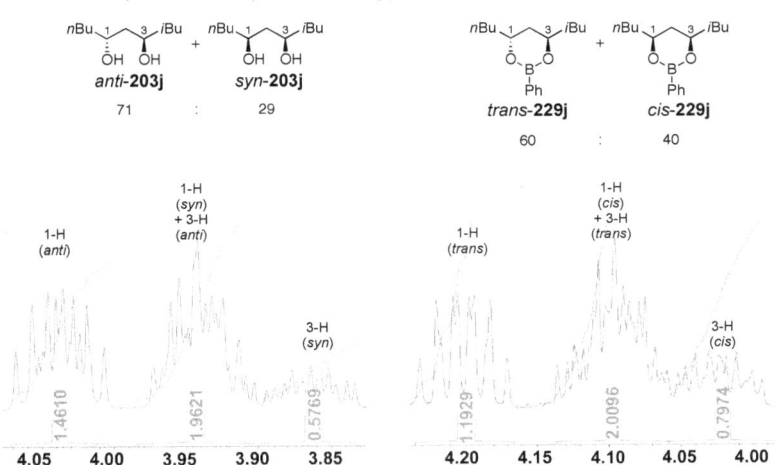

Eintrag		δ [ppm]	Intergralfläche [Flächeneinheiten]		δ [ppm]	Intergralfläche [Flächeneinheiten]
1	1-H (*anti*)	3.99-4.04	1.4610	1-H (*trans*)	4.17-4.23	1.1929
2	1-H (*syn*)	3.89-3.95	1.9621	1-H (*cis*)	4.06-4.14	2.0096
3	3-H (*anti*)			3-H (*trans*)		
4	3-H (*syn*)	3.81-3.88	0.5769	3-H (*cis*)	3.95-4.05	0.7974

Aus dem Verhältnis der Integralflächen des im 500 MHz ^{1}H-NMR-Spektrum jeweils separierten 3-H-Signals von *syn-* bzw. *cis*-Diastereomer (*Eintrag 4*) zur Summe der Integralflächen der überlagernden 1-H- und 3-H-Resonanzen von *syn-* + *anti-* bzw. *cis-* + *trans*-Diastereomer wurden zunächst die betreffenden Diastereomerenanteile wie folgt berechnet:

$$\text{Anteil } syn \text{ resp. } cis\text{-Diastereomer [\%]}= \frac{\text{Fläche 3-H } (syn \text{ resp. } cis) \cdot 100\%}{\text{Fläche 1-H } (syn \text{ resp. } cis) + \text{3-H } (anti \text{ resp. } trans)}$$

Im ausführlich anhand von *Tabelle 5* gezeigten Beispiel ergeben sich so, die in *Tabelle 4* (*Eintrag 5*) angegebenen Diastereomerenverhältnisse von 71:29 (*anti:syn*) im Fall des erhaltenen freien 1,3-Diols **203j** bzw. 60:40 (*trans:cis*) im Fall des erhaltenen *B*-Phenyldioxaborinans **229j**.[112]

Die Zuordnung der Signale zu bestimmten Diastereomeren war trivial, lagen doch dieselben Diole *syn-* und *anti-***203j** unabhängig, nämlich durch die Hydridreduktion des β-Hydroxyketons **202j** bereits diastereomerenrein vor. Bei den anderen Diolen war es eine plausible Annahme, dass die dortigen relativen chemischen Verschiebungen jedes gegebenen Protons dieselben waren wie beim Diol **203j**. Unter der Annahme, dass die im Diolfall beobachteten relativen Verschiebungen der einzelnen Protonen auch bei den entsprechenden *B*-Phenyldioxaborinanen **229** vergleichbar auftreten wurden auch dort die entsprechenden Zuordnungen vorgenommen.

---

[112] Die Berechnung der Diastereomerenanteile gelingt auch durch den Vergleich der Integralflächen des separierten (*anti-* bzw. *trans-*) 1-H-Signals mit den überlagernden 1-H- und 3-H-Resonanzen des *syn-* + *anti-* bzw. *cis-* + *trans-*Diastereomers:

$$\text{Anteil } anti \text{ resp. } trans\text{-Diastereomer [\%]}= \frac{\text{Fläche 1-H } (anti \text{ resp. } trans) \cdot 100\%}{\text{Fläche 1-H } (syn \text{ resp. } cis) + \text{3-H } (anti \text{ resp. } trans)}$$

Sie führt bei **203j** zu einem Diastereomerenverhältnis von 75:25 (statt zuvor 71:29). Beim entsprechenden *B*-Phenyldioxaborinan **229j** liefert die so durchgeführte Berechnung ein Verhältnis von 59:41 (statt zuvor 60:40). Im Rahmen der ^{1}H-NMR Genauigkeit sind die mit beiden Verfahren berechneten Verhältnisse identisch.

Abbildung 2: *Veranschaulichung der Unterscheidbarkeit der beiden Diastereomere der 1,3-Diole* **203j** *(links) bzw. der entsprechenden B-Phenyldioxaborinane* **229j** *(rechts) anhand der Signalintensität entsprechender Signale in ihrem 100 MHz ^{13}C-NMR-Spektrum.*

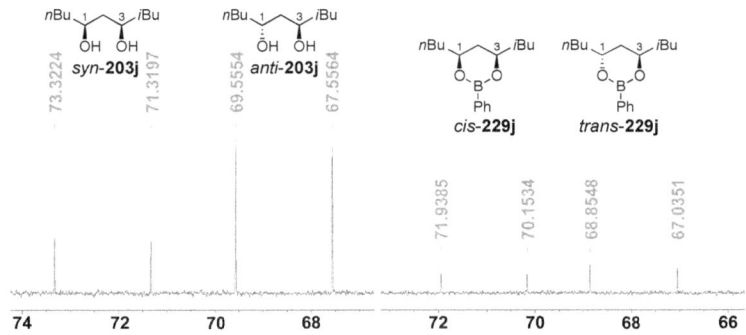

In den ^{13}C-NMR-Spektren sowohl der Diole **203** als auch der B-Phenyldioxaborinane **229** wurden die Nuclid-Paare C-1/C-3 der beiden Diastereomere aufgrund ihrer charakteristischen chemischen Verschiebung eindeutig differenziert. Weil die Diastereoselektivität hinreichend von 50:50 verschieden war, traten im fraglichen Verschiebungsbereich stets zwei intensitätsstärkere und zwei intensitätsschwächere Resonanzen auf. Erstere entsprachen also C-1 und C-3 des Hauptmengendiastereomers und letztere C-1 und C-3 des Mindermengendiastereomers.[113]

---

[113] Eine Zuordnung *eines* Signals zu einem *einzelnen* C-Atom innerhalb eines Nuclid-Paars (C-1 und C-3) ist anhand der vorgenommenen Analyse nicht möglich.

Tabelle 6:   100 MHz ^{13}C-NMR-Verschiebungen der dargestellten 1,3-Diole.

$$R^1 \diagdown_1 \diagup_3 R^2 \qquad R^1 \diagdown_1 \diagup_3 R^2$$
$$\overset{|}{O}H \quad \overset{|}{O}H \qquad \overset{|}{O}H \quad \overset{|}{O}H$$
$$\textit{anti-}\textbf{203} \qquad \textit{syn-}\textbf{203}$$

Eintrag	R^1	R^2	203	anti			syn		
				δ-C^1	δ-C^3	δ-C^1 + δ-C^3	δ-C^1	δ-C^3	δ-C^1 + δ-C^3
1	Me	Me	g	[a]		[a]	[a]		[a]
2		Bu	a	65,5	69,3	134,8	69,2	73,1	142,3
3	Bu	Me	h	69,4	65,5	134,9	73,2	69,2	142,4
4		Bu	i	69.7		139,4	73,7		147,4
5		iBu	j	69,6	67,6	137,2	73,3	71,3	144,6
6		iPr	k	69,5	73,9	143,4	73,4	78,1	151,5
7	iBu	Bu	l	67,5	69,5	137,0	71,3	73,3	144,6
8		iBu	m	67,5		135,0	71,2		142,6

[a] Verbindung war entsprechend Tabellen 3 und 4 nicht zugänglich.

Tabelle 7:   100 MHz ^{13}C-NMR-Verschiebungen der dargestellten B-Phenyldioxaborinane.

$$R^1 \diagdown_1 \diagup_3 R^2 \qquad R^1 \diagdown_1 \diagup_3 R^2$$
$$O \diagdown_B \diagup O \qquad O \diagdown_B \diagup O$$
$$\overset{|}{Ph} \qquad \overset{|}{Ph}$$
$$\textit{trans-}\textbf{229} \qquad \textit{cis-}\textbf{229}$$

Eintrag	R^1	R^2	229	trans			cis		
				δ-C^1	δ-C^3	δ-C^1 + δ-C^3	δ-C^1	δ-C^3	δ-C^1 + δ-C^3
1	Me	Me	g	64,7		129,4	68,2		136,4
2		Bu	a	68,5	65,1	133,6	71,9	68,2	140,1
3	Bu	Me	h	65,1	68,5	133,6	68,3	71,9	140,2
4		Bu	i	68,9		137,8	71,9		143,8
5		iBu	j	68,9	67,0	135,9	70,2	71,9	142,1
6		iPr	k	68,4	72,2	140,6	70,9	75,6	146,5
7	iBu	Bu	l	67,0	68,9	135,9	71,9	70,1	142,0
8		iBu	m	67,0		134,0	70,1		140,2

In allen Fällen war die Summe der Verschiebungswerte der entsprechenden C-1 und C-3-Atome der *anti-* respektive *trans-*Diastereomere kleiner als bei den entsprechenden *syn-* resp. *cis-*Diastereomeren.

Eine Erklärung für diese relative Tieffeldverschiebung der Signale für die C-1 und C-3-Atome des *syn*-Diastereomers (im Vergleich zum isomeren *anti*-Diastereomer) liefert das s.g. HOFFMANN Kriterium. HOFFMANN *et al.* beobachteten bereits 1985, dass bei sieben untersuchten *anti*-1,3-Diolen die Summe der Verschiebungen von C-1 und C-3 im ^{13}C-NMR Spektrum um 2.7-14.5 ppm kleiner war als bei den entsprechenden diastereomeren *syn*-1,3-Diolen.[114]

HOFFMANN führte dies darauf zurück, dass 1,3-Diole intramolekular über Wasserstoffbrücken verknüpft in sesselähnlichen Strukturen vorliegen. Im Fall einer relativen *syn* Konfiguration der Zentren an C-1 und C-3 würde dies zu einem perfekten Sessel führen, in dem beide Substituenten eine vorteilhafte „äquatoriale" Position einnehmen. Im Gegensatz dazu, müssten bei *anti*-1,3-Diolen dynamische, ständig ineinander übergehende Sessel vorliegen. Hier muß ein Substituent eine ungünstige „axiale" Position einnehmen, wobei die Rolle dieses axialen Substituenten zwischen den Substituenten an C-1 und C-3 alterniert. Dies führt zu einer Hochfeldverschiebung der entsprechenden Signale im ^{13}C-NMR-Spektrum, wie man sie auch bei *trans*-1,3-Dialkylcyclohexanen im Vergleich zu *cis*-1,3-Dialkylcyclohexanen kennt.[115] Eine ebenfalls von HOFFMANN später gemachte Ergänzung dieser Analyse besagt, dass dieser Sachverhalt für *B*-Phenyldioxaborinane prinzipiell genauso gilt.[116]

In Konsistenz mit diesem, seither als „HOFFMANN-Kriterium" in der Literatur etablierten Unterscheidungsmerkmal wurden für die erhaltenen 1,3-Diole bzw. die entsprechenden B-Phenyldioxaborinane anhand der aufgenommenen 100 MHz ^{13}C-NMR-Spektren die in den *Tabellen 6* und 7 angegebenen Verschiebungen beobachtet.

---

[114] R. W. Hoffmann, U. Weidmann, *Chem. Ber.* **1985**, *118*, 3980-3992.

[115] H.-O. Kalinowski, S. Berger, S. Braun, *Carbon-13 NMR Spectroscopy*, John Wiley & Sons, Chichester, **1988**, pp. 118-123.

[116] R. W. Hoffmann, S. Froech, *Tetrahedron Lett.* **1985**, *26*, 1643-1646.

7. Samarium(II)-halogenid-vermittelte Reduktion zu β-Hydroxyketonen

Da die „1-Topf"-Reduktionen meiner geschützten α,β-Dihydroxyketone mit $SmHal_2$ *im Überschuss* zu 1,3-Diolen bzw. den davon abgeleiteten *B*-Phenyldioxaborinanen aufgrund der geringen Diastereoselektivität oft wenig nützlich schienen, bot sich an, alternativ mit $SmHal_2$ *„ohne Überschuss"* nur bis zum β-Hydroxyketon zu reduzieren. Dieses würde man dann nachfolgend hydridisch reduzieren und dabei auf das Auftreten gut erprobter NARASAKA-PRASAD- bzw. EVANS-, also *syn-* und *anti-* Selektivität setzen dürfen. Durch den im Vergleich zu KÖRBER und RISCH verkürzten, einstufigen Zugang zu Phenylboronsäureestern käme dies immer noch einer Verkürzung der bisher 4-stufigen Transformation *Enon → 1,3-Diol* (asymmetrische Dihydroxylierung, Schützung, α-Defunktionalisierung, hydridische Reduktion) auf 3 Stufen gleich (asymmetrische Dihydroxylierung unter $PhB(OH)_2$-Zusatz, α-Defunktionalisierung, hydridische Reduktion).

Schema 32: Ausbeuten Samarium(II)-halogenid-vermittelter α-Defunktionalisierungen in Abhängigkeit vom verwendeten $SmHal_2$.

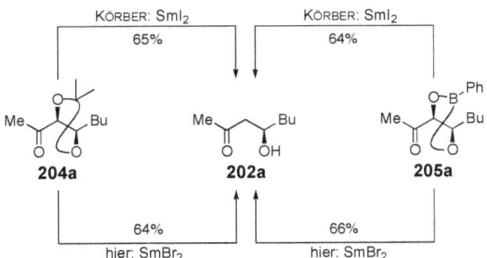

Von mir orientierend vorgenommene Reduktionen der bereits von KÖRBER und RISCH[97] untersuchten Substraten **204a** (Acetonid) bzw. **205a** (Phenylboronsäureester) zeigten, dass SmBr$_2$ statt SmI$_2$ vergleichbare Ausbeuten von β-Hydroxyketon **202a** lieferte. Aufgrund der einfacheren Handhabbarkeit des ersteren Reagenz (*vgl. Kapitel 6*) wurde es bei allen weiteren α-Defunktionalisierungen verwendet. Auf die entsprechenden Reduktionen mit SmI$_2$ wurde verzichtet.

Tabelle 8:   *Synthese von β-Hydroxyketonen.*

Eintrag	R^1	R^2	202, 204, 205	202 aus 204 Ausbeute [%]	202 aus 205 Ausbeute [%]
1	Me	Me	g	[a]	[b]
2		Bu	a	64	66
3		Me	h	[c]	[c]
4	Bu	Bu	i	66	68
5		*i*Bu	j	63	70
6		*i*Pr	k	70	69
7	*i*Bu	Bu	l	67	71
8		*i*Bu	m	66	65

*[a] Verbindung **204g** war entsprechend Tabellen 3 und 4 nicht zugänglich; [b] anteilige Zersetzung, 12% **205g** reisoliert; [c] Zersetzung, kein Edukt reisolierbar. **Reagenzien und Reaktionsbedingungen:** a) SmBr$_2$ (3.2 Äquiv.), THF, –78°C; Zugabe von **204** in THF/MeOH (2:1, v:v), 90 min. – b) Identisch mit (a) aber ausgehend von **205**.*

Der Zugang zu den übrigen β-Hydroxyketonen **202g** und **h-m** gelang ausgehend von den zweistufig zugänglichen Acetoniden **204** ebenso zuverlässig wie von den (einstufig zugänglichen) Phenylboronsäureestern **205**. Die Defunktionalisierungen erfolgten hierbei durch Abwandlung des von KÖRBER und RISCH etablierten Defunktionalisierungsprotokolls. Die Ausbeuten waren nämlich beim Einsatz von 3.2 Äquiv. SmHal$_2$ statt der bei KÖRBER und RISCH üblichen 2.1 Äquiv. geringfügig besser. Die Defunktionalisierungen der Acetonide gelangen in Ausbeuten zwischen 63% (*Eintrag 5*) und 70% (*Eintrag 6*); aus unbekannten Gründen gelang der Zugang zu β-Hydroxyketon **202h** nicht (*Eintrag 3*).

Im Fall der Phenylboronsäureester lagen die Ausbeuten zwischen 65% (*Eintrag 8*) und 71% (*Eintrag 7*); auch hier konnte im Fall von **205h** (*Eintrag 3*) aus unbekannten Gründen kein β-Hydroxyketon isoliert werden.

Das β-Hydroxyketon **202g** (*Tabelle 8, Eintrag 1*) war aufgrund der Unzugänglichkeit des entsprechenden Acetonids in folge seiner großen Flüchtigkeit (*vgl. Kapitel 5, Tabelle 3*) weder aus diesem, noch aus dem tatsächlich vorliegenden Phenylboronsäureester **205g** zugänglich. Beim Versuch der α-Defunktionalisierung des Phenylboronsäureesters **205g** trat Zersetzung zu einem komplexen Produktgemisch auf; hieraus konnten lediglich 12% der eingesetzten Ausgangsverbindung reisoliert werden (*Eintrag 1*).

7.1 Reduktion der erhaltenen β-Hydroxyketone zu *syn*- und *anti*-1,3-Diolen

Schema 33: *Exemplarische Hydridreduktion des β-Hydroxyketons **202j** zu den entsprechenden 1,3-Diolen mit syn- bzw. anti-Konfiguration.*

syn-**203j**   **202j**   anti-**203j**

Reagenzien und Reaktionsbedingungen: a) BEt₃ (1.1 Äquiv.), THF/MeOH 4:1 (v:v), Raumtemp., 1 h, dann –78°C, Zugabe von **202j** in THF, 2 h, Zugabe von NaBH₄ (0.8 Äquiv.), 18 h; 75%, ausschließlich syn-**203j**. – b) Me₄NBH(OAc)₃ (4.1 Äquiv.), CH₃CN/HOAc 1:1 (v:v), Raumtemp., 30 min, dann –40°C, Zugabe von **202j** in CH₃CN, 1 h, dann –20°C, 18 h; 61%, ds = 82:18 (anti:syn).

Die Eignung der stereoeinheitlichen β-Hydroxyketone **202** der *Tabelle 8*, mittels der in der Literatur etablierten NARASAKA-PRASAD- bzw. EVANS-Reduktion meine Zielstrukturen – einheitlich konfigurierte 1,3-Diole – zu ergeben, zeigte ich exemplarisch ausgehend von β-Hydroxyketon **202j** (*Schema 33*). Bei dessen NARASAKA-PRASAD-Reduktion wurde eine Ausbeute von 75% bei perfekter *syn*-Diastereoselektivität erreicht. Bei der EVANS-Reduktion wurden 61% des diastereomeren 1,3-Diols *anti*-**203j** erhalten, allerdings nicht diastereomerenrein, sondern im 82:18-Gemisch der Diastereomere.

8. Anwendung der Erkenntnisse aus den methodischen Arbeiten auf die Synthese von Statinseitenketten

Nach Abschluß der in den *Kapiteln 5-7* vorgestellten methodischen Untersuchungen galt es, die inzwischen etablierte Transformation *Enon* → *β-Hydroxyketon* → *1,3-Diol* im Rahmen der Synthesen zweier Statinseitenkettenbausteine auch tatsächlich anzuwenden. Entsprechend der retrosynthetischen Analyse von *Schema 34* führte ich Atorvastatin (**14**) und analoge Statine mit einer „gesättigten" Anbindung der Seitenkettensubstruktur an den (hetero)cyclischen Molekülteil auf einen abgangsgruppentragenden Seitenkettenbaustein **220** zurück. Dieser sollte durch eine spätere S_N2-Reaktion in das Statin, ein Analogon oder in ein Modellsystem davon überführbar sein.

Atorvastatin (14)

220

Kapitel 8.1

221

Fluvastatin (13)

Rosuvastatin (16)

223

Kapitel 8.2

224

Cerivastatin (17)

Des weiteren sollten C=C-doppelbindungshaltige Statine **13**, **16** und **17** bzw. analoge Strukturen zugänglich gemacht werden. Diese enthalten also eine Substruktur, die ich im Folgenden als „ungesättigte Anbindung" der 3,5-Dihydroxycarboxyleinheit an den (hetero)cyclischen Molekülteil bezeichne. Als Vorläufer dieses Statintyps wollte ich den C=C-doppelbindungshaltigen Baustein **223** darstellen; im nachfolgenden Sprachgebrauch stellt dies eine „vinylterminierte

Seitenkette" dar. Seine Vinylgruppe sollte mittels Kreuzmetathese oder Heck-Kupplung die Anbringung des (i. d. R.) heteroaromatischen Restmoleküls ermöglichen.

Um in einem eventuellen Dienon-Vorläufer **224** ausschließlich die interne C=C-Doppelbindung zu dihydroxylieren, müsste dessen *andere*, also terminale C=C-Doppelbindung geschützt vorliegen. Andernfalls wäre sie der elektronisch und sterisch bevorzugte Dihydroxylierungsort. Zunächst galt es nun, die ungesättigten β-Ketoester **221** (*Kapitel 8.1*) und („geschütztes") **224** (*Kapitel 8.2*) aufzubauen.

8.1 Synthese des abgangsgruppentragenden Seitenketten-bausteins 220 für eine Funktionalisierung per S$_N$2-Angriff

Schema 35: *Weitere retrosynthetische Zerlegung des abgangsgruppentragenden Seitenkettenbausteins 220.*

Die C=C-Doppelbindung der von mir angestrebten Realisierung des Seitenkettenbausteins **221** als PMB-Ether **230** sollte wie in meinen methodischen Arbeiten durch eine *trans*-selektive Olefinierungsreaktion aufgebaut werden (*vgl. Kapitel 5.1*). Anders als dort entschied ich mich jedoch nicht für eine WITTIG-Reaktion, sondern für eine HORNER-WADSWORTH-EMMONS-Olefinierung des literaturbekannten Aldehyds **232**[117] mit dem ebenfalls literaturbekannten Phosphonat **231**.[118] Der von 1,3-Propandiol (**234**) ableitbare PMB-geschützte Aldehyd **232** war auch deshalb attraktiv, weil er diverse Umwandlungsvariationen in eine geeignete Abgangsgruppe (LG) mitzubringen versprach. Nicht zuletzt würde man auch β-eliminieren und damit die Überführung in die ungesättigte Statinseitenkettenstruktur **223** als „Quereinstieg" nutzen können.

---

[117] O. Barun, S. Sommer, H. Waldmann, *Angew. Chem.* **2004**, *116*, 3258-3261; *Angew. Chem. Int. Ed.* **2004**, *43*, 3195-3199.

[118] J.-F. Lavellée, C. Spino, R. Ruel, K. T. Hogan, P. Deslongchamps, *Can. J. Chem.*, **1992**, *70*, 1406-1426.

8.1.1 Synthese des γ,δ-ungesättigten β-Ketoesters 230

Schema 36: Synthese des Dihydroxylierungsvorläufers **230** per HWE-Kondensation literaturbekannter Bausteine.

Reagenzien und Reaktionsbedingungen: a) **233**, HOAc, 0°C, Zugabe von Br₂ (1 Äquiv.) in HOAc → Raumtemp., 18 h; 69% (Lit.[119]: 76%). – b) 4-Methoxybenzylalkohol, Raumtemp., Zugabe von wässr. HBr (47%, 4.2 Äquiv.), 15 min, Extraktion mit Et₂O, CaCl₂, 1,3-Propandiol, THF, 0°C, Zugabe von NaH (60% in Mineralöl, 1.2 Äquiv.) → Raumtemp., 1 h, 0°C, Zugabe von Bu₄NI (20 mol-%) und des zuvor hergestellten 4-Methoxybenzylbromids → Raumtemp., 20 h; 80% über 2 Stufen. – c) P(OEt)₃, 30 min, 100°C; 59% (Lit.[120]: 55%). – d) Oxalylchlorid (1.5 Äquiv.), CH₂Cl₂, –78°C, DMSO (2.5 Äquiv.), 30 min, Zugabe von **236**, 45 min, Zugabe von NEt₃ (4.0 Äquiv.), 20 min → Raumtemp., 20 min; 99% (Lit.[117]: 93%). – e) **231**, THF, Raumtemp., Zugabe von NaH (60% in Mineralöl, 1.1 Äquiv.), 15 min, Abkühlen auf –30°C, Zugabe von BuLi (1 Äquiv.), 10 min, Zugabe von Aldehyd **232**, 5 min → Raumtemp., 30 min; 52%.

Die Synthese des γ,δ-ungesättigten β-Ketoesters **230** gemäß der Strategie von *Schema 35* gelang problemlos (*Schema 36*). Die Monobromierung von Acetessigsäureethylester (**233**)[119] gelang in einer Ausbeute von 69%. Ihr folgte die Arbusow-Reaktion[120] mit Triethylphosphit. Sie lieferte den Phosphonatbaustein **231** in 59% Ausbeute. Die Synthese des Mono-PMB-geschützten Aldehyds **232** gelang aus käuflichem 1,3-Propandiol (**234**) nach einer in 80% Ausbeute verlaufenden Mono-PMB-Schützung[121] und einer SWERN-Oxidation[117] die 99% Ausbeute erbrachte. Die olefinbildende HWE-Reaktion zwischen den Bausteinen **231** und **232** lieferte den gewünschten γ,δ-ungesättigten β-Ketoester **230** in 52% Ausbeute mit perfekter *trans*-Selektivität[106] der neu entstandenen Doppelbindung.

---

[119] S. Wolfe, S. Ro, Z. Shi, *Can. J. Chem.* **2001**, *79*, 1259-1271.

[120] C. Yuan, K. Wang, J. Li, Z. Li, *Heteroat. Chem.* **2002**, *13*, 153-156.

[121] In Anlehnung an: R. A. Urbanek, S. F. Sabes, C. J. Forsyth, *J. Am. Chem. Soc.* **1998**, *120*, 2523-2533.

8.1.2 Versuche zur asymmetrischen Dihydroxylierung des γ,δ-ungesättigten β-Ketoesters 230

Tabelle 9: Versuche zur asymmetrischen Dihydroxylierung des γ,δ-ungesättigten β-Ketoesters 230.

230

R = R' = H: **237**
R,R'= B(Ph): **238**

Eintrag	Bedingungen			Ausbeute	reis.
	Reagenzien	Zusätze	Lösungsmittel	237 bzw. 238	Edukt
1	1 mol-% K$_2$Os(OH)$_4$, 5 mol-% (DHQD)$_2$PHAL, K$_2$CO$_3$, K$_3$Fe(CN)$_6$	PhB(OH)$_2$	tBuOH/H$_2$O	-	92%
2		PhB(OH)$_2$, NaHCO$_3$		-	89%
3		-		-	90%
4		NaHCO$_3$		-	91%
5	1 mol-% K$_2$Os(OH)$_4$, 5 mol-% (DHQD)$_2$PHAL, NMO	-	Aceton	-	87%

Die asymmetrische Dihydroxylierung meines γ,δ-ungesättigten β-Ketoesters **230** gelang unter den Reaktionsbedingungen (*Eintrag 1*) meiner methodischen Untersuchungen nicht. Auch die im Anschluß durchgeführten Versuche zur Dihydroxylierung von **230** unter gepufferten Bedingungen (Zusatz von NaHCO$_3$), die eine eventuelle Deprotonierung des methylenaktiven α-Protons verhindern sollten (*Eintrag 2*) führten nicht zum Erfolg. In beiden Fällen konnte das eingesetzte Edukt nahezu vollständig (92% bzw. 89%) reisoliert werden.

Auch unter den „klassischen" Dihydroxylierungsbedingungen, d. h. ohne Zusatz von PhB(OH)$_2$ (*Einträge 3* und *4*), bildete sich das angestrebte Dihydroxylierungsprodukt nicht. Ein Wechsel der Lösungs-/Oxidationsmittelkombination von tBuOH/H$_2$O/K$_3$Fe(CN)$_6$ zu Aceton/NMO führte ebenfalls zu keiner Dihydroxylierung; in diesem Fall wurde das eingesetzte Olefin **230** in 87% Ausbeute reisoliert.

Schema 37: *Einziges Literaturbeispiel zur Dihydroxylierung einer methylenaktiven, ungesättigten Substruktur.*[122]

239 → **240**

Die Tatsache, dass in der Literatur lediglich *ein* Beispiel zur racemischen Dihydroxylierung einer (dort cyclischen) methylenaktiven, ungesättigten Substruktur mit stöchiometrischen(!) Mengen OsO_4 bekannt war[122], ließ mich an dieser Stelle nach einem alternativen Substrat suchen, das nicht methylenaktiv war.

Schema 38: *Design eines alternativer Zugangs zum dihydroxylierten (und als Phenylboronsäureester geschützten) β-Ketoester 238 über den „Umweg" des entsprechenden Dioxinons.*

Die asymmetrische Dihydroxylierung α,β-ungesättigter Dioxinone und eine einstufige Transformation des erhaltenen Dioxinons in davon abgeleiteten β-Ketoester – durch Erhitzen unter Einwirkung von Alkoholen (*vgl. Kapitel 2.2.3*) – waren literaturbekannt.[123] Daher entschied ich mich, den Phenylboronester **238** dementsprechend (also gemäß *Schema 38*) darzustellen.

---

[122] T. Siu, C. D. Cox, S. J. Danishefsky, *Angew. Chem.* **2003**, *45*, 5787-5792; *Angew. Chem. Int. Ed.* **2003**, *42*, 5629-5634.

[123] J. Gebauer, S. Blechert, *J. Org. Chem.* **2006**, *71*, 2021-2025.

Reagenzien und Reaktionsbedingungen: a) AIBN (3 mol-%), NBS (1.1 Äquiv.), **244**, CCl₄, Raumtemp., hυ, 3 h; 59% (Lit.[124]: keine Angabe zur erzielten Ausbeute).– b) **245**, PPh₃ (1 Äquiv.), Toluol, Raumtemp., 18 h, NaOH.– c) **242**, CH₂Cl₂, Zugabe von **232** (1 Äquiv.), Raumtemp., 3 d; 72% über 2 Stufen [b) und c)].– d) "Variierter AD mix-β ™": [K₂OsO₂(OH)₄ (1 mol-%), (DHQD)₂PHAL (5 mol-%), K₃Fe(CN)₆ (3.0 Äquiv.), K₂CO₃ (3.0 Äquiv.)], PhB(OH)₂ (1.2 Äquiv.), tBuOH/H₂O 1:1 (v:v), Raumtemp., 18 h; 65%.– e) EtOH (17 Äquiv.), Toluol, Rückfluss, 7 h.

Das durch radikalische Monobromierung von **244** mit NBS und anschließende S$_N$2-Reaktion mit PPh₃ zugängliche Ylid **242** lieferte in einer WITTIG-Reaktion mit dem bereits in Schema 36 gezeigten Aldehyd **232** 72% des ausschließlich trans-konfigurierten[106] alkenylierten Dioxinons **243**. Dessen asymmetrische Dihydroxylierung unter Zusatz von PhB(OH)₂ lieferte in 65% Ausbeute den gewünschten Phenylboronsäureester **241**. Die anschließende Spaltung des Dioxinons zum entsprechenden β-Ketoester **238** durch Erhitzen in Anwesenheit von Ethanol gelang leider nicht.[125] Stattdessen trat Zersetzung ein, und es konnte lediglich ein komplexes Produktgemisch isoliert werden.

---

[124] M. Sato, J. Sakaki, K. Takayama, S. Kobayashi, M. Suzuki, C. Kaneko, Chem. Pharm. Bull. **1990**, 38, 94-98.

[125] Auch eine Überführung von **241** in die entsprechende β-Ketosäure (nicht gezeigt) durch Behandlung mit pTsOH (10 mol-%) in Aceton/H₂O 8:1 (v:v) gelang nicht. Hier wurde **241** nach 3 d bei Raumtemp. in 94% Ausbeute reisoliert.

243 (Darstellung: *Schema 39*)

a)

246

b)   c)

247   **248**

d)   e)

249   **250**

f)   g)

251

h)

252

Reagenzien und Reaktionsbedingungen: *a) "Variierter AD mix-β ™*": [K$_2$OsO$_2$(OH)$_4$ (1 mol-%), (DHQD)$_2$PHAL (5 mol-%), K$_3$Fe(CN)$_6$ (3.0 Äquiv.), K$_2$CO$_3$ (3.0 Äquiv.), NaHCO$_3$ (3.0 Äquiv.)], tBuOH/H$_2$O 1:1 (v:v), Raumtemp., 18 h; 86%, 94% ee.– b) 2,2-Dimethoxypropan (als Lösungsmittel), pTsOH (3 mol-%), Raumtemp., 12 h; 100%.– c) **246** in CH$_2$Cl$_2$, Pyridin (5.7 Äquiv.), 0°C, Zugabe von Triphosgen (1.1 Äquiv.) in CH$_2$Cl$_2$, 90 min; 79%.– d) Toluol, Ethanol (14 Äquiv.), Rückfluss, 5 h, erneute Zugabe von Ethanol (14 Äquiv.), Rückfluss, 2 h; 77%. – e) Pd$_2$(dba)$_3$•CHCl$_3$ (2.5 mol-%), PPh$_3$ (6.3 mol-%), THF, Raumtemp., 30 min, Zugabe von **248** in THF, NEt$_3$ (3.0 Äquiv.), Ameisensäure (3.0 Äquiv.), Rückfluss, 2 h; 60%.– f) SmBr$_2$ (0.1 M in THF, 3.2 Äquiv.), –78°C, Zugabe von **249** in THF/MeOH 2:1 (v:v), 90 min, → Raumtemp.; 63%.– g) Toluol, Ethanol (14 Äquiv.), Rückfluss, Zersetzung zu komplexem Produktgemisch.– h) BEt$_3$ (1.1 Äquiv.), THF/MeOH 4:1 (v:v), Raumtemp., 1 h, dann –78°C, Zugabe von **251** in THF, 2 h, Zugabe von NaBH$_4$ (0.8 Äquiv.); 69%.*

Als Alternative wurde der ungesättigte Dioxinonbaustein **243** deshalb klassisch asymmetrisch dihydroxyliert [d. h. ohne Zusatz von PhB(OH)$_2$] (*Schema 40*) Das führte in 86% Ausbeute und mit einem Enantiomerenüberschuss von 94% zu dem Dihydroxydioxinon **246**.

Nach säurekatalysierter Acetonidbildung mit Dimethoxypropan lag mit Verbindung **247** ein Dioxinon vor, dessen Thermolyse in Anwesenheit von Ethanol in 77% Ausbeute zum β-Ketoester **249** führte. Dessen Samarium(II)-bromid-vermittelte Defunktionalisierung funktionierte, obwohl sie ein bisher nicht inkorporiertes Strukturelement "verkraften" musste: einen β-Ketoester. Diese Reduktion, lieferte den gewünschten δ-Hydroxy-β-ketoester **251** in 63% Ausbeute. Er wurde im letzten Reaktionsschritt mittels NARASAKA-PRASAD-Reduktion in 69% Ausbeute und mit perfekter *syn*-Selektivität in den gewünschten 3,5-Dihydroxycarbonsäureester **252** überführt.

Auf der Suche nach einer experimentellen Antwort auf die Frage, ob dieser Samarium(II)-vermittelte Desoxygenierungsweg der einzig denkbare war, mit dem das Diol **246** in die Statinseitenkette **252** umgewandelt werden konnte, testete ich was in *Schema 40* (*rechts*) gezeigt ist. Carbonatschützung mit Triphosgen (→**248**) und eine palladiumkatalysierte Defunktionalisierung ergaben das (Hydroxyalkyl)dioxinon **250**. Erhitzen dieser Verbindung in Gegenwart von EtOH ergab jedoch nicht (den über die Samarium(II)-Route bereits zugänglichen; s. o.) δ-Hydroxy-β-ketoester **251**, sondern ein komplexes Produktgemisch.[126]

Schema 41: Transformation der PMB-geschützten Seitenkette **252** in die abgangsgruppentragenden Statinseitenketten-bausteine **254** und **255**.

Reagenzien und Reaktionsbedingungen: a) 2,2-Dimethoxypropan (als Lösungsmittel), pTsOH (5 mol-%), Raumtemp., 18 h; 92%.- b) DDQ (1.1 Äquiv.), H₂O, CH₂Cl₂, Raumtemp., 1 h; 77%. – c) **253**, CH₂Cl₂, 0°C, TsCl (1.6 Äquiv.), Pyridin (2.2 Äquiv.) → Raumtemp, 18 h; 82%.- d) **253**, PPh₃ (1.1 Äquiv.), DMF, Raumtemp., Zugabe von I₂ (1.1 Äquiv.) in DMF, Raumtemp., 1 h; 67%.

---

[126] Auch die Behandlung von **250** mit K₂CO₃ (1.5 Äquiv.) in MeOH, die aus **250** die Bildung der Lactonform (nicht gezeigt) von **251** hätte bewirken sollen, führte nach 18 h bei Raumtemp. zu einem komplexen Produktgemisch.

Die säurekatalysierte Acetonidschützung meines 3,5-Dihydroxycarbonsäure-
bausteins **252** mit Dimethoxypropan (92% Ausbeute) und anschließende PMB-
Entschützung mit DDQ (77% Ausbeute) lieferte den „Seitenketten-Alkohol" **253**, wie
in *Schema 41* gezeigt. Dessen freie Hydroxyfunktion wurde abschließend in
zweierlei Weise in eine Abgangsgruppe umgewandelt (*Schema 44*); zum einen in
82% Ausbeute in eine Tosylatgruppe (→**254**); zum anderen in 67% Ausbeute in ein
Iodid (→**255**).

8.1.3 Die abgangsgruppentragenden Seitenkettenbausteine 254 und 255 in der Synthese eines Atorvastatin-Modellsystems und in einer formalen Totalsynthese von Atorvastatin

Schema 42: *Versuche zum S_N2-Angriff von Kaliumpyrrolid an den abgangsgruppentragenden Seitenkettenbausteinen 254 und 255 / Synthese eines Atorvastatin-Modells (256) / Formale Totalsynthese von Atorvastatin.*

Atorvastatin-Modell (256)

254

255

257

formale Totalsynthese von Atorvastatin

Reagenzien und Reaktionsbedingungen: *a) Pyrrol (2.0 Äquiv.), KH (2.0 Äquiv.), DMF, 5 min, Zugabe von 254, Raumtemp., 2 h; Zersetzung zu komplexem Produktgemisch.– b) KOtBu (1.0 Äquiv.), 18-Krone-6 (1.1 Äquiv.), Et₂O, Raumtemp., Zugabe von Pyrrol (1.0 Äquiv.) in Et₂O, 15 min, Zugabe von 255 in Et₂O, Raumtemp., 18 h; 87%.– c) 255 in DMF, Zugabe von NaN₃ (2.0 Äquiv.), Raumtemp., 17 h; 89%.*

Durch einen nucleophilen Angriff von deprotoniertem Pyrrol an dem Seitenkettentosylat **254** oder dem Seitenketteniodid **255** galt es nun das Atorvastatin-Modell **256** aufzubauen. Dieses würde sich durch das Fehlen der Pyrrol-Substituenten (grau) und die Anwesenheit von zwei Schutzgruppen (ebenfalls grau) von Atorvastatin (**14**) unterscheiden.

Der entsprechende Versuch mit dem Tosylat **254** und Kaliumpyrrolid vergleichbar einem erfolgreichen Angriff auf ein Alkyltosylat[127] schlug fehl; es kam lediglich zu einer Zersetzung zu einem komplexen Produktgemisch. Dagegen gelang die Verdrängung des Iodatoms aus dem Seitenketten-Iodid **255**, wenn wiederum Kaliumpyrrolid als Nucleophil, aber zusätzlich ein Äquivalent 18-Krone-6 anwesend

---

[127] A. L. Bowie Jr., D. Trauner, *J. Org. Chem.* **2009**, *74*, 1581-1586.

war. Mit **256** lag in 87% Ausbeute das angestrebte Atorvastatinmodellsystem vor und ein wichtiges Etappenziel war erreicht. Um auch im Sinne einer formalen Totalsynthese von Atorvastatin an die Literatur anzuknüpfen, wurde zum Abschluß Seitenketteniodid **255** mit Natriumazid in 89% Ausbeute in das Seitenkettenazid **257** überführt. Dessen Vorliegen schließt wegen der Befunde von ÖHRLEIN und BAISCH 2003 die Realisierung einer formalen Totalsynthese von Atorvastatin ab.[128]

[128] R. Öhrlein, G. Baisch, *Adv. Synth. Catal.* **2003**, *345*, 713-715.

8.2 Synthese des vinylterminierten Seitenkettenbausteins 223 zur Funktionalisierung per Kreuzmetathese bzw. HECK-Kupplung

Schema 43: Retrosynthetische Zerlegung des vinylterminierten Seitenkettenbausteins **223**.

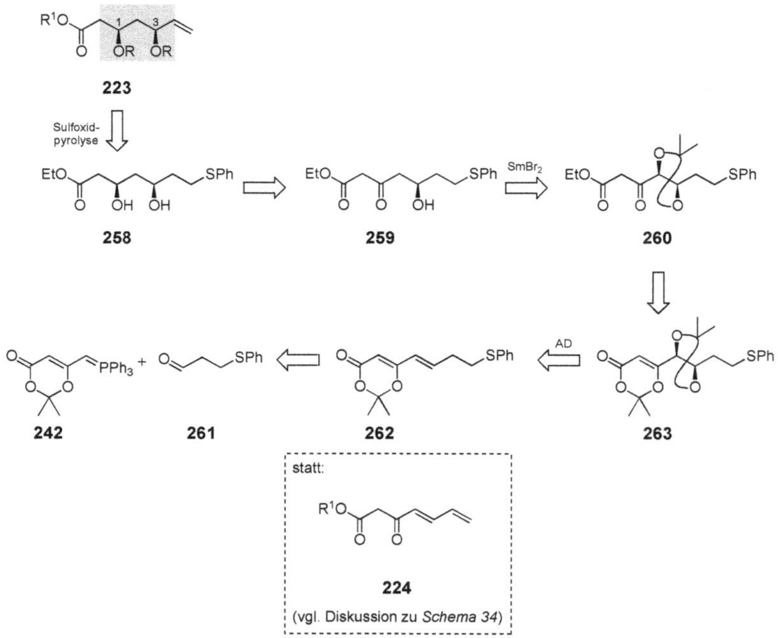

Im Anschluss an die Synthese der gesättigten Seitenkettenbausteine **254** und **255** (*vgl. Kapitel 8.1*) sollte nun der vinylterminierte Seitenkettenbaustein **223** dargestellt werden. Die Diskussion zu *Schema 34* hatte bereits ergeben, dass ein dienhaltiger Vorläufer nicht mit der erforderlichen Regioselektivität dihydroxyliert werden könnte und deshalb die terminal C=C-Doppelbindung erst *nach* der asymmetrischen Dihydroxylierung eingeführt werden kann. In diesem Sinne plante ich gemäß *Schema 47* diese C=C-Doppelbindung durch eine Sulfoxidpyrolyse zu erzeugen. Abgesehen von dieser Neuerung griff ich bei der retrosynthetischen Zerlegung von *Schema 43* stark auf bewährte Schritte aus den Synthesen der abgangsgruppentragenden Seitenkettenbausteine **254** und **255** (*vgl. Kapitel 8.1*) zurück. Analog dazu sollte daher eine WITTIG-Olefinierung des phenylthioterminierten Aldehyds **261** durch das bereits vorhandene Ylid **242** das *trans*-konfigurierte Alkenyldioxinon **262** liefern. Dieses sollte völlig analog zur Synthese des gesättigten Seitenkettenbausteins **243** weiterfunktionalisiert werden: durch Dihydroxylierung, Acetonidschützung (→**263**), „Ethanolyse" (→**260**) und Samarium(II)-bromid-vermittelte γ-Defunktionalisierung des β-Ketoesters **260**. Auf diese Weise würde man das ersterhaltige β-Hydroxyketon **259** zugänglich machen. **259** sollte *syn*-selektiv zum 1,3-Diol reduziert werden, um anschließend (ggf. nach Anbringung geeigneter Schutzgruppen) mittels Sulfoxidpyrolyse zum vinylterminierten Seitenkettenbaustein **223** zu führen.

Synthese eines phenylthioterminierten Seitenkettenbausteins **258**, *als Substrat einer Sulfoxidpyrolyse.*

Reagenzien und Reaktionsbedingungen: *a) Thiophenol, NEt₃ (4 mol-%), THF, 0°C, Zugabe von Acrolein (1.0 Äquiv.), → Raumtemp., 1 h.– b) CH₂Cl₂, Raumtemp., 18 h; 71% über 2 Stufen [a) und b)].– c) "Variierter AD mix-β ᵀᴹ": [K₂OsO₂(OH)₄ (1 mol-%), (DHQD)₂PHAL (5 mol-%), K₃Fe(CN)₆ (3.0 Äquiv.), K₂CO₃ (3.0 Äquiv.), NaHCO₃ (3.0 Äquiv.)], tBuOH/H₂O 1:1 (v:v), Raumtemp., 18 h; 63%, 96% ee.– d) 2,2-Dimethoxypropan (als Lösungsmittel), pTsOH (3 mol-%), Raumtemp., 12 h; 87%.– e) Toluol, Ethanol (14 Äquiv.), Rückfluss, 5 h, erneute Zugabe von Ethanol (14 Äquiv.), Rückfluss, 2 h; 80%.– f) SmBr₂ (0.1 M in THF, 3.2 Äquiv.), –78°C, Zugabe von 260 in THF/MeOH 2:1 (v:v), 90 min, → Raumtemp.; 59%.– g) BEt₃ (1.1 Äquiv.), THF/MeOH 4:1 (v:v), Raumtemp., 1 h, dann –78°C, Zugabe von 259 in THF, 2 h, Zugabe von NaBH₄ (0.8 Äquiv.) 18 h; 91%.– h) 2,2-Dimethoxypropan (als Lösungsmittel), pTsOH (3 mol-%), Raumtemp., 12 h; 80%.– i) mCPBA (1.0 Äquiv.), CH₂Cl₂, –78°C, 30 min.– j) Pyridin (3.2 Äquiv.), o-Xylol, Rückfluss, 18 h; 61% über 2 Stufen [i) und j)].*

Im ersten Reaktionsschritt entstand durch MICHAEL-Addition von Thiophenol an Acrolein (**264**) der Aldehyd **261**. Dessen WITTIG-Olefinierung durch das Ylid **242** ergab das Alkenyldioxinon **262** mit perfekter *trans*-Selektivität[106] und in 71% Ausbeute über die beiden Stufen. Die asymmetrische Dihydroxylierung von **262** erfolgte regioselektiv. Sie lieferte das erwartete freie Diol (nicht gezeigt) in 63% Ausbeute und mit 96% *ee*. Die anschließende Acetonidschützung verlief in einer

Ausbeute von 87% ebenso problemlos wie die Öffnung des Dioxinon-Acetonids **263** beim Erhitzen in Toluol/Ethanol (80%). Die anschließende α-Defunktionalisierung mit Samarium(II)-bromid verlief ebenfalls wunschgemäß und analog wie bei dem ebenfalls methylenaktiven Substrat **249** (vgl. *Schema 40*), indem hier der phenylthioterminierte δ-Hydroxy-β-ketoester **259** entstand (59% Ausbeute). Dessen NARASAKA-PRASAD-Reduktion lieferte 91% des diastereomerenreinen *syn*-1,3-Diols **258**. Abschließende Acetonidschützung (80%), *m*CPBA-Oxidation ($\rightarrow$**265**) und Sulfoxidpyrolyse in *o*-Xylol lieferte in 61% Gesamtausbeute über 2 Stufen den angestrebten ungesättigten (literaturbekannten) Seitenkettenbaustein **264**.[129]

---

[129] C. K. Lau, S. Crumpler, K. Macfarlane, F. Lee, C. Berthelette, *Synlett* **2004**, *13*, 2281-2286; stellten **264** in 6 Stufen ausgehend von 2-Deoxy-*D*-ribose dar.

8.2.1 Versuche zum Aufbau eines Fluvastatin-Modellsystems mittels Kreuzmetathese des vinylterminierten Seitenkettenbausteins 264

Schema 45: Geplante Kreuzmetathese zum Aufbau der Fluvastatin-Modellsysteme *266* und *267*.

Fluvastatinmodelle (266, 267)   264

R	
H	268
Boc	269

Der Darstellung des vinylterminierten Seitenkettenbausteins **264** sollte seine Kreuzmetathese mit 2-Vinylindol (**268**) folgen. Diese Reaktion würde das Fluvastatinmodell **266** aufbauen. Dieses würde sich durch das Fehlen der Indol-Substituenten (grau) und die Anwesenheit von zwei Schutzgruppen (ebenfalls grau) von Fluvastatin (**13**) unterscheiden.

Schema 46: Synthese von 2-Vinylindol (*268*) und dessen N-Boc-Analogon *269* für die geplanten Kreuzmetathesen.

270   271   268   269

Reagenzien und Reaktionsbedingungen: a) **270** in Et$_2$O, 0°C, Zugabe einer auf 0°C gekühlten Suspension von LiAlH$_4$ (2.07 Äquiv.) in Et$_2$O, → Raumtemp., 30 min; 89%. – b) MnO$_2$ (20 Äquiv.), CH$_2$Cl$_2$, 1 h; 57% [bzw. 51% über 2 Stufen a) und b) Lit.[130]; 95% über diese beiden Stufen].– c) MePPh$_3^+$Br$^-$ (1.2 Äquiv.), THF, 0°C, Zugabe von BuLi (1.1 Äquiv.) → Raumtemp., 1 h, → –78°C, Zugabe von **271** in THF, schrittweises Erwärmen auf Raumtemp. (40°C/h), 2 h; 67%. – d) Boc$_2$O (1.2 Äquiv.), DMAP (10 mol-%), CH$_3$CN, Raumtemp., 18 h; 78%.

2-Vinylindol (**268**) wurde in drei literaturbekannten Stufen[130,131] aus dem käuflichen Indol-2-carbonsäureethylester (**270**) in einer 34% Gesamtausbeute hergestellt. Vinylindol **268** wurde in 78% Ausbeute durch Behandlung mit Boc$_2$O und DMAP in das entsprechende geschützte Derivat **269** überführt (*Schema 46*).

---

[130] H. Suzuki, Y. Yokohama, C. Miyagi, Y. Murakami, *Chem. Pharm. Bull.* **1991**, *39*, 2170-2172.

[131] Im Gegensatz zur literaturbekannten WITTIG-Reaktion von Methyltriphenylphosphoniumbromid und Indol-2-carbaldehyd mit KHMDS (L. Perez-Serrano, L. Casarrubios, G. Dominguez, P. Gonzales-Perez, J. Perez-Castells, *Synthesis* **2002**, 1810-1812) wurde hier BuLi als Base verwendet; der guten Ausbeute zufolge war diese Vorgehensweise gerechtfertigt.

Tabelle 10: *Versuche zur Kreuzmetathese zwischen den beiden Olefinbausteine **264** und **268**.*

Eintrag	Bedingungen	Ergebnis
1	10 mol-% Grubbs II-Katalysator, CH_2Cl_2, Rückfluss, 3 h	12% reisoliertes **268**, 72% reisoliertes **264**
2	5 mol-% Grubbs-Hoveyda II-Katalysator, CH_2Cl_2, Rückfluss, 24 h	30% reisoliertes **264**

Zuerst versuchte ich Kreuzmetathesen zwischen den beiden Bausteinen **264** und **268** unter Reaktionsbedingungen, die in der Literatur für intermolekulare Kreuzmetathesen etabliert sind.[132] Die Verwendung von 10 mol-% des Metathese-Katalysators „Grubbs II"[133] (*Eintrag 1*) führte dabei ebensowenig zum gewünschten Kupplungsprodukt **266** wie 5 mol-% des „Grubbs-Hoveyda-II"-Katalysators[134] (*Eintrag 2*). 72% bzw. 30% Seitenkettenolefin **264** wurden bei diesen Versuchen reisoliert; im ersten Fall wurden außerdem 12% 2-Vinylindol (**268**) reisoliert.

---

[132] H. E. Blackwell, D. J. O'Leary, A. K. Chatterjee, R. A. Washenfelder, D. A. Bussmann, R. H. Grubbs, *J. Am. Chem. Soc.* **2000**, *122*, 58-71.

[133] „Grubbs II"   [134] „Grubbs-Hoveyda II"

Reagenzien und Reaktionsbedingungen: *a)[135] Grubbs II-Katalysator[133] (2 × 6 mol-%), Toluol, Rückfluss, 10 h; keine weiteren Angaben.– b)[136] Grubbs II-Katalysator[133], Toluol, Rückfluss, 1 Woche(!); 87%; keine weiteren Angaben.– c)[137] Grubbs II-Katalysator[133] (10 mol-%), Toluol, 60°C, 2.5 h; 70%.*

Ich fand keine Literaturpräzedenz für *inter*molekulare Kreuzmetathesen mit 2-Vinylindol (**268**) bzw. davon abgeleiteten Indolen. Dagegen gibt es einige wenige[138] *intra*molekulare, also Ringschlussmetathesen, die ein am N-Terminus geschütztes 2-Vinylindol betreffen. Aus diesem Grund bezog ich das bereits erwähnt N-Boc-2-Vinylindol (**269**) in meine Metatheseversuche mit ein (*Tabelle 11*).

---

[135] L. M. Bennasar, T. Roca, M. Monerris, D. Garcia-Diaz, *J. Org. Chem.* **2006**, *71*, 7028-7034.

[136] a) M. Amat, B. Checa, N. Llor, E. Molins, J. Bosch, *Chem. Comm.* **2009**, *20*, 2935-2937; b) M. Amat, B. Checa, N. Llor, E. Molins, J. Bosch, *J. Org. Chem.* **2010**, *75*, 178-189.

[137] L. M. Bennasar, E. Zulaica, D. Sole, T. Roca, D. Garcia-Diaz, *J. Org. Chem.* **2009**, *74*, 8359-8368.

[138] Eine am 13.07.2010 durchgeführte SciFinder Recherche (*CAPLUS Datenbank*) nach der Umsetzung:

lieferte lediglich die in *Schema 47* vorgestellten Treffer.

Tabelle 11: Versuche zur Kreuzmetathese zwischen den terminalen Olefinen *264* und *269*.

| 264 | 269 | Fluvastatinmodell (267) |

Eintrag	Bedingungen			Ergebnis
1	10 mol-% Grubbs II	CH₂Cl₂	3 h	34% reisoliertes **269**, 60% reisoliertes **264**
2			18 h	7% reisoliertes **264**
3		Toluol	3 h	19% reisoliertes **269**, 49% reisoliertes **264**
4			18 h	lediglich Spuren von reisoliertem **264**
5	5 mol-% Grubbs-Hoveyda II	CH₂Cl₂	3 h	38% reisoliertes **269**, 55% reisoliertes **264**
6			18 h	24% reisoliertes **264**
7		Toluol	3 h	12% reisoliertes **269**, 37% reisoliertes **264**
8			18 h	lediglich Spuren von reisoliertem **264**

(Spalte: Rückfluss)

Mit denselben Katalysatoren wie beim ungeschützten 2-Vinylindol (**268**) – also Grubbs II und Grubbs-Hoveyda II – kam es weder in Dichlormethan noch in Toluol zu einer Olefinbildung, obwohl stehts am Rückfluss erhitzt wurde. Stattdessen konnten nach 3-stündiger Reaktionszeit (*Einträge 1, 3, 5* und *7*) Reste beider Reaktionspartner reisoliert werden. Nach 18 h Reaktionszeit wurden unter ansonsten gleichen Reaktionsbedingungen nur noch ≤ 24% Seitenkettenolefin **264** reisoliert (*vgl. Einträge 2, 4, 6* und *8*). Was aus dem Hauptteil der eingesetzten Ausgangsstoffe wurde, blieb unbekannt.

8.2.2 Versuche zum Aufbau eines Fluvastatin-Modellsystems mittels HECK-Kupplung des vinylterminierten Seitenkettenbausteins 264

Schema 48: *Literaturpräzedenz zur HECK-Kupplung zwischen vinylterminiertem Statin-Seitenkettenbaustein* **264** *und einem halogenierten Pyrazol* **278.**

| 264 | 278 | 279 |

Reagenzien und Reaktionsbedingungen: a) Pd(PPh₃)₂Cl₂ (5 mol-%), NEt₃, DMF, 70°C, 18 h; 50%.

Meine letzte Hoffnung den in der längsten linearen Sequenz über 12 Stufen hergestellten ungesättigten Seitenkettenbaustein **264** in ein Statinmodell zu überführen, ruhten nun auf einer HECK-Kupplung mit N-Boc-geschütztem 2-Iodindol (**281**). Eine analoge in der Literatur beschriebene (*Schema 48*)[139] HECK-Kupplung zwischen einem bromierten Pyrazol-Derivat **278** und eben diesem Seitenkettenbaustein **264** lieferte des Olefin **279** in 50% Ausbeute. Die dort erfolgreichen Kupplungsbedingungen übertrug ich daher auf mein System (*Schema 49*).

---

[139] D. R. Sliskovic, B. D. Roth, M. W. Wilson, M. L. Hoefle, R. S. Newton, *J. Med. Chem.* **1990**, *33*, 31-38.

Schema 49: *Versuche zur HECK-Kupplung zwischen vinylterminiertem Seitenkettenbaustein **264** und N-Boc-geschütztem 2-Iodindol **281**.*

Reagenzien und Reaktionsbedingungen: *a) Boc$_2$O (1.2 Äquiv.), DMAP (10 mol-%), CH$_3$CN, Raumtemp., 18 h; 85%.– b) THF, –78°C, tBuLi (2.0 Äquiv.), 1 h, Zugabe von I$_2$ (1.0 Äquiv.) in THF, 18 h. – c) Pd(PPh$_3$)$_2$Cl$_2$ (5 mol-%), NEt$_3$, DMF, 70°C, 18 h.*

Leider gelang meine Heck-Kupplung zwischend **264** und **281** nicht. Stattdessen kam es lediglich zu einer Zersetzung zu einem uneinheitlichen Produktgemisch.

Schema 50: *Erfolgreiche HECK-Kupplung von N-Boc-geschütztem 2-Iodindol **281** mit der akzeptorsubstituierten Doppelbindung von Methylacrylat (**282**) und Scheitern derselben Reaktionsbedingungen beim Versuch der HECK-Kupplung mit dem silylierten Allylalkohol **285**.*

Reagenzien und Reaktionsbedingungen: *a) NEt$_3$ (1.2 Äquiv.), TBDMS-Cl (1.0 Äquiv.), DMF, Raumtemp., 4 h; 42%.– b) Pd(PPh$_3$)$_2$Cl$_2$ (5 mol-%), NEt$_3$, DMF, 70°C, 18 h.*

Um mögliche Fehler in der Reaktionsführung als Grund für das Scheitern der durchgeführten HECK-Reaktionsvesuche zu erkennen, führte ich Kupplungsversuche zwischen meinem N-Boc-geschützten 2-Iodindol (**281**) mit Methylacrylat (**282**) und dem silylierten Allylalkohol **285** durch. Im ersten Fall konnte ich das *trans*-konfigurierte[106] Kupplungsprodukt **283** in immerhin 61% Ausbeute isolieren, während die zweite Kupplung erfolglos blieb.

9. Zusammenfassung und Ausblick

Schema 51: *Erstmalige, einstufige Überführung α,β-ungsättigter Ketone **200** in enantiomerenreine cyclische Phenylboronsäureester **205**. Anschließende α-Defunktionalisierung als Zugang zu enantiomerenreinen β-Hydroxyketonen und deren Hydridreduktion zu syn- bzw. anti-1,3-Diolen.*

Im Rahmen der vorliegenden Arbeit gelang die Übertragung der von MUÑIZ und HÖVELMANN an anderen Olefinen etablierten Modifikation[104] der SHARPLESS-Dihydroxylierung auf α,β-ungesättigte Ketone **200**; sie bewirkte deren einstufige Überführung in die Phenylboronsäureester **205** (*vgl. Kapitel 5.2*). Die Ausbeuten erreichten 82% und die Enantiomerenüberschüsse >99%. Die Phenylboronsäureester **205** konnte ich mit SmI_2 – oder noch besser mit $SmBr_2$ – zu enantiomerenreinen β-Hydroxyketonen **202** reduzieren (*vgl. Kapitel 7*; Ausbeuten 63-71%). β-Hydroxyketone **202** lassen sich selektiv sowohl in *syn-* als auch in *anti-*1,3-Diole **203** überführen (*vgl. Kapitel 7.1*). Aus α,β-ungesättigten Ketonen sind auf diese Weise in nur 3 Stufen derartige 1,3-Diole wählbarer Absolut- und Relativkonfiguration zugänglich.

Schema 52: *"1-Topf"-Reduktion von zweistufig enantiomerenrein zugänglichen Acetoniden **204** und einstufig enantiomerenrein zugänglichen Phenylboronsäureester **205** zu 1,3-Diolen **203** bzw. B-Phenyldioxaborinanen **229**.*

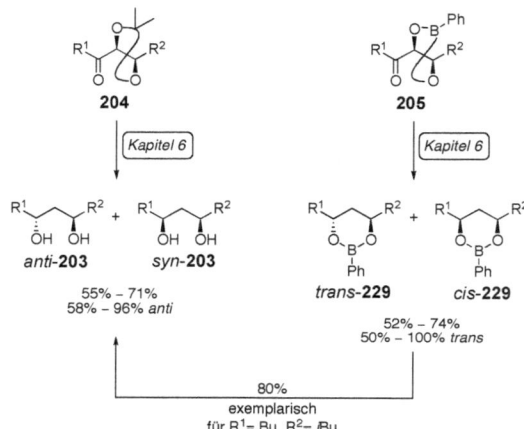

Die aus Enonen zweistufig zugänglichen Dioxolane **204** (*vgl. Kapitel 5*.2) lassen sich mit überschüssigem SmI_2 (wie ich in meiner Diplomarbeit zeigte) oder $SmBr_2$ (wie ich nun fand) in einer „1-Topf"-Reaktion reduzieren (*vgl. Kapitel 4*). Im Rahmen der vorliegenden Arbeit zeigte sich, dass die aus Enonen einstufig zugänglichen Phenylboronsäureester **205** unter denselben Bedingungen statt zu 1,3-Diolen **203** zu deren B-Phenyldioxaborinane **229** reduziert wurden. Die Tatsache, dass diese zu 1,3-Diolen entschützbar waren (H_2O_2; *vgl. Kapitel 6*), wertet die beschriebene Umformung auf. Man könnte den Vorteil der *in-situ*-Schützung des darin verborgenen 1,3-Diols in einer Synthese nutzen, falls eine spätere Stufe inkompatibel mit einem *freien* 1,3-Diol wäre. Ein Manko dieser „1-Topf"-Reduktion der Phenylboronsäureester **205** war die nur in einigen Fällen präparativ nützliche Diastereoselektivität
(*vgl. Kapitel 6*).

Nach Abschluß meiner methodischen Untersuchungen (*vgl. Kapitel 5-7*) nutzte ich die verbesserte Praktikabilität der *Enon → β-Hydroxyketon → syn-1,3-Diol*-Transformation in der Synthese zweier Seitenkettenbausteine für pharmakologisch äußerst wichtige Statine (*vgl. Einleitung*).

Schema 53: Synthese eines abgangsgruppentragenden Statinseitenkettenbausteins (vgl. Kapitel 8.1). Dessen Anwendung im Rahmen der Synthese eines Atorvastatin-Modellsystems **256** und einer formalen Totalsynthese von Atorvastatin.

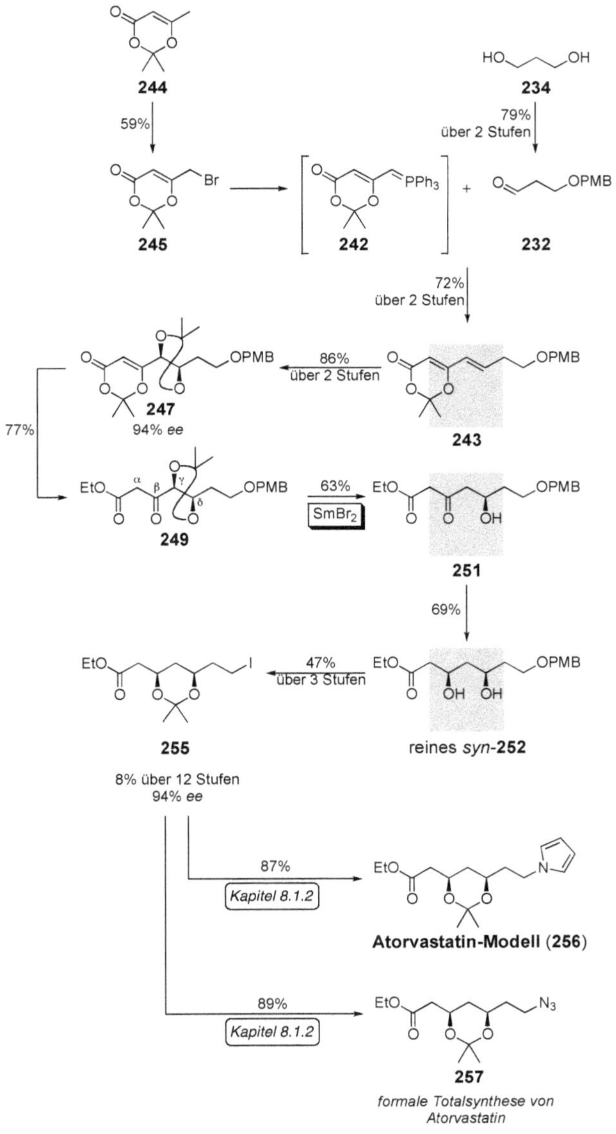

99

Schema 53 zeigt meinen 12-stufigen[140] Aufbau der abgangsgruppentragenden Statinseitenkettensubstruktur **255**. Er gelang in 8% Gesamtausbeute und mit 94% *ee*. Daran anknüpfend stellte ich durch nucleophile Substitution das Atorvastatin-Modellsystem **256** dar und realisierte die formale Totalsynthese von Atorvastatin (**14**) selbst (*vgl. Kapitel 8.1.2*). Der Schlüssel- und durch meine Methodik ausgezeichnete Schritt dieses Projekts ist die γ-Desoxygenierung des γ,δ-dioxygenierten β-Ketoesters **249** mit $SmBr_2$; sie ergab in 63% Ausbeute den δ-Hydroxy-β-ketoester **251**.

---

[140] Bezogen auf die längste lineare Sequenz der Synthese.

Schema 54 zeigt meinen 10-stufigen Aufbau der vinylterminierten Statinseitenkettensubstruktur **264**. Er gelang in insgesamt 8% Gesamtausbeute und mit 96% ee (vgl. Kapitel 8.2). Der Schlüsselschritt dieses Projekts ist erneut die γ-Desoxygenierung des γ,δ-dioxygenierten β-Ketoesters (hier: **260**) mit SmBr₂; sie ergab in 59% Ausbeute den δ-Hydroxy-β-ketoester (hier: **259**). Daran anknüpfend wollte ich per Kreuzmetathese von **264** mit **269** (vgl. Kapitel 8.2.1) bzw. HECK-Kupplung von **264** mit **281** (vgl. Kapitel 8.2.2) das Fluvastatinmodell (**267**) aufbauen. Beides gelang im Rahmen der vorliegenden Arbeit noch nicht. Hier sollten weitere Untersuchungen folgen um die zahlreichen Synthesemethoden zum

Aufbau von Statinen (*vgl. Kapitel* 2) um die in diesem Kontext bisher unbekannte Kreuzmetathese zu ergänzen.

10. Experimenteller Teil

10.1 Allgemeines und Analytik

Lösungsmittel

Tetrahydrofuran (THF) wurde unmittelbar vor Gebrauch unter trockenem Stickstoff von Kalium abdestilliert. Analog wurde Dichlormethan (CH_2Cl_2) von Calciumhydrid und Diethylether (Et_2O) von Natrium/Kalium-Legierung abdestilliert. Methanol (MeOH) wurde nach Standardverfahren getrocknet. Die zur Flashchromatographie und Extraktion verwendeten Lösungsmittel Cyclohexan (CH) und Essigsäureethylester (EE) wurden zur Entfernung hochsiedender Bestandteile am Rotationsverdampfer destilliert.

Allgemeine Arbeitsweise

Sämtliche Reaktionen unter Beteiligung luft- und/oder hydrolyseempfindlicher Substanzen wurden in ausgeheizten Glasgeräten unter trockenem Stickstoff bzw. Argon durchgeführt. Sämtliche Ein- und Auswaagen sind um eventuell enthaltene Lösungsmittelreste korrigiert

Chromatographie

Die Flashchromatographie[141] erfolgte an Kieselgel 60 der Firma *Macherey-Nagel* (40-63 µm, 230-400 mesh, ASTM). Die Angabe (2 × 20 cm, 18 ml, CH/EE 9:1, ab #30 8:2, ab #50 ...) bedeutet, das eine Chromatographiesäule vom Durchmesser 2 cm, bei einer Füllhöhe von 20 cm verwendet wurde. Die Fraktionsvolumina betrugen 18 ml, wobei zunächst mit einem Eluensgemisch von 10 Volumen-% Essigsäureethylester in Cyclohexan (9:1) chromatographiert und ab Fraktion 30 auf ein Lösungsmittelgemisch aus 20 Volumen-% Essigsäureethylester in Cyclohexan usw. gewechselt wurde. Für die Dünnschichtchromatogramme wurden mit Kieselgel 60-F254 beschichtete Glasplatten mit Fluoreszenzindikator der Firma *Macherey-Nagel* verwendet, wobei die Entwicklung durch Tauchen in schwefelsaurer Cer(IV)sulfat/Molybdatophosphorsäure (5% in EtOH) und anschließendes Erhitzen erfolgte.

---

[141] W.C. Still, M. Kahn, A. Mitra, *J. Org. Chem.* **1978**, *43*, 2923-2925.

NMR-Spektroskopie

Die ^{1}H- und ^{13}C-NMR-Spektren wurden an den Geräten AC 250, AM 400 und DRX 500 der Firma *Bruker* von Frau M. Schonhardt, Herrn F. Reinbold und Herrn Dr. M. Keller aufgenommen. Ebenso fand ein Mercury-300-Gerät der Firma *Varian* Verwendung. Alle chemischen Verschiebungen δ sind in ppm, die Kopplungskonstanten *J* in Hertz angegeben. Sofern nichts anderes vermerkt, wurde Deuterochloroform (CDCl$_3$) als Lösungsmittel verwendet. Dabei diente im Falle der ^{1}H-NMR-Spektren CHCl$_3$ (δ = 7.26 ppm) oder − in Ausnahmefällen − Tetramethylsilan (δ = 0.00 ppm) als interner Standard. Bei den ^{13}C-NMR-Spektren fand die mittlere Linie des CDCl$_3$-Tripletts (δ = 77.16 ppm) als Standard Verwendung. Alle Signale mit Ausnahme der als AB-Signale (H$_A$ Hochfeldteil, H$_B$ Tieffeldteil) kenntlich gemachten, wurden nach den Regeln erster Ordnung auswertet. Die ^{1}H-NMR-Integrale stimmen mit den getroffenen Signalzuordnungen überein.

Physikalische Daten

Die Messung der *Drehwerte* erfolgte an einem Polarimeter 341 der Firma *Perkin Elmer* im jeweils angegebenen Lösungsmittel bei einer Wellenlänge von 589 nm (Na-D-Linie) bei Raumtemperatur. Die spezifischen Drehwerte [α]$_D$ wurden nach folgender Formel berechnet: [α]$_D$ = (α_{exp} × 100) / (c × d) mit den experimentell ermittelten Drehwerten α_{exp}, der Konzentration c (in g/100 ml) und der Küvettenlänge d (in dm).

Die Bestimmung der *Enantiomerenüberschüsse* (*ee*) wurde mittels GC auf einer Kapillarsäule (25 m) an Hexakis-(2,6-di-O-dimethyl-3-O-pentyl)-β-cyclodextrin an einem Gaschromatographen HRGC 5160 Mega Series der Firma *Carlo Elba* vorgenommen. Bei Verbindungen, bei denen eine Bestimmung des Enantiomerenüberschusses mittels GC nicht möglich war, wurde dieser mittels HPLC bei den jeweils angegebenen Bedingungen von Herrn G. Fehrenbach bestimmt.

10.2 Experimente

Allgemeine Arbeitsvorschrift zur Darstellung von SmHal$_2$ in THF

AAV I (SmI$_2$): Diiodethan (2.0 g) wurde in TBME (60 ml) gelöst, mit ges. wässr. Na$_2$SO$_3$-Lsg. (2 × 30 ml) gewaschen, über MgSO$_4$ getrocknet und vom Lösungsmittel befreit. Der so erhaltene Rückstand (0.958 mg, 3.40 mmol) wurde in THF (34 ml) gelöst und bei −78°C entgast. Die erhaltene Lösung wurde zu metallischem Samarium (40 mesh, 530 g, 3.52 mmol, 1.05 Äquiv.) gegeben und 16 h bei Raumtemp. gerührt. Die nun tief blaugrüne 0.1 M Lösung von SmI$_2$ in THF war nun gebrauchsfertig und konnte zur Reduktion der α,β-Dihydroxycarbonylverbindungen verwendet werden. Aufgrund der begrenzten Haltbarkeit dieser Lösung wurde sie für jede Reduktion unmittelbar vor Gebrauch frisch hergestellt.

AAV II (SmBr$_2$): 1,1,2,2-Tetrabromethan (415 mg, 1.20 mmol, 0.5 Äquiv.) wurde in THF (24 ml) gelöst und bei −78°C entgast. Die so erhaltene Lösung wurde zu metallischem Samarium (40 mesh, 360 mg, 2.40 mmol) gegeben und 16 h bei Raumtemp. gerührt. Die entstandene tief schwarze 0.1 M Suspension von SmBr$_2$ in THF war nun gebrauchsfertig und konnte zur Reduktion der α,β-Dihydroxycarbonylverbindungen verwendet werden. Aufgrund der begrenzten Haltbarkeit dieser Lösung wurde sie für jede Reduktion unmittelbar vor Gebrauch frisch hergestellt.

E-Oct-2-en-4-on

200h

MePPh$_3^+$Br$^-$ (35.7 g, 100 mmol, 2.0 Äquiv.) wurde in THF (150 ml) suspendiert und bei 0°C binnen 15 min mit *n*BuLi (42 ml, 2.5 M, 105 mmol, 2.1 Äquiv.) versetzt. Nach 30 min bei dieser Temp. wurde eine Lösung aus Valeroylchlorid (4.25 ml, 6.02 g, 50.0 mmol) in THF (40 ml) zugegeben und auf Raumtemp. erwärmt. Nach 3 h bei Raumtemp. wurde das Reaktionsgemisch in H$_2$O (500 ml) gegeben, mit Et$_2$O (5×80 ml) extrahiert, über MgSO$_4$ getrocknet und vom Lösungsmittel befreit. Das so erhaltene Ylid wurde ohne weitere Reinigung weiter umgesetzt. Hierzu wurde das Ylid in CH$_2$Cl$_2$ (80 ml) gelöst und mit Acetaldehyd (14.0 ml, 11.0 g, 250 mmol, 5 Äquiv.) versetzt. Nach 3 d bei Raumtemp. wurde das Lösungsmittel im Vakuum entfernt.

Säulenchromatographie (CH/EE 10:1, 4×20 cm, 50 ml, #3-12) lieferte die Titelverbindung als farbloses Öl (3.91 g, 31.0 mmol, 62% über 3 Stufen).

^{1}H-NMR (300 MHz, CDCl$_3$): δ = 0.90 (t, $J_{8,7}$ = 7.3 Hz, 8-H$_3$), 1.32 (qt, $J_{7,8}$ = 7.5 Hz, $J_{7,6}$ = 7.4 Hz, 7-H$_2$), 1.58 (tt, $J_{6,7}$ = 7.5 Hz, $J_{6,5}$ = 7.4 Hz, 6-H$_2$), 1.88 (dd, $J_{1,2}$ = 6.8 Hz, $^4J_{1,3}$ = 1.7 Hz, 1-H$_3$), 2.50 (t, $J_{5,6}$ = 7.5 Hz, 5-H$_2$), 6.11 (dq, $J_{3,2}$ = 15.9 Hz, $^4J_{3,1}$ = 1.6 Hz, 3-H), 6.83 (dq, $J_{2,3}$ = 15.7 Hz, $J_{2,1}$ = 6.8 Hz, 2-H) ppm.

^{13}C-NMR (100.61 MHz, CDCl$_3$): δ = 13.9 (C-8), 18.3 (C-1), 22.5 (C-7), 26.5 (C-6), 39.9 (C-5), 132.1 (C-2), 142.4 (C-3), 200.8 (C=O) ppm.

Elementaranalyse

$C_8H_{14}O$ Ber. C 76.14   H 11.18
                          Gef. C 75.9   H 11.09

IR (Film): $\tilde{v}$ = 3530, 3035, 2960, 2935, 2875, 1700, 1675, 1635, 1445, 1410, 1375, 1325, 1285, 1260, 1190, 1140, 1115, 1060, 970, 935, 735, 630, 530 cm^{-1}.

E-Undec-6-en-5-on

200i

MePPh$_3$$^+Br^-$ (35.7 g, 100 mmol, 2.0 Äquiv.) wurde in THF (150 ml) suspendiert und bei 0°C binnen 15 min mit *n*BuLi (42 ml, 2.5 M, 105 mmol, 2.1 Äquiv.) versetzt. Nach 30 min bei dieser Temp. wurde eine Lösung aus Valeroylchlorid (4.25 ml, 6.02 g, 50.0 mmol) in THF (40 ml) zugegeben und auf Raumtemp. erwärmt. Nach 3 h bei Raumtemp. wurde das Reaktionsgemisch in H$_2$O (500 ml) gegeben, mit Et$_2$O (5 × 80 ml) extrahiert, über MgSO$_4$ getrocknet und vom Lösungsmittel befreit. Das so erhaltene Ylid wurde ohne weitere Reinigung weiter umgesetzt. Hierzu wurde das Ylid in CH$_2$Cl$_2$ (80 ml) gelöst und mit Valeraldehyd (15.5 ml, 21.5 g, 250 mmol, 5.0 Äquiv.) versetzt. Nach 3 d bei Raumtemp. wurde das Lösungsmittel im Vakuum entfernt.

Säulenchromatographie (CH/EE 9:1, 5×20 cm, 50 ml, #3-10) lieferte die Titelverbindung als schwach gelbes Öl (5.63 g, 33.5 mmol, 67% über 3 Stufen)

^{1}H-NMR (300 MHz, CDCl$_3$): δ = 0.91 (t, $J_{1,2}$ = 7.3 Hz, 1-H$_3$) überlagert von 0.91 (t, $J_{11,10}$ = 7.3 Hz, 11-H$_3$), 1.21-1.64 (m, 2-H$_2$, 3-H$_2$, 9-H$_2$, 10-H$_2$), 2.21 (tdd, $J_{8,9}$ = 7.2 Hz, $J_{8,7}$ = 6.9 Hz, $^4J_{8,6}$ = 0.7 Hz, 8-H$_2$), 2.52 (t, $J_{4,3}$ = 7.5 Hz, 4-H$_2$), 6.09 (dt, $J_{6,7}$ = 15.8 Hz, $^4J_{6,8}$ = 1.5 Hz, 6-H), 6.82 (dt, $J_{7,6}$ = 15.8 Hz, $J_{7,8}$ = 6.9 Hz, 7-H) ppm.

^{13}C-NMR (100.61 MHz, CDCl$_3$): δ = 13.90 (C-1), 13.97 (C-11), 22.3 (C-2), 22.5 (C-10), 26.6 (C-3), 30.3 (C-9), 32.2 (C-8), 39.9 (C-4), 130.42 (C-6), 147.3 (C-7), 201.1 (C=O) ppm.

Elementaranalyse

$C_{11}H_{20}O$ Ber. C 78.51   H 11.98

                        Gef. C 78.83   H 12.07

IR (Film): $\tilde{v}$ = 3740, 2960, 2930, 2870, 2360, 2340, 1700, 1675, 1630, 1510, 1465, 1460, 1410, 1380, 1185, 1145, 1100, 1060, 1020, 980, 915, 745 cm^{-1}.

E-9-Methyl-dec-6-en-5-on

200j

MePPh$_3^+$Br$^-$ (35.7 g, 100 mmol, 2.0 Äquiv.) wurde in THF (150 ml) suspendiert und bei 0°C binnen 15 min mit *n*BuLi (42 ml, 2.5 M, 105 mmol, 2.1 Äquiv.) versetzt. Nach 30 min bei dieser Temp. wurde eine Lösung aus Valeroylchlorid (4.25 ml, 6.02 g, 50.0 mmol) in THF (40 ml) zugegeben und auf Raumtemp. erwärmt. Nach 3 h bei Raumtemp. wurde das Reaktionsgemisch in H$_2$O (500 ml) gegeben, mit Et$_2$O (5 × 80 ml) extrahiert, über MgSO$_4$ getrocknet und vom Lösungsmittel befreit. Das so erhaltene Ylid wurde ohne weitere Reinigung weiter umgesetzt. Hierzu wurde das Ylid in CH$_2$Cl$_2$ (80 ml) gelöst und mit Isovaleraldehyd (26.8 ml, 21.5 g, 250 mmol, 5 Äquiv.) versetzt. Nach 3 d bei Raumtemp. wurde das Lösungsmittel im Vakuum entfernt.

Säulenchromatographie (CH/EE 9:1, 5×20 cm, 50 ml, #4-7) lieferte die Titelverbindung als schwach gelbes Öl (5.2 g, 31 mmol, 62% über 3 Stufen).

^{1}H-NMR (300 MHz, CDCl$_3$): δ = 0.91 (t, $J_{1,2}$ = 7.3 Hz, 1-H$_3$) überlagert von 0.92 (d, $J_{9\text{-Me},9}$ = 6.7 Hz, 2 × 9-CH$_3$), 1.33 (qt, $J_{2,1}$ = 7.5 Hz, $J_{2,3}$ = 7.4 Hz, 2-H$_2$), 1.59 (tt, $J_{3,4}$ = 7.5 Hz, $J_{3,2}$ = 7.4 Hz, 3-H$_2$), 1.76 (qqt, $J_{9,9\text{-Me}}$ = $J_{9,10}$ = 6.8 Hz, $J_{9,8}$ = 6.7 9-H), 2.09 (ddd, $J_{8,7}$ = 7.1 Hz, $J_{8,9}$ = 7.1 Hz, $^4J_{8,6}$ = 0.7 Hz, 8-H$_2$), 2.52 (t, $J_{4,3}$ = 7.4 Hz, 4-H$_2$), 6.07 (dt, $J_{6,7}$ = 15.8 Hz, $^4J_{6,8}$ = 1.4 Hz, 6-H) 6.79 (dt, $J_{7,6}$ = 15.7 Hz, $J_{7,8}$ = 7.4 Hz, 7-H) ppm.

^{13}C-NMR (100.61 MHz, CDCl$_3$): δ = 14.0 (C-1), 22.46 (2 × 9-Me*), 22.52 (C-2*), 26.6 (C-3), 28.0 (C-9), 40.0 (C-4), 41.8 (C-8), 131.5 (C-6), 146.1 (C-7), 201.0 (C=O) ppm. *Zuordnung vertauschbar.

Elementaranalyse

$C_{11}H_{20}O$ Ber. C 78.51   H 11.98

                          Gef. C 78.20   H 12.01

IR (Film): $\tilde{v}$ = 3385, 3180, 2960, 2935, 2870, 2730, 2360, 1975, 1695, 1675, 1630, 1560, 1465, 1440, 1410, 1385, 1370, 1350, 1320, 1310, 1260, 1190, 1165, 1145, 1095, 1070, 1025, 980, 930, 890, 855, 725, 695, 630, 545 cm^{-1}.

E-2-Methylnon-3-en-5-on

200k

MePPh$_3$$^+Br^-$ (35.7 g, 100 mmol, 2.0 Äquiv.) wurde in THF (150 ml) suspendiert und bei 0°C binnen 15 min mit nBuLi (42 ml, 2.5 M, 105 mmol, 2.1 Äquiv.) versetzt. Nach 30 min bei dieser Temp. wurde eine Lösung aus Valeroylchlorid (4.25 ml, 6.02 g, 50.0 mmol) in THF (40 ml) zugegeben und auf Raumtemp. erwärmt. Nach 3 h bei Raumtemp. wurde das Reaktionsgemisch in H$_2$O (500 ml) gegeben, mit Et$_2$O (5 × 80 ml) extrahiert, über MgSO$_4$ getrocknet und vom Lösungsmittel befreit. Das so erhaltene Ylid wurde ohne weitere Reinigung weiter umgesetzt. Hierzu wurde das Ylid in CH$_2$Cl$_2$ (80 ml) gelöst und mit Isobutyraldehyd (22.8 ml, 18.0 g, 250 mmol, 5 Äquiv.) versetzt. Nach 3 d bei Raumtemp. wurde das Lösungsmittel im Vakuum entfernt.

Säulenchromatographie (CH/EE 10:1, 4 × 20 cm, 50 ml, #5-16) lieferte die Titelverbindung als farbloses Öl (6.25 g, 40.5 mmol, 81% über 3 Stufen).

^{1}H-NMR (400 MHz, CDCl$_3$): δ = 0.92 (t, $J_{9,8}$ = 7.3 Hz, 9-H$_3$), 1.07 (d, $J_{2\text{-Me},2}$ = 6.8 Hz, 2-CH$_3$) überlagert von 1.07 (d, $J_{1,2}$ = 6.8 Hz, 1-H$_3$), 1.34 (tq, $J_{8,7}$ = 7.5 Hz, $J_{8,9}$ = 7.4 Hz, 8-H$_2$), 1.59 (tt, $J_{7,6}$ = 7.6 Hz, $J_{7,8}$ = 7.5 Hz, 7-H$_2$), 2.46 (m$_c$, 2-H), 2.54 (t, $J_{6,7}$ = 7.5 Hz, 6-H$_2$), 6.04 (dd, $J_{4,3}$ = 16.0 Hz, $^4J_{4,2}$ = 1.5 Hz, 4-H), 6.78 (dd, $J_{3,4}$ = 16.0 Hz, $J_{3,2}$ = 6.6 Hz, 3-H) ppm.

^{13}C-NMR (100.61 MHz, CDCl$_3$): δ = 14.0 (C-9), 21.4 (2 × 2-Me), 22.5 (C-8), 26.5 (C-2), 31.2 (C-7), 40.0 (C-6), 127.6 (C-4), 153.3 (C-3), 201.4 (C=O) ppm.

Elementaranalyse

$C_{10}H_{18}O$ Ber. C 77.87   H 11.76

                          Gef. C 77.58   H 11.65

IR (Film): $\tilde{v}$ = 2960, 2935, 2875, 1695, 1675, 1630, 1465, 1365, 1265, 1190, 1130, 1065, 985, 915, 745, 465 cm^{-1}.

E-2-Methyl-dec-5-en-4-on

200l

MePPh$_3$$^+Br^-$ (35.7 g, 100 mmol, 2.00 Äquiv.) wurde in THF (150 ml) suspendiert und bei 0°C binnen 15 min mit *n*BuLi (42 ml, 2.5 M, 105 mmol, 2.1 Äquiv.) versetzt. Nach 30 min bei dieser Temp. wurde eine Lösung aus Isovaleroylchlorid (4.26 ml, 6.03 g, 50.0 mmol) in THF (40 ml) zugegeben und auf Raumtemp. erwärmt. Nach 3 h bei Raumtemp. wurde das Reaktionsgemisch in H$_2$O (500 ml) gegeben, mit Et$_2$O (5 × 80 ml) extrahiert, über MgSO$_4$ getrocknet und vom Lösungsmittel befreit. Das so erhaltene Ylid wurde ohne weitere Reinigung weiter umgesetzt. Hierzu wurde das Ylid in CH$_2$Cl$_2$ (80 ml) gelöst und mit Valeraldehyd (15.5 ml, 21.5 g, 250 mmol, 5 Äquiv.) versetzt. Nach 3 d bei Raumtemp. wurde das Lösungsmittel im Vakuum entfernt.

Säulenchromatographie (CH/EE 9:1, 5×20 cm, 50 ml, #4-12) lieferte die Titelverbindung als schwach gelbes Öl (5.81 g, 34.5 mmol, 69% über 3 Stufen).

^{1}H-NMR (300 MHz, CDCl$_3$): δ = 0.88 (t, $J_{10,9}$ = 7.6 Hz, 10-H$_3$) überlagert von 0.89 (d, $J_{2\text{-Me},2}$ = 6.8 Hz, 2 × 2-CH$_3$), 1.25-1.46 (m, 8-H$_2$, 9-H$_2$), 2.05-2.21 (m, 2-H, 7-H$_2$), 2.36 (d, $J_{3,2}$ = 7.0 Hz, 3-H$_2$), 6.05 (dt, $J_{5,6}$ = 15.7 Hz, $^4J_{5,7}$ = 1.4 Hz, 5-H) 6.77 (dt, $J_{6,5}$ = 15.8 Hz, $J_{6,7}$ = 6.9 Hz, 6-H) ppm.

^{13}C-NMR (100.61 MHz, CDCl$_3$): δ = 13.8 (C-10), 22.3 (2 × 2-Me), 22.7 (C-9), 25.2 (C-2), 30.3 (C-8), 32.2 (C-7), 49.1 (C-3), 130.8 (C-5), 147.4 (C-6), 200.6 (C=O) ppm.

Elementaranalyse

$C_{11}H_{20}O$ Ber. C 78.51   H 11.98

        Gef. C 78.17   H 11.95

IR (Film): $\tilde{v}$ = 2960, 2930, 2870, 2360, 1695, 1675, 1630, 1505, 1465, 1405, 1365, 1335, 1295, 1250, 1200, 1170, 1150, 1105, 1060, 1020, 980, 915, 745, 670 cm^{-1}.

E-2,8-Dimethyl-non-5-en-4-on

200m

MePPh$_3$$^+Br^-$ (35.7 g, 100 mmol, 2.0 Äquiv.) wurde in THF (150 ml) suspendiert und bei 0°C binnen 15 min mit *n*BuLi (42 ml, 2.5 M, 105 mmol, 2.1 Äquiv.) versetzt. Nach 30 min bei dieser Temp. wurde eine Lösung aus Isovaleroylchlorid (4.26 ml, 6.03 g, 50.0 mmol) in THF (40 ml) zugegeben und auf Raumtemp. erwärmt. Nach 3 h bei Raumtemp. wurde das Reaktionsgemisch in H$_2$O (500 ml) gegeben, mit Et$_2$O (5 × 80 ml) extrahiert, über MgSO$_4$ getrocknet und vom Lösungsmittel befreit. Das so erhaltene Ylid wurde ohne weitere Reinigung weiter umgesetzt. Hierzu wurde das Ylid in CH$_2$Cl$_2$ (80 ml) gelöst und mit Isovaleraldehyd (26.8 ml, 21.5 g, 250 mmol, 5 Äquiv.) versetzt. Nach 3 d bei Raumtemp. wurde das Lösungsmittel im Vakuum entfernt.

Säulenchromatographie (CH/EE 9:1, 5×20 cm, 50 ml, #4-12) lieferte die Titelverbindung als schwach gelbes Öl (5.13 g, 30.5 mmol, 61% über 3 Stufen).

^{1}H-NMR (300 MHz, CDCl$_3$): δ = 0.85 (d, $J_{8\text{-Me,8}}$ = 6.9 Hz, 2×8-CH$_3$) überlagert von 0.86 (d, $J_{2\text{-Me,2}}$ = 6.6 Hz, 2×2-CH$_3$), 1.69 (qqt., $J_{2,1}$ = 6.7 Hz, $J_{2,2\text{-Me}}$ = 6.7 Hz, $J_{2,3}$ = 6.7 Hz, 2-H), 1.99-2.14 (m, 7-H$_2$, 8-H), 2.32 (d, $J_{3,2}$ = 6.9 $J_{2,1}$ = 6.7 Hz, 3-H$_2$), 6.00 (dt, $J_{5,6}$ = 15.8 $J_{2,1}$ = 6.7 Hz, $^4J_{5,7}$ = 1.4 Hz, 5-H) 6.71 (dt, $J_{6,5}$ = 15.3 Hz, $J_{6,7}$ = 7.7 Hz, 6-H) ppm.

^{13}C-NMR (100.61 MHz, CDCl$_3$): δ = 22.5 (2 × 2-Me), 22.8 (2 × 8-Me), 25.3 (C-2), 27.0 (C-8), 41.8 (C-7), 49.2 (C-3), 131.9 (C-5), 146.2 (C-6), 200.6 (C=O) ppm.

Elementaranalyse

C$_{11}$H$_{20}$O	Ber. C 78.51	H 11.98
	Gef. C 78.22	H 12.15

IR (Film): $\tilde{v}$ = 2960, 2930, 2870, 2365, 1695, 1670, 1630, 1465, 1385, 1365, 1300, 1195, 1170, 1015, 980 cm^{-1}.

1-[(4S,5R)-5-Methyl-2-phenyl-1,3,2-dioxaborolan-4-yl]ethanon

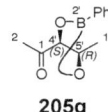

205g

200g (2.3 g, 90%, 25 mmol) wurde bei Raumtemp. zu einer gerührten Mischung aus $K_2OsO_2(OH)_4$ (92 mg, 1 mol-%), $(DHQD)_2PHAL$ (974 mg, 5 mol-%), K_2CO_3 (10.37 g, 75.00 mmol, 3.0 Äquiv.), $K_3Fe(CN)_6$ (25 g, 75 mmol, 3.0 Äquiv.) und Phenylboronsäure (3.7 g, 30 mmol, 1.2 Äquiv.) in tBuOH (125 ml) / H_2O (125 ml) gegeben. Nach 18 h bei dieser Temp. wurde ges. wässr. $Na_2S_2O_3$-Lsg. (250 ml) zugegeben, mit CH_2Cl_2 (4 × 100 ml) extrahiert, über $MgSO_4$ getrocknet und vom Lösungsmittel befreit.

Aufziehen auf Kieselgel (15 g) und anschließende Flashchromatographie (5 × 20 cm, CH/EE 4:1, 50 ml, #6-12) lieferte die Titelverbindung (3.2 g, 16 mmol, 63%) als farbloses Öl. Bei einer Reaktionstemperatur von 0°C bei ansonsten identischen Reaktionsbedingungen wurde nach einer Reaktionszeit von 3 d 63% der Titelverbindung mit einem Enantiomerenüberschuß von 92% erhalten.

^{1}H-NMR (300 MHz, $CDCl_3$): δ = 1.51 (d, $J_{1'',5'}$ = 6.3 Hz, 1''-H_3), 2.32 (s, 2-H_3), 4.34 (d, $J_{4',5'}$ = 6.9 Hz, 4'-H), 4.58 (qd, $J_{5',4'}$ = 6.4 Hz, $J_{5',1''}$ = 6.3 Hz, 5'-H), 7.37-7.86 (m, 5 × arom. H) ppm.

^{13}C-NMR (100.61 MHz, $CDCl_3$): δ = 22.7 (C-1''), 26.3 (C-2), 76.6 (C-5'), 88.0 (C-4'), 128.0, 132.0, 135.0 (3 Resonanzsignale für 4 nichtäquivalente arom. C-Atome), 208.6 (C=O) ppm.

Massenspektrum (EI-direkt): m/z = 204.1 (M^+), 161.1, 127.1, 105.1, 103, 77, 43.1.

IR (Film): $\tilde{\nu}$ = 3855, 3745, 3675, 3650, 3630, 2925, 2360, 2340, 1700, 1520, 1100, 825 cm^{-1}.

Drehwert (589 nm): 30 mg in 3 ml CHCl$_3$: -0.611, -0.606, -0.606, -0.608, -0.607. $[\alpha]^{20}_D$ = -60.7° (c = 1.0, CHCl$_3$).

ee-Bestimmung mittels chiraler GC (CP-Chirasil-Dex CB, 25 m × 0.25 mm, Cat.Nr. CP 7502, 80°C, 10 min, dann 1°C/min → 170°C, 80 kPa H$_2$) des durch Hydrolyse der Titelverbindung zum freien Diol und anschließender Derivatisierung erhaltenen Bistrimethylsilylethers: 92%. Retentionszeit 10.97 min, Retentionszeit des Enantiomeren 12.07 min.

1-[(4S,5R)-5-Butyl-2-phenyl-1,3,2-dioxaborolan-4-yl]ethanon

205a

200a (1.3 g, 10 mmol) wurde bei Raumtemp. zu einer gerührten Mischung aus $K_2OsO_2(OH)_4$ (37 mg, 1 mol-%), (DHQD)$_2$PHAL (389 mg, 5 mol-%), K_2CO_3 (4.15 g, 30.0 mmol, 3.0 Äquiv.), $K_3Fe(CN)_6$ (9.88 g, 30.0 mmol, 3.0 Äquiv.) und Phenylboronsäure (1.46 g, 12.0 mmol, 1.2 Äquiv.) in tBuOH (50 ml) / H_2O (50 ml) gegeben. Nach 18 h bei dieser Temp. wurde ges. wässr. $Na_2S_2O_3$-Lsg. (250 ml) zugegeben, mit CH_2Cl_2 (4 × 80 ml) extrahiert, über $MgSO_4$ getrocknet und vom Lösungsmittel befreit.

Aufziehen auf Kieselgel (5 g) und anschließende Flashchromatographie (3 × 20 cm, CH/EE 8:1, 10 ml, #17-28) lieferte die Titelverbindung (1.8 g, 7.2 mmol, 72%) als farbloses Öl. Bei einer Reaktionstemperatur von 0°C bei ansonsten identischen Reaktionsbedingungen wurde nach einer Reaktionszeit von 3 d 70% der Titelverbindung mit einem Enantiomerenüberschuß von 97% erhalten.

^{1}H-NMR (300 MHz, CDCl$_3$): δ = 0.94 (t, $J_{4'',3''}$ = 7.0 Hz, 4''-H$_3$), 1.24-1.59 (m, 2''-H$_2$ und 3''-H$_2$), 1.72-1.82 (m, 1''-H$_2$), 2.33 (s, 2-H$_3$), 4.4 (d, $J_{4',5'}$ = 6.2 Hz, 4'-H) überlagert von 4.47 (td, $J_{5',4'}$ = 6.2 Hz, $J_{5',1''}$ = 6.2 Hz, 5'-H), 7.39-7.88 (m, 5 × arom. H) ppm.

^{13}C-NMR (100.61 MHz, CDCl$_3$): δ = 14.0 (C-4''), 22.5 (C-3''), 26.2 (C-2), 26.9 (C-2''), 36.6 (C-1''), 80.3 (C-5'), 86.5 (C-4'), 128.0, 132.0, 135.1 (3 Resonanzsignale für 4 nichtäquivalente arom. C-Atome), 208.9 (C=O) ppm.

Massenspektrum (EI-direkt): m/z = 246.2 (M$^+$), 203.1, 147.1, 43.1.

IR (Film): $\tilde{v}$ = 2960, 2935, 2875, 2860, 1720, 1605, 1500, 1465, 1460, 1440, 1405, 1380, 1360, 1305, 1205, 1100, 1070, 1035, 1030, 985 cm^{-1}.

Drehwert (589 nm): 10 mg in 1 ml $CHCl_3$: -0.357. -0.357, -0.355, -0.357, -0.356. $[\alpha]^{20}_D$ = -35.64° (c = 1.0, $CHCl_3$).

ee-Bestimmung mittels chiraler GC (CP-Chirasil-Dex CB, 25 m × 0.25 mm, Cat.Nr. CP 7502, 80°C, 10min, dann 5°C/min → 170°C, 100 kPa H_2) des durch Hydrolyse der Titelverbindung erhaltenen freien Diols: 97%. Retentionszeit 20.60 min, Retentionszeit des Enantiomeren 21.25 min.

1-[(4S,5R)-5-Methyl-2-phenyl-1,3,2-dioxaborolan-4-yl]pentan-1-on

205h

200h (1.3 g, 10 mmol) wurde bei Raumtemp. zu einer gerührten Mischung aus $K_2OsO_2(OH)_4$ (37 mg, 1 mol-%), $(DHQD)_2PHAL$ (389 mg, 5 mol-%), K_2CO_3 (4.15 g, 30.0 mmol, 3.0 Äquiv.), $K_3Fe(CN)_6$ (9.88 g, 30.0 mmol, 3.0 Äquiv.) und Phenylboronsäure (1.46 g, 12.0 mmol, 1.2 Äquiv.) in tBuOH (50 ml) / H_2O (50 ml) gegeben. Nach 18 h bei dieser Temp. wurde ges. wässr. $Na_2S_2O_3$-Lsg. (250 ml) zugegeben, mit CH_2Cl_2 (4 × 80 ml) extrahiert, über $MgSO_4$ getrocknet und vom Lösungsmittel befreit.

Aufziehen auf Kieselgel (5 g) und anschließende Flashchromatographie (3 × 20 cm, CH/EE 10:1, 20 ml, #6-24) lieferte die Titelverbindung (1.7 g, 7.0 mmol, 70%) als farbloses Öl. Bei einer Reaktionstemperatur von 0°C bei ansonsten identischen Reaktionsbedingungen wurde nach einer Reaktionszeit von 3 d 71% der Titelverbindung mit einem Enantiomerenüberschuß von >99% erhalten.

^{1}H-NMR (300 MHz, CDCl$_3$): δ = 0.91 (t, $J_{5,4}$ = 7.3 Hz, 5-H$_3$), 1.24-1.40 (m, 4-H$_2$), 1.53 (d, $J_{1'',5'}$ = 6.3 Hz, 1''-H$_3$), 1.55-1.67 (m, 3-H$_2$), 2.57-2.79 (m, 2-H$_2$), 4.37 (d, $J_{4',5'}$ = 6.7 Hz, 4'-H), 4.57 (dq, $J_{5',4'}$ = 6.4 Hz, $J_{5',1''}$ = 6.4 Hz, 5'-H), 7.38-7.85 (m, 5 × arom. H) ppm.

^{13}C-NMR (100.61 MHz, CDCl$_3$): δ = 13.9 (C-5), 22.4 (C-1''), 22.8 (C-4), 25.0 (C-3), 38.3 (C-2), 87.8 (C-4' und C-5'), 128.0, 132.0, 135.0 (3 Resonanzsignale für 4 nichtäquivalente arom. C-Atome), 210.6 (C=O) ppm.

Massenspektrum (EI-direkt): m/z = 246.2 (M$^+$), 162.1, 161.1, 85.1.

IR (Film): $\tilde{v}$ = 3080, 3055, 2960, 2935, 2875, 2360, 2245, 1715, 1605, 1505, 1440, 1405, 1370, 1350, 1295, 1210, 1100, 1030, 915, 745, 700 cm^{-1}.

Drehwert (589 nm): 10 mg in 1 ml CHCl$_3$: -0.715. -0.713, -0.715, -0.714, -0.715. $[\alpha]^{20}_D$ = -71.4° (c = 1.0, CHCl$_3$).

ee-Bestimmung mittels chiraler GC (CP-Chirasil-Dex CB, 25 m × 0.25 mm, Cat.Nr. CP 7502, 80°C, isotherm, 60 kPa H$_2$) des durch Hydrolyse der Titelverbindung zum freien Diol und anschließender Derivatisierung erhaltenen Bistrimethylsilylethers: 98%. Retentionszeit 49.35 min, Retentionszeit des Enantiomeren 50.32 min.

1-[(4S,5R)-5-Butyl-2-phenyl-1,3,2-dioxaborolan-4-yl]pentan-1-on

205i

200i (1.7 g, 10 mmol) wurde bei 0°C zu einer gerührten Mischung aus $K_2OsO_2(OH)_4$ (37 mg, 1 mol-%), (DHQD)$_2$PHAL (389 mg, 5 mol-%), K_2CO_3 (4.15 g, 30.0 mmol, 3.0 Äquiv.), $K_3Fe(CN)_6$ (9.88 g, 30.0 mmol, 3.0 Äquiv.) und Phenylboronsäure (1.46 g, 12.0 mmol, 1.2 Äquiv.) in *t*BuOH (50 ml) / H_2O (50 ml) gegeben. Nach 72 h bei dieser Temp. wurde ges. wässr. $Na_2S_2O_3$-Lsg. (100 ml) zugegeben, mit CH_2Cl_2 (4 × 80 ml) extrahiert, über $MgSO_4$ getrocknet und vom Lösungsmittel befreit.

Aufziehen auf Kieselgel (5 g) und anschließende Flashchromatographie (3 × 20 cm, CH/EE 4:1, 10 ml, #11-29) lieferte die Titelverbindung (1.1 g, 6.5 mmol, 65%) als farbloses Öl. Bei einer Reaktionstemperatur von 0°C bei ansonsten identischen Reaktionsbedingungen wurde nach einer Reaktionszeit von 3 d 64% der Titelverbindung mit einem Enantiomerenüberschuß von 98% erhalten.

^{1}H-NMR (300 MHz, CDCl$_3$): δ = 0.91 (t, $J_{4'',3''}$ = 7.6 Hz, 4''-H$_3$) überlagert von 0.93 (t, $J_{5,4}$ = 7.6 Hz, 5-H$_3$), 1.26-1.79 (m, 2-H$_2$, 2''-H$_2$, 3-H$_2$, 3''-H$_2$, 4-H$_2$), AB-Signal (δ$_A$ = 2.62, δ$_B$ = 2.71, J_{AB} = 17.8 Hz, zusätzlich aufgespalten zum dd durch $J_{A,2''_1}$ = 7.4 Hz, $J_{A,2''_2}$ = 7.4 Hz und $J_{B,2''_1}$ = 7.43 Hz, $J_{B,2''_2}$ = 7.43 Hz, 1''-H$_2$), 4.41 (d, $J_{4',5'}$ = 5.9 Hz, 4'-H) überlagert von 4.45 (td, $J_{5',1''}$ = 5.8 Hz, $J_{5',4'}$ = 5.7 Hz, 5'-H), 7.38-7.88 (m, 5 × arom. H) ppm.

^{13}C-NMR (100.61 MHz, CDCl$_3$): δ = 13.9 (C-5), 14.1 (C-4''), 22.4 (C-4), 22.5 (C-3''), 25.0 (C-3), 26.9 (C-2''), 36.7 (C-1''), 38.2 (C-2), 80.4 (C-5'), 86.3 (C-4'), 128.0, 131.9, 135.1 (3 Resonanzsignale für 4 nichtäquivalente arom. C-Atome), 210.9 (C=O) ppm.

Massenspektrum (EI-direkt): m/z = 288.1 (M$^+$), 203.1, 147, 105, 85, 57.1.

IR (Film): $\tilde{v}$ = 3855, 3745, 3675, 3650, 3630, 2980, 2870, 2360, 2340, 1700, 1520, 1385, 1130, 915, 825, 735 cm^{-1}.

Drehwert (589 nm): 30 mg in 3 ml CHCl$_3$: -0.331, -0.328, -0.329, -0.330, -0.328. $[\alpha]^{20}_D$ = -32.9° (c = 1.0, CHCl$_3$).

ee-Bestimmung mittels chiraler HPLC (OD-H, Heptan, IPA 90:10 (v:v), 260 nm, 0.8 ml/min) des durch Hydrolyse der Titelverbindung zum freien Diol und anschließender Derivatisierung erhaltenen Bisparanitrobenzoesäureesters: 98%. Retentionszeit 20.67 min, Retentionszeit des Enantiomeren 25.20 min.

1-[(4S,5R)-5-Isobutyl-2-phenyl-1,3,2-dioxaborolan-4-yl]pentan-1-on

205j

200j (1.7 g, 10 mmol) wurde bei Raumtemp. zu einer gerührten Mischung aus $K_2OsO_2(OH)_4$ (37 mg, 1 mol-%), $(DHQD)_2PHAL$ (389 mg, 5 mol-%), K_2CO_3 (4.15 g, 30.0 mmol, 3.0 Äquiv.), $K_3Fe(CN)_6$ (9.88 g, 30.0 mmol, 3.0 Äquiv.) und Phenylboronsäure (1.46 g, 12.0 mmol, 1.2 Äquiv.) in tBuOH (50 ml) / H_2O (50 ml) gegeben. Nach 18 h bei dieser Temp. wurde ges. wässr. $Na_2S_2O_3$-Lsg. (250 ml) zugegeben, mit CH_2Cl_2 (4 × 80 ml) extrahiert, über $MgSO_4$ getrocknet und vom Lösungsmittel befreit.

Aufziehen auf Kieselgel (5 g) und anschließende Flashchromatographie (3 × 20 cm, CH/EE 4:1, 10 ml, #11-21) lieferte die Titelverbindung (1.9 g, 6.7 mmol, 67%) als farbloses Öl. Bei einer Reaktionstemperatur von 0°C bei ansonsten identischen Reaktionsbedingungen wurde nach einer Reaktionszeit von 3 d 62% der Titelverbindung mit einem Enantiomerenüberschuß von 99% erhalten.

^{1}H-NMR (300 MHz, $CDCl_3$): δ = 0.90 (t, $J_{5,4}$ = 7.3 Hz, 5-H_3), 0.99 (d, $J_{3'',2''}$ = 6.6 Hz, 3''-H_3) überlagert von 0.99 (d, $J_{2''-Me,2''}$ = 6.6 Hz, 2''-CH_3), 1.22-1.39 (m, 4-H_2), 1.50-1.74 (m, 2-H_2 und 3-H_2), 1.86-1.99 (m$_c$, 2''-H), 2.55-2.77 (m$_c$, 1''-H_2), 4.37 (d, $J_{4',5'}$ = 6.3 Hz, 4'-H), 4.47-4.54 (m$_c$, 5'-H), 7.37-7.86 (m, 5 × arom. H) ppm.

^{13}C-NMR (100 MHz, $CDCl_3$): δ = 13.9 (C-5), 22.3 (C-4), 22.4 (C-3''*), 23.1 (2''-Me*), 24.8 (C-2''), 25.0 (C-3), 38.2 (C-2), 46.4 (C-1''), 79.0 (C-5'), 86.9 (C-4'), 128.0, 131.9, 135.0 (3 Resonanzsignale für 4 nichtäquivalente arom. C-Atome), 210.8 (C=O) ppm. *Zuordnung vertauschbar.

Massenspektrum (EI-direkt): m/z = 288.1 (M$^+$), 203.1, 147, 117, 85, 57.1.

IR (Film): $\tilde{v}$ = 3585, 3745, 3675, 3650, 3630, 2980, 2870, 2360, 2340, 1700, 1520, 1140, 915, 825, 740 cm^{-1}.

Drehwert (589 nm): 30 mg in 3 ml CHCl$_3$: -0.352, -0.351, -0.350, -0.342, -0.355. $[\alpha]^{20}_D$ = -35.0° (c = 1.0, CHCl$_3$).

ee-Bestimmung mittels chiraler GC (CP-Chirasil-Dex CB, 25 m × 0.25 mm, Cat.Nr. CP 7502, 90°C, isotherm, 60 kPa H$_2$) des durch Hydrolyse der Titelverbindung zum freien Diol und anschließender Derivatisierung erhaltenen Bistrifluoracetats: 97%. Retentionszeit 9.17 min, Retentionszeit des Enantiomeren 8.94 min.

1-[(4S,5R)-5-Isopropyl-2-phenyl-1,3,2-dioxaborolan-4-yl]pentan-1-on

205k

200k (1.5 g, 10 mmol) wurde bei Raumtemp. zu einer gerührten Mischung aus $K_2OsO_2(OH)_4$ (37 mg, 1 mol-%), $(DHQD)_2PHAL$ (389 mg, 5 mol-%), K_2CO_3 (4.15 g, 30.0 mmol, 3.0 Äquiv.), $K_3Fe(CN)_6$ (9.88 g, 30.0 mmol, 3.0 Äquiv.) und Phenylboronsäure (1.46 g, 12.0 mmol, 1.2 Äquiv.) in tBuOH (50 ml) / H_2O (50 ml) gegeben. Nach 18 h bei dieser Temp. wurde ges. wässr. $Na_2S_2O_3$-Lsg. (250 ml) zugegeben, mit CH_2Cl_2 (4 × 80 ml) extrahiert, über $MgSO_4$ getrocknet und vom Lösungsmittel befreit.

Aufziehen auf Kieselgel (5 g) und anschließende Flashchromatographie (3 × 20 cm, CH/EE 10:1, 50 ml, #4-8) lieferte die Titelverbindung (2.2 g, 8.2 mmol, 82%) als farbloses Öl. Bei einer Reaktionstemperatur von 0°C bei ansonsten identischen Reaktionsbedingungen wurde nach einer Reaktionszeit von 3 d 75% der Titelverbindung mit einem Enantiomerenüberschuß von 97% erhalten.

^{1}H-NMR (300 MHz, $CDCl_3$): δ = 0.90 (t, $J_{5,4}$ = 7.3 Hz, 5-H$_3$), 1.01 (d, $J_{1''-Me,1''}$ = 6.7 Hz, 1''-CH$_3$) überlagert von 1.01 (d, $J_{2'',1''}$ = 6.7 Hz, 2''-H$_3$), 1.26-1.38 (m, 4-H$_2$), 1.53-1.64 (m, 3-H$_2$), 1.86-1.96 (m, 1''-H), 2.54-2.77 (m, 2-H$_2$), 4.28 (dd, $J_{5',4'}$ = 5.6 Hz, $J_{5',1''}$ = 5.6 Hz, 5'-H), 4.49 (d, $J_{4',5'}$ = 5.4 Hz, 4'-H), 7.38-7.88 (m, 5 × arom. H) ppm.

^{13}C-NMR (100.61 MHz, $CDCl_3$): δ = 14.0 (C-5), 16.8 (C-2''), 17.7 (1''-Me), 22.4 (C-4), 25.1 (C-3), 33.4 (C-1''), 38.2 (C-2), 84.0 (C-5'), 84.9 (C-4'), 128.0, 131.9, 135.1 (3 Resonanzsignale für 4 nichtäquivalente arom. C-Atome), 211.2 (C=O) ppm.

Massenspektrum (EI-direkt): m/z = 274.2 (M$^+$), 189.1, 105.1, 85.1.

IR (Film): $\tilde{v}$ = 3420, 3080, 3055, 3025, 2960, 2875, 2730, 2345, 2160, 1965, 1900, 1825, 1720, 1605, 1575, 1500, 1465, 1440, 1380, 1285, 1255, 1215, 1180, 1095, 1070, 1030, 1005, 995, 960, 940, 910, 855, 805, 765, 700, 655, 545, 530 cm^{-1}.

Drehwert (589 nm): 10 mg in 1 ml CHCl$_3$: -0.663, -0.661, -0.663, -0.660, -0.661. $[\alpha]^{20}_D$ = -66.2° (c = 1.0, CHCl$_3$).

ee-Bestimmung mittels chiraler HPLC (ST IA, n-Heptan 265 nm, 0.8 ml/min) des durch Hydrolyse der Titelverbindung zum freien Diol und anschließender Derivatisierung erhaltenen Bisdimethylphenylsilylethers: 94%. Retentionszeit 8.37 min, Retentionszeit des Enantiomeren 9.86 min.

1-[(4*S*,5*R*)-5-Butyl-2-phenyl-1,3,2-dioxaborolan-4-yl]-3-methylbutan-1-on

205l

200l (1.7 g, 10 mmol) wurde bei Raumtemp. zu einer gerührten Mischung aus K$_2$OsO$_2$(OH)$_4$ (37 mg, 1 mol-%), (DHQD)$_2$PHAL (389 mg, 5 mol-%), K$_2$CO$_3$ (4.15 g, 30.0 mmol, 3.0 Äquiv.), K$_3$Fe(CN)$_6$ (9.88 g, 30.0 mmol, 3.0 Äquiv.) und Phenylboronsäure (1.46 g, 12.0 mmol, 1.2 Äquiv.) in *t*BuOH (50 ml) / H$_2$O (50 ml) gegeben. Nach 18 h bei dieser Temp. wurde ges. wässr. Na$_2$S$_2$O$_3$-Lsg. (250 ml) zugegeben, mit CH$_2$Cl$_2$ (4 × 80 ml) extrahiert, über MgSO$_4$ getrocknet und vom Lösungsmittel befreit.

Aufziehen auf Kieselgel (5 g) und anschließende Flashchromatographie (3 × 20 cm, CH/EE 4:1, 10 ml, #4-7) lieferte die Titelverbindung (2.0 g, 6.9 mmol, 69%) als farbloses Öl. Bei einer Reaktionstemperatur von 0°C bei ansonsten identischen Reaktionsbedingungen wurde nach einer Reaktionszeit von 3 d 64% der Titelverbindung mit einem Enantiomerenüberschuß von 99% erhalten.

^{1}H-NMR (300 MHz, CDCl$_3$): δ = 0.91 (d, $J_{4,3}$ = 6.8 Hz, 4-H$_3$) überlagert von 0.92 (t, $J_{4'',3''}$ = 7.3 Hz, 4''-H$_3$) überlagert von 0.94 (d, $J_{3-Me,3}$ = 6.8 Hz, 3-CH$_3$), 1.33-1.54 (m, 2''-H$_2$ und 3''-H$_2$), 1.66-1.78 (m, 1''-H$_2$), 2.12-2.25 (m, 3-H), AB-Signal (δ$_A$ = 2.48, δ$_B$ = 2.59, J_{AB} = 17.2 Hz, zusätzlich aufgespalten zum d durch $J_{A,3}$ = 6.7 Hz und $J_{B,3}$ = 6.8 Hz, 2-H$_2$), 4.37 (d, $J_{4',5'}$ = 6.3 Hz, 4'-H), 4.43 (dt, $J_{5',4'}$ = 6.1 Hz, $J_{5',1''}$ = 6.0 Hz, 5'-H), 7.37-7.87 (m, 5 × arom. H) ppm.

^{13}C-NMR (100.61 MHz, CDCl$_3$): δ = 14.0 (C-4''), 22.5 (C-4*), 22.7 (3-Me), 22.7 (C-3''), 23.7 (C-3), 26.9 (C-2''), 36.7 (C-1''), 47.3 (C-2), 80.3 (C-5'), 86.5 (C-4'), 128.0, 131.9, 135.1 (3 Resonanzsignale für 4 nichtäquivalente arom. C-Atome), 210.3 (C=O) ppm.

Massenspektrum (El-direkt): m/z = 288.1 (M$^+$), 203.1, 105.0, 85, 57.1.

IR (Film): $\tilde{v}$ = 3855, 3745, 3675, 3650, 3630, 2930, 2360, 2340, 1700, 1525, 1135, 915, 825, 745 cm^{-1}.

Drehwert (589 nm): 30 mg in 3 ml CHCl$_3$: -0.421, -0.418, -0.428, -0.421, -0.427. [α]$^{20}_D$ = -42.3° (c = 1.0, CHCl$_3$).

ee-Bestimmung mittels chiraler HPLC (OD-H, Heptan, 265 nm, 0.8 ml/min) des durch Hydrolyse der Titelverbindung zum freien Diol und anschließender Derivatisierung erhaltenen Bisdimethylphenylsilylethers: 96%. Retentionszeit 10.26 min, Retentionszeit des Enantiomeren 11.46 min.

1-[(4*S*,5*R*)-5-Isobutyl-2-phenyl-1,3,2-dioxaborolan-4-yl]-3-methylbutan-1-on

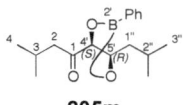

205m

200m (1.7 g, 10 mmol) wurde bei Raumtemp. zu einer gerührten Mischung aus K$_2$OsO$_2$(OH)$_4$ (37 mg, 1 mol-%), (DHQD)$_2$PHAL (389 mg, 5 mol-%), K$_2$CO$_3$ (4.15 g, 30.0 mmol, 3.0 Äquiv.), K$_3$Fe(CN)$_6$ (9.88 g, 30.0 mmol, 3.0 Äquiv.) und Phenylboronsäure (1.46 g, 12.0 mmol, 1.2 Äquiv.) in *t*BuOH (50 ml) / H$_2$O (50 ml) gegeben. Nach 18 h bei dieser Temp. wurde ges. wässr. Na$_2$S$_2$O$_3$-Lsg. (250 ml) zugegeben, mit CH$_2$Cl$_2$ (4 × 80 ml) extrahiert, über MgSO$_4$ getrocknet und vom Lösungsmittel befreit.

Aufziehen auf Kieselgel (5 g) und anschließende Flashchromatographie (3 × 20 cm, CH/EE 4:1, 10 ml, #5-8) lieferte die Titelverbindung (2.1 g, 7.4 mmol, 74%) als farbloses Öl. Bei einer Reaktionstemperatur von 0°C bei ansonsten identischen Reaktionsbedingungen wurde nach einer Reaktionszeit von 3 d 72% der Titelverbindung mit einem Enantiomerenüberschuß von >99% erhalten.

^{1}H-NMR (300 MHz, CDCl$_3$): δ = 0.91 (d, $J_{4,3}$ = 6.6 Hz, 4-H$_3$), 0.95 (d, $J_{3'',2''}$ = 6.6 Hz, 3''-H$_3$), 0.99 (d, $J_{2''\text{-Me},2''}$ = 6.8 Hz, 2''-CH$_3$) überlagert von 0.99 (d, $J_{3\text{-Me},3}$ = 6.8 Hz, 3-CH$_3$), 1.49-1.73 (m, 1''-H$_2$), 1.86-1.99 (m, 2''-H), 2.12-2.27 (m, 3-H), AB-Signal (δ$_A$ = 2.49, δ$_B$ = 2.59, J_{AB} = 17.4 Hz, zusätzlich aufgespalten zum d durch $J_{A,3}$ = 7.2 Hz und $J_{B,3}$ = 7.5 Hz, 2-H$_2$), 4.34 (d, $J_{4',5'}$ = 6.4 Hz, 4'-H), 4.47-4.54 (m, 5'-H), 7.37-7.87 (m, 5 × arom. H) ppm.

^{13}C-NMR (100.61 MHz, CDCl$_3$): δ = 22.3 (C-4), 22.7 (3-Me), 22.7 (C-3"), 23.1 (2"-Me), 23.8 (C-3), 24.8 (C-2"), 46.4 (C-1"), 47.3 (C-2), 78.9 (C-5'), 87.0 (C-4'), 128.0, 131.9, 135.1 (3 Resonanzsignale für 4 nichtäquivalente arom. C-Atome), 210.2 (C=O) ppm.

Massenspektrum (EI-direkt): m/z = 288.2 (M$^+$), 203.1, 161.1, 147.1, 117.1, 85, 57.1.

IR (Film): $\tilde{v}$ = 3855, 3745, 3675, 3650, 3630, 2955, 2870, 2360, 2340, 1700, 1520, 1140, 825, 745 cm^{-1}.

Drehwert (589 nm): 30 mg in 3 ml CHCl$_3$: -0.341, -0.341, -0.341, -0.339, -0.341. [α]$^{20}_D$ = -34.06° (c = 1.0, CHCl$_3$).

ee-Bestimmung mittels chiraler GC (CP-Chirasil-Dex CB, 25 m × 0.25 mm, Cat.Nr. CP 7502, 85°C, isotherm, 60 kPa H$_2$) des durch Hydrolyse der Titelverbindung zum freien Diol und anschließender Derivatisierung erhaltenen Bistrifluoracetats: 94%. Retentionszeit 8.58 min, Retentionszeit des Enantiomeren 8.37 min.

(R)-4-Hydroxyoctan-2-on

202a

Zu einer nach AAV II hergestellten SmBr$_2$-Lösung (0.1 M in THF, 24 ml, 2.4 mmol, 3.2 Äquiv.) wurde bei −78°C eine entgaste Lösung von **205a** (187 mg, 0.76 mmol) in THF (8 ml) und MeOH (4 ml) zugetropft. Nach 90 min bei dieser Temperatur wurde auf Raumtemp. erwärmt. Die Reaktionsmischung wurde zu ges. wässr. NaHCO$_3$-Lsg. (20 ml) gegeben und mit HCl (1 N, 50 ml) versetzt. Anschließend wurde mit EE (3 × 20 ml) extrahiert, über MgSO$_4$ getrocknet und vom Lösungsmittel befreit.

Aufziehen auf Kieselgel (1 g) und anschließende Flashchromatographie (3 × 20 cm, CH/EE 2:1, 20 ml, #16-28) lieferte die Titelverbindung (72 mg, 0.50 mmol, 66%) als farbloses Öl. Ausgehend von Acetonid **204a** wurde unter identischen Reaktionsbedingungen 64% der Titelverbindung erhalten.

^{1}H-NMR (300 MHz, CDCl$_3$): δ = 0.91 (t, $J_{8,7}$ = 7.0 Hz, 8-H$_3$), 1.26-1.52 (m, 5-H$_2$, 6-H$_2$, 7-H$_2$), 2.18 (s, 1-H$_3$), AB-Signal (δ$_A$ = 2.53, δ$_B$ = 2.63, J_{AB} = 17.7 Hz, zusätzlich aufgespalten zum d durch $J_{A,4}$ = 3.1 Hz und $J_{B,4}$ = 8.8 Hz, 3-H$_2$), 2.91 (d, $J_{OH,4}$ = 3.5 Hz, OH), 4.03 (m$_c$, 4-H) ppm.

^{13}C-NMR (100.61 MHz, CDCl$_3$): δ = 14.1 (C-8), 22.7 (C-7), 27.7 (C-6), 30.8 (C-1), 36.2 (C-5), 50.0 (C-3), 67.6 (C-4), 210.1 (C=O) ppm.

Massenspektrum (EI-direkt): m/z = 126, 86.9, 43.2.

IR (Film): $\tilde{v}$ = 3490, 2960, 2930, 2360, 1715, 1360, 1220, 1170, 1085, 915, 770, 745, 670 cm^{-1}.

Drehwert (589 nm): 10 mg in 1 ml CHCl$_3$: -0.241, -0.240, -0.240, -0.240, -0.240. $[\alpha]^{20}_D$ = -24.0° (c = 1.0, CHCl$_3$).

(*R*)-7-Hydroxy-undecan-5-on

202i

Zu einer nach AAV II hergestellten SmBr$_2$-Lösung (0.1 M in THF, 24 ml, 2.4 mmol, 3.2 Äquiv.) wurde bei −78°C eine entgaste Lösung von **205i** (219 mg, 0.76 mmol) in THF (8 ml) und MeOH (4 ml) zugetropft. Nach 90 min bei dieser Temperatur wurde auf Raumtemp. erwärmt. Die Reaktionsmischung wurde zu ges. wässr. NaHCO$_3$-Lsg. (20 ml) gegeben und mit HCl (1 N, 50 ml) versetzt. Anschließend wurde mit EE (3 × 20 ml) extrahiert, über MgSO$_4$ getrocknet und vom Lösungsmittel befreit.

Aufziehen auf Kieselgel (1 g) und anschließende Flashchromatographie (1 × 20 cm, CH/EE 8:1, 3 ml, #7-12) lieferte die Titelverbindung (96.3 mg, 0.517 mmol, 68%) als farbloses Öl. Ausgehend von Acetonid **204i** wurde unter identischen Reaktionsbedingungen 66% der Titelverbindung erhalten.

^{1}H-NMR (300 MHz, CDCl$_3$): δ = 0.89 (t, $J_{1,2}$ = 7.3 Hz, 1-H$_3$) teilweise überlagert von 0.89 (t, $J_{11,10}$ = 7.3 Hz, 11-H$_3$), 1.23-1.44 (m, 2-H$_2$, 8-H$_2$, 9-H$_2$, 10-H$_2$), 1.54 (tt, $J_{3,2}$ = 7.5 Hz, $J_{3,4}$ = 7.5 Hz, 3-H$_2$), 2.40 (t, $J_{4,3}$ = 7.4 Hz, 4-H$_2$), AB-Signal (δ$_A$ = 2.48, δ$_B$ = 2.57, J_{AB} = 17.2 Hz, zusätzlich aufgespalten zum d durch $J_{A,7}$ = 3.1 Hz und $J_{B,7}$ = 8.4 Hz, 6-H$_2$), 3.03 (d, $J_{OH,7}$ = 3.5 Hz, OH), 4.00 (m$_c$, 7-H) ppm.

^{13}C-NMR (100.61 MHz, CDCl$_3$): δ = 13.9 (C-1), 14.1 (C-11), 22.4 (C-2), 22.7 (C-10), 25.8 (C-3), 27.7 (C-9), 36.2 (C-8), 43.5 (C-4), 49.0 (C-6), 67.7 (C-7), 217.7 (C=O) ppm.

Massenspektrum (El-direkt): m/z = 168.1, 129, 85.1.

IR (Film): $\tilde{v}$ = 3455, 2960, 2935, 2875, 2360, 2250, 1710, 1465, 1410, 1380, 1220, 1125, 1030, 915, 745, 655 cm^{-1}.

Drehwert (589 nm): 10 mg in 1 ml $CHCl_3$: -0.3406, -0.3406, -0.3405, -0.3406, -0.3405.

$[\alpha]^{20}_D$ = -34.1° (c = 1.0, $CHCl_3$).

(*R*)-7-Hydroxy-9-methyldecan-5-on

202j

Zu einer nach AAV II hergestellten SmBr$_2$-Lösung (0.1 M in THF, 24 ml, 2.4 mmol, 3.2 Äquiv.) wurde bei −78°C eine entgaste Lösung von **205j** (219 mg, 0.76 mmol) in THF (8 ml) und MeOH (4 ml) zugetropft. Nach 90 min bei dieser Temperatur wurde auf Raumtemp. erwärmt. Die Reaktionsmischung wurde zu ges. wässr. NaHCO$_3$-Lsg. (20 ml) gegeben und mit HCl (1 N, 50 ml) versetzt. Anschließend wurde mit EE (3 × 20 ml) extrahiert, über MgSO$_4$ getrocknet und vom Lösungsmittel befreit.

Aufziehen auf Kieselgel (1 g) und anschließende Flashchromatographie (3 × 20 cm, CH/EE 4:1, 20 ml, #8-13) lieferte die Titelverbindung (99 mg, 0.53 mmol, 70%) als farbloses Öl. Ausgehend von Acetonid **204j** wurde unter identischen Reaktionsbedingungen 63% der Titelverbindung erhalten.

^{1}H-NMR (300 MHz, CDCl$_3$): δ = 0.89 (t, $J_{1,2}$ = 6.3 Hz, 1-H$_3$), überlagert von 0.90 (d, $J_{10,9}$ = 5.7 Hz, 10-H$_3$) überlagert von 0.90 (d, $J_{9\text{-Me},9}$ = 5.7 Hz, 9-CH$_3$), 1.10 (m$_c$, 9-H), 1.30 (tq $J_{2,1}$ = 7.5 Hz, $J_{2,3}$ = 7.4 Hz, 2-H$_2$), 1.40-1.47 (m, 8-H^1), 1.55 (tt, $J_{3,2}$ = 7.5 Hz, $J_{3,4}$ = 7.5 Hz, 3-H$_2$), 1.77 (m$_c$, 8-H^2), 2.41 (t, $J_{4,3}$ = 7.5 Hz, 4-H$_2$), AB-Signal (δ$_A$ = 2.47, δ$_B$ = 2.56, J_{AB} = 17.9 Hz, zusätzlich aufgespalten zum d durch $J_{A,7}$ = 3.1 Hz und $J_{B,7}$ = 8.8 Hz, 6-H$_2$), 3.03 (d, $J_{OH,7}$ = 3.4 Hz, OH), 4.10 (m$_c$, 7-H) ppm.

^{13}C-NMR (100.61 MHz, CDCl$_3$): δ = 13.9 (C-1), 22.1 (C-2), 22.4 (C-10), 23.4 (9-Me), 24.4 (C-9), 25.8 (C-3), 43.5 (C-4), 45.6 (C-8), 49.5 (C-6), 65.8 (C-7), 212.7 (C=O) ppm.

Massenspektrum (EI-direkt): m/z = 168.1, 150.1, 129, 85.

Elementaranalyse

$C_{11}H_{22}O_2$ Ber. C 70.92   H 11.90

                Gef. C 70.99   H 11.98

IR (Film): $\tilde{v}$ = 3450, 2955, 2935, 2870, 2360, 2345, 2250, 1705, 1465, 1410, 1385, 1370, 1305, 1215, 1170, 1135, 1100, 1070, 1045, 910, 845, 740, 665, 650, 555 cm^{-1}.

Drehwert (589 nm): 10 mg in 1 ml CHCl$_3$: -0.789, -0.789, -0.788, -0.789, -0.789. $[\alpha]^{20}_D$ = -78.9° (c = 1.0, CHCl$_3$).

(S)-3-Hydroxy-2-methylnonan-5-on

202k

Zu einer nach AAV II hergestellten SmBr$_2$-Lösung (0.1 M in THF, 24 ml, 2.4 mmol, 3.2 Äquiv.) wurde bei –78°C eine entgaste Lösung von **205k** (208 mg, 0.76 mmol) in THF (8 ml) und MeOH (4 ml) zugetropft. Nach 90 min bei dieser Temperatur wurde auf Raumtemp. erwärmt. Die Reaktionsmischung wurde zu ges. wässr. NaHCO$_3$-Lsg. (20 ml) gegeben und mit HCl (1 N, 50 ml) versetzt. Anschließend wurde mit EE (3 × 20 ml) extrahiert, über MgSO$_4$ getrocknet und vom Lösungsmittel befreit.

Aufziehen auf Kieselgel (1 g) und anschließende Flashchromatographie (3 × 20 cm, CH/EE 2:1, 20 ml, #16-28) lieferte die Titelverbindung (90 mg, 0.52 mmol, 69%) als farbloses Öl. Ausgehend von Acetonid **204k** wurde unter identischen Reaktionsbedingungen 70% der Titelverbindung erhalten.

^{1}H-NMR (300 MHz, CDCl$_3$): δ = 0.89 (t, $J_{9,8}$ = 7.3 Hz, 9-H$_3$) teilweise überlagert von 0.89 (d, $J_{2\text{-Me},2}$ = 6.9 Hz, 2-CH$_3$) teilweise überlagert von 0.92 (d, $J_{1,2}$ = 6.9 Hz, 1-H$_3$), 1.30 (tq $J_{8,9}$ = 7.5 Hz, $J_{8,7}$ = 7.4 Hz, 8-H$_2$), 1.55 (tt, $J_{7,8}$ = 7.5 Hz, $J_{7,6}$ = 7.4 Hz, 7-H$_2$),1.65 (m$_c$, 2-H), 2.43 (t, $J_{6,7}$ = 7.4 Hz, 6-H$_2$), AB-Signal (δ$_A$ = 2.48, δ$_B$ = 2.57, J_{AB} = 17.0 Hz, zusätzlich aufgespalten zum d durch $J_{A,3}$ = 2.8 Hz und $J_{B,3}$ = 8.3 Hz, 4-H$_2$), 3.04 (d, $J_{OH,3}$ = 3.4 Hz, OH), 3.79 (m$_c$, 3-H) ppm.

^{13}C-NMR (100.61 MHz, CDCl$_3$): δ = 13.9 (C-9), 17.8 (C-1*), 18.4 (2-Me*), 22.3 (C-8), 25.8 (C-7), 33.1 (C-2), 43.5 (C-6), 46.0 (C-4), 72.4 (C-3), 212.9 (C=O) ppm, *Zuordnung vertauschbar.

Massenspektrum (EI-direkt): m/z = 154.1, 129.1, 85.

Elementaranalyse

$C_{10}H_{20}O_2$ Ber. C 69.72   H 11.70

                           Gef. C 69.83   H 12.01

IR (Film): $\tilde{v}$ = 3475, 2960, 2935, 2875, 2360, 2250, 1705, 1465, 1410, 1380, 1260, 1220, 1170, 1130, 1035, 1000, 915, 770, 745, 670, 650, 565 cm^{-1}.

Drehwert (589 nm): 10 mg in 1 ml CHCl$_3$: -1.366, -1.366, -1.365, -1.366, -1.366. $[\alpha]^{20}_D$ = -136.6° (c = 1.0, CHCl$_3$).

(*R*)-6-Hydroxy-2-methyldecan-4-on

202l

Zu einer nach AAV II hergestellten SmBr$_2$-Lösung (0.1 M in THF, 24 ml, 2.4 mmol, 3.2 Äquiv.) wurde bei −78°C eine entgaste Lösung von **205l** (219 mg, 0.76 mmol) in THF (8 ml) und MeOH (4 ml) zugetropft. Nach 90 min bei dieser Temperatur wurde auf Raumtemp. erwärmt. Die Reaktionsmischung wurde zu ges. wässr. NaHCO$_3$-Lsg. (20 ml) gegeben und mit HCl (1 N, 50 ml) versetzt. Anschließend wurde mit EE (3 × 20 ml) extrahiert, über MgSO$_4$ getrocknet und vom Lösungsmittel befreit.

Aufziehen auf Kieselgel (1 g) und anschließende Flashchromatographie (3 × 20 cm, CH/EE 10:1, 20 ml, #26-32) lieferte die Titelverbindung (101 mg, 0.542 mmol, 71%) als farbloses Öl. Ausgehend von Acetonid **204l** wurde unter identischen Reaktionsbedingungen 67% der Titelverbindung erhalten.

^{1}H-NMR (300 MHz, CDCl$_3$): δ = 0.89 (t, $J_{10,9}$ = 7.1 Hz, 10-H$_3$) überlagert von 0.91 (d, $J_{1,2}$ = 6.6 Hz, 1-H$_3$) überlagert von 0.91 (d, $J_{2\text{-Me},2}$ = 6.6 Hz, 2-CH$_3$), 1.24-1.52 (m, 7-H$_2$, 8-H$_2$, 9-H$_2$), 2.13 (m$_c$, 2-H), 2.28 (d, $J_{3,2}$ = 7.03 Hz, 3-H$_2$), AB-Signal (δ$_A$ = 2.46, δ$_B$ = 2.56, J_{AB} = 17.6 Hz, zusätzlich aufgespalten zum d durch $J_{A,6}$ = 3.0 Hz und $J_{B,6}$ = 8.9 Hz, 5-H$_2$), 3.01 (d, $J_{OH,6}$ = 3.5 Hz, OH), 4.00 (m$_c$, 6-H) ppm.

^{13}C-NMR (100 MHz, CDCl$_3$): δ = 14.1 (C-10), 22.6 (C-1 und 2-Me), 22.7 (C-9), 24.6 (C-2), 27.7 (C-8), 36.2 (C-7), 49.6 (C-5), 52.7 (C-3), 67.7 (C-6), 212.3 (C=O) ppm.

Massenspektrum (EI-direkt): m/z = 168.1, 129, 85.1.

Elementaranalyse

C$_{11}$H$_{22}$O$_2$	Ber. C 70.92	H 11.90
	Gef. C 71.10	H 11.87

IR (Film): $\tilde{v}$ = 3450, 2960, 2935, 2870, 2365, 2250, 1705, 1465, 1405, 1370, 1295, 1220, 1170, 1125, 1100, 1030, 915, 740, 665, 650 cm^{-1}.

Drehwert (589 nm): 10 mg in 1 ml CHCl$_3$: -1.106, -1.106, -1.105, -1.106, -1.105. $[\alpha]^{20}_D$ = -110.6° (c = 1.0, CHCl$_3$).

(*R*)-6-Hydroxy-2,8-dimethylnonan-4-on

202m

Zu einer nach AAV II hergestellten SmBr$_2$-Lösung (0.1 M in THF, 24 ml, 2.4 mmol, 3.2 Äquiv.) wurde bei –78°C eine entgaste Lösung von **205m** (219 mg, 0.76 mmol) in THF (8 ml) und MeOH (4 ml) zugetropft. Nach 90 min bei dieser Temperatur wurde auf Raumtemp. erwärmt. Die Reaktionsmischung wurde zu ges. wässr. NaHCO$_3$-Lsg. (20 ml) gegeben und mit HCl (1 N, 50 ml) versetzt. Anschließend wurde mit EE (3 × 20 ml) extrahiert, über MgSO$_4$ getrocknet und vom Lösungsmittel befreit.

Aufziehen auf Kieselgel (1 g) und anschließende Flashchromatographie (3 × 20 cm, CH/EE 10:1, 20 ml, #4-28) lieferte die Titelverbindung (92 mg, 0.49 mmol, 65%) als farbloses Öl. Ausgehend von Acetonid **204m** wurde unter identischen Reaktionsbedingungen 66% der Titelverbindung erhalten.

^{1}H-NMR (300 MHz, CDCl$_3$): δ = 0.90 (d, $J_{1,2}$ = 6.6 Hz, 1-H$_3$), überlagert von 0.90 (d, $J_{2\text{-Me},2}$ = 6.6 Hz, 2-CH$_3$) überlagert von 0.90 (d, $J_{9,8}$ = 6.6 Hz, 9-H$_3$) überlagert von 0.90 (d $J_{8\text{-Me},8}$ = 6.6 Hz, 8-CH$_3$), 1.11 (m$_c$, 8-H), 1.44 (m, 2-H), 1.77 (m$_c$, 7-H^1), 2.12 (m$_c$, 7-H^2), 2.28 (d, $J_{3,2}$ = 7.1 Hz, 3-H$_2$), AB-Signal (δ$_A$ = 2.45, δ$_B$ = 2.53, J_{AB} = 17.6 Hz, zusätzlich aufgespalten zum d durch $J_{A,6}$ = 3.2 Hz und $J_{B,6}$ = 8.6 Hz, 5-H$_2$), 3.00 (d, $J_{OH,6}$ = 3.1 Hz, OH), 4.10 (m$_c$, 6-H) ppm.

^{13}C-NMR (100 MHz, CDCl$_3$): δ = 22.1 (C-1*), 22.6 (2-Me*), 23.4 (C-9*), 24.5 (8-Me*), 24.7 (C-2), 27.0 (C-8), 45.6 (C-7), 50.1 (C-5), 52.7 (C-3), 65.8 (C-6), 212.4 (C=O) ppm, *Zuordnung vertauschbar.

Massenspektrum (EI-direkt): m/z = 168.1, 129, 85.

IR (Film): $\tilde{v}$ = 3450, 2955, 2935, 2870, 2360, 2345, 2250, 1705, 1460, 1380, 1370, 1305, 1220, 1165, 1135, 1105, 1070, 1045, 910, 845, 740, 660, 650, 555 cm^{-1}.

145

Drehwert (589 nm): 10 mg in 1 ml CHCl$_3$: -0.269, -0.269, -0.268, -0.269, -0.268. $[\alpha]^{20}_D$ = -26.9° (c = 1.0, CHCl$_3$).

(3S,4R)-3,4-Dihydroxypentan-2-on

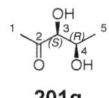

201g

200g (0.84 g, 10 mmol) wurde bei 0°C zu einer gerührten Mischung aus $K_2OsO_2(OH)_4$ (36.8 mg, 1 mol-%), (DHQD)$_2$PHAL (390 mg, 5 mol-%), K_2CO_3 (4.15 g, 30.0 mmol, 3.0 Äquiv.), $K_3Fe(CN)_6$ (9.88 g, 30.0 mmol, 3.0 Äquiv.) in tBuOH (50 ml) / H_2O (50 ml) gegeben. Nach 3 d bei dieser Temp. wurde ges. wässr. Na_2SO_3-Lsg. (50 ml) zugegeben, mit Essigsäureethylester (4 × 30 ml) extrahiert, über $MgSO_4$ getrocknet und vom Lösungsmittel befreit.

Flashchromatographie (2 × 20 cm, CH/EE 1:1, 20 ml, #18-25) lieferte die Titelverbindung (606 mg, 5.13 mmol, 51%) als farbloses Öl.

^{1}H-NMR (300 MHz, CDCl$_3$): δ = 1.35 (d, $J_{5,4}$ = 6.4 Hz, 5-H$_3$), 1.86 (d, $J_{4-OH,4}$ = 9.6 Hz, 4-OH), 2.28 (s, 1-H$_3$), 3.68 (d, $J_{3-OH,3}$ = 4.2 Hz, 3-OH), 4.00 (dd, $J_{3,3-OH}$ = 4.1 Hz, $J_{3,4}$ = 2.0 Hz, 3-H), 4.21 (m$_c$, 4-H) ppm.

^{13}C-NMR (100.61 MHz, CDCl$_3$): δ = 20.4 (C-5), 25.5 (C-1), 68.1 (C-4), 80.5 (C-3), 208.0 (C=O) ppm.

IR (CDCl$_3$): $\tilde{v}$ = 3405, 2980, 2930, 1715, 1360, 1245, 1140, 1080, 1010, 915, 745, 665 cm^{-1}.

Drehwert (589 nm): 10 mg in 1 ml CHCl$_3$: +0.442, +0.440, +0.440, +0.440, +0.440. $[α]^{20}_D$ = +44.04° (c = 1.0, CHCl$_3$).

ee-Bestimmung mittels chiraler GC (CP-Chirasil-Dex CB, 25 m × 0.25 mm, Cat.Nr. CP 7502, 80°C, 10 min, dann 1°C/min → 170°C, 60 kPa H_2) des durch Derivatisierung der Titelverbindung erhaltenen Bistrimethylsilylethers: 92%. Retentionszeit 9.71 min, Retentionszeit des Enantiomeren 10.66 min.

(3*S*,4*R*)-3,4-Dihydroxyoctan-2-on

201a

200a (1.26 g, 10 mmol) wurde bei 0°C zu einer gerührten Mischung aus $K_2OsO_2(OH)_4$ (36.8 mg, 1 mol-%), (DHQD)$_2$PHAL (390 mg, 5 mol-%), K_2CO_3 (4.15 g, 30.0 mmol, 3.0 Äquiv.), $K_3Fe(CN)_6$ (9.88 g, 30.0 mmol, 3.0 Äquiv.) in *t*BuOH (50 ml) / H_2O (50 ml) gegeben. Nach 3 d bei dieser Temp. wurde ges. wässr. Na_2SO_3-Lsg. (50 ml) zugegeben, mit Essigsäureethylester (4 × 30 ml) extrahiert, über $MgSO_4$ getrocknet und vom Lösungsmittel befreit.

Flashchromatographie (3 × 20 cm, CH/EE 2:1, 20 ml, #16-26) lieferte die Titelverbindung (1.09 g, 6.8 mmol, 68%) als farbloses Öl.

^{1}H-NMR (300 MHz, CDCl$_3$): δ = 0.94 (t, $J_{8,7}$ = 7.0 Hz, 8-H$_3$), 1.32-1.52 (m, 6-H$_2$, 7-H$_2$), 1.63-1.71 (m, 4-OH, 5-H$_2$), 2.29 (s, 1-H$_3$), 3.69 (d, $J_{3,4}$ = 4.0 Hz, 3-H), 3.99 (m$_c$, 4-H), 4.08 (br. d, $J_{3\text{-OH},3}$ = 4.0 Hz, weitere Aufspaltung höherer Ordnung angedeutet mit J = 1.6 Hz, 3-OH) ppm.

^{13}C-NMR (100.61 MHz, CDCl$_3$): δ = 14.1 (C-8), 22.7 (C-7), 25.3 (C-1), 28.1 (C-6), 34.2 (C-5), 72.0 (C-4), 79.3 (C-3), 208.2 (C=O) ppm.

Massenspektrum (EI-direkt): m/z = 161, 117, 99.9, 87, 81.1, 69.1, 57.2, 43.3.

IR (Film): $\tilde{v}$ = 3410, 2960, 2935, 2870, 2400, 2245, 1715, 1380, 1360, 1260, 1135, 1110, 910, 740, 685, 665, 650 cm^{-1}.

Drehwert (589 nm): 10 mg in 1 ml CHCl$_3$: +0.402, +0.400, +0.400, +0.402, +0.402. $[\alpha]^{20}_D$ = +40.12° (*c* = 1.0, CHCl$_3$).

ee-Bestimmung mittels chiraler GC (CP-Chirasil-Dex CB, 25 m × 0.25 mm, Cat. Nr. CP 7502, 80°C, 10 min, dann 5°C/min → 170°C, 100 kPa H_2): >99%. Retentionszeit 20.60 min, Retentionszeit des Enantiomeren 21.25 min.

(2*R*,3*S*)-2,3-Dihydroxyoctan-4-on

201h

200h (1.26 g, 10 mmol) wurde bei 0°C zu einer gerührten Mischung aus $K_2OsO_2(OH)_4$ (36.8 mg, 1 mol-%), (DHQD)$_2$PHAL (390 mg, 5 mol-%), K_2CO_3 (4.15 g, 30.0 mmol, 3.0 Äquiv.), $K_3Fe(CN)_6$ (9.88 g, 30.0 mmol, 3.0 Äquiv.) in *t*BuOH (50 ml) / H_2O (50 ml) gegeben. Nach 3 d bei dieser Temp. wurde ges. wässr. Na_2SO_3-Lsg. (50 ml) zugegeben, mit Essigsäureethylester (4 × 30 ml) extrahiert, über $MgSO_4$ getrocknet und vom Lösungsmittel befreit.

Flashchromatographie (3 × 20 cm, CH/EE 3:1, 20 ml, #10-23) lieferte die Titelverbindung (1.07 g, 6.68 mmol, 67%) als farbloses Öl.

^{1}H-NMR (300 MHz, CDCl$_3$): δ = 0.91 (t, $J_{8,7}$ = 7.3 Hz, 8-H$_3$), 1.22-1.36 (m, 7-H$_2$) teilweise überlagert von 1.35 (d, $J_{1,2}$ = 6.5 Hz, 1-H$_3$), 1.54-1.70 (m 2-OH, 6-H$_2$), AB-Signal (δ$_A$ = 2.50, δ$_B$ = 2.60, J_{AB} = 17.1 Hz, A-Teil zusätzlich aufgespalten zum dd durch $J_{A,6}^1$ = 7.7 Hz, $J_{A,6}^2$ = 7.1 Hz, B-Teil zusätzlich aufgespalten zum dd durch $J_{B,6}^1$ = 8.0 Hz, $J_{B,6}^2$ = 7.0 Hz, 5-H$_2$), 3.71 (d, $J_{3,2}$ = 4.2 Hz, 3-H), 3.99 (br. d, $J_{3\text{-OH},3}$ = 4.0 Hz, weitere Aufspaltung höherer Ordnung zum d mit J = 1.7 Hz angedeutet, 3-OH), 4.20 (m$_c$, 2-H) ppm.

^{13}C-NMR (100.61 MHz, CDCl$_3$): δ = 13.9 (C-8), 20.5 (C-1), 22.4 (C-7), 25.6 (C-6), 37.9 (C-5), 68.1 (C-2), 80.0 (C-3), 210.5 (C=O) ppm.

Elementaranalyse

$C_8H_{16}O_3$	Ber. C 59.97	H 10.07
	Gef. C 59.81	H 10.33

IR (Film): $\tilde{v}$ = 3420, 2960, 2935, 2875, 2345, 2250, 1715, 1460, 1380, 1260, 1130, 1095, 1040, 1005, 910, 740, 665, 655 cm^{-1}.

Drehwert (589 nm): 10 mg in 1 ml CHCl$_3$: +0.485, +0.487, +0.486, +0.485, +0.485. $[\alpha]^{20}_D$ = +48.56° (c = 1.0, CHCl$_3$).

ee-Bestimmung mittels chiraler GC (CP-Chirasil-Dex CB, 25 m × 0.25 mm, Cat. Nr. CP 7502, 80°C, isotherm, 60 kPa H$_2$) des durch Derivatisierung der Titelverbindung erhaltenen Bistrimithylsilylethers: >99%. Retentionszeit 49.35 min, Retentionszeit des Enantiomeren 50.32 min.

(6S,7R)-6,7-Dihydroxyundecan-5-on

201i

200i (1.68 g, 10 mmol) wurde bei 0°C zu einer gerührten Mischung aus $K_2OsO_2(OH)_4$ (36.8 mg, 1 mol-%), $(DHQD)_2PHAL$ (390 mg, 5 mol-%), K_2CO_3 (4.15 g, 30.0 mmol, 3.0 Äquiv.), $K_3Fe(CN)_6$ (9.88 g, 30.0 mmol, 3.0 Äquiv.) in tBuOH (50 ml) / H_2O (50 ml) gegeben. Nach 3 d bei dieser Temp. wurde ges. wässr. Na_2SO_3-Lsg. (50 ml) zugegeben, mit Essigsäureethylester (4 × 30 ml) extrahiert, über $MgSO_4$ getrocknet und vom Lösungsmittel befreit.

Flashchromatographie (3 × 20 cm, CH/EE 5:1, 20 ml, #12-24) lieferte die Titelverbindung (1.23 g, 6.10 mmol, 61%) als farbloses Öl.

^{1}H-NMR (300 MHz, $CDCl_3$): δ = 0.92 (t, $J_{11,10}$ = 7.3 Hz, 11-H_3) teilweise überlagert von 0.93 (t, $J_{1,2}$ = 7.0 Hz, 1-H_3), 1.28-1.58 (m, 7-OH, 8-H_2, 9-H_2,10-H_2), 1.58-1.70 (m, 2-H_2, 3-H_2), AB-Signal ($δ_A$ = 2.50, $δ_B$ = 2.61, J_{AB} = 17.0 Hz, A-Teil zusätzlich aufgespalten zum dd durch $J_{A,3}{}^1$ = 8.0 Hz und $J_{A,3}{}^2$ = 6.8 Hz, B-Teil zusätzlich aufgespalten zum dd durch $J_{B,3}{}^1$ = 7.42 Hz und $J_{B,3}{}^2$ = 7.44 Hz, 4-H_2), 3.73 (d, $J_{6,7}$ = 4.0 Hz, 6-H), 3.97 (m_c, 7-H), 4.07 (d, $J_{6-OH,6}$ = 4.1 Hz, weitere Aufspaltung höherer Ordnung zum d mit J = 1.6 Hz angedeutet, 6-OH) ppm.

^{13}C-NMR (100.61 MHz, $CDCl_3$): δ = 13.9 (C-1), 14.1 (C-11), 22.4 (C-2), 22.7 (C-10), 25.6 (C-3), 28.2 (C-9), 34.3 (C-8), 37.7 (C-4), 72.1 (C-7), 78.8 (C-6), 210.7 (C=O) ppm.

Elementaranalyse

$C_{11}H_{22}O_3$	Ber. C 65.31	H 10.96
	Gef. C 65.34	H 11.18

IR (CDCl$_3$): $\tilde{v}$ = 3575, 3460, 2960, 2935, 2875, 1710, 1665, 1380, 1240, 1125, 1095, 1065, 1040 cm^{-1}.

Drehwert (589 nm): 10 mg in 1 ml CHCl$_3$: +0.304, +0.302, +0.302, +0.304, +0.304. $[\alpha]^{20}_D$ = +30.04° (c = 1.0, CHCl$_3$).

ee-Bestimmung mittels chiraler HPLC (OD-H, Heptan / IPA 9:1 (v:v); 0.8 mL/min; 260 nm des durch Derivatisierung der Titelverbindung erhaltenen Bisparanitrobenzoats: >99%. Retentionszeit 20.67 min, Retentionszeit des Enantiomeren 25.20 min.

(6*S*,7*R*)-6,7-Dihydroxy-9-methyldecan-5-on

201j

200j (1.68 g, 10 mmol) wurde bei 0°C zu einer gerührten Mischung aus $K_2OsO_2(OH)_4$ (36.8 mg, 1 mol-%), (DHQD)$_2$PHAL (390 mg, 5 mol-%), K_2CO_3 (4.15 g, 30.0 mmol, 3.0 Äquiv.), $K_3Fe(CN)_6$ (9.88 g, 30.0 mmol, 3.0 Äquiv.) in tBuOH (50 ml) / H_2O (50 ml) gegeben. Nach 3 d bei dieser Temp. wurde ges. wässr. Na_2SO_3-Lsg. (50 ml) zugegeben, mit Essigsäureethylester (4 × 30 ml) extrahiert, über $MgSO_4$ getrocknet und vom Lösungsmittel befreit.

Flashchromatographie (3 × 20 cm, CH/EE 5:1, 20 ml, #9-15) lieferte die Titelverbindung (1.27 g, 6.28 mmol, 63%) als farbloses Öl.

^{1}H-NMR (300 MHz, CDCl$_3$): δ = 0.92 (t, $J_{1,2}$ = 7.3 Hz, 1-H$_3$), 0.93 (d, $J_{10,9}$ = 6.6 Hz, 10-H$_3$) teilweise überlagert von 0.97 (d, $J_{9-Me,9}$ = 6.6, 9-CH$_3$), 1.28-1.47 (m, 7-OH, 8-H$_2$), 1.57-1.67 (m, 2-H$_2$, 3-H$_2$), 1.78 (m$_c$, 9-H), AB-Signal (δ$_A$ = 2.50, δ$_B$ = 2.61, J_{AB} = 17.0 Hz, A-Teil zusätzlich aufgespalten zum dd durch $J_{A,3}{}^1$ = 7.9 Hz und $J_{A,3}{}^2$ = 7.0 Hz, B-Teil zusätzlich aufgespalten zum dd durch $J_{B,3}{}^1$ = 7.8 Hz und $J_{B,3}{}^2$ = 7.2 Hz, 4-H$_2$), 3.72 (d, $J_{6,7}$ = 4.0 Hz, 6-H), 4.01-4.03 (m, 6-OH), 4.07 (m$_c$, 7-H) ppm.

^{13}C-NMR (100.61 MHz, CDCl$_3$): δ = 22.3 (C-1), 22.7 (9-Me*) überlagert von 22.7 (C-10*), 23.3 (C-2), 24.5 (C-9**), 24.7 (C-3**), 43.5 (C-4), 46.9 (C-8), 70.0 (C-7), 79.5 (C-6), 210.1 (C=O) ppm, */**Zuordnung vertauschbar.

Massenspektrum (EI-direkt): m/z = 116.1, 100.1, 85.1, 82.1, 74.1, 57.2.

Elementaranalyse

$C_{11}H_{22}O_3$ Ber. C 65.31   H 10.96

                                      Gef. C 65.30   H 11.31

IR (Film): $\tilde{v}$ = 3420, 2955, 2875, 2350, 1705, 1395, 1140, 1085, 915, 745, 655 cm^{-1}.

Drehwert (589 nm): 10 mg in 1 ml CHCl$_3$: +0.362, +0.362, +0.363, +0.362, +0.363. $[\alpha]^{20}_D$ = +36.24° (c = 1.0, CHCl$_3$).

ee-Bestimmung mittels chiraler GC (CP-Chirasil-Dex CB, 25 m × 0.25 mm, Cat. Nr. CP 7502, 90°C, isothermal, 60 kPa H$_2$) des durch Derivatisierung der Titelverbindung erhaltenen Bistrifluoracetats: >99%. Retentionszeit 9.17 min, Retentionszeit des Enantiomeren 8.94 min.

(3*R*,4*S*)-3,4-Dihydroxy-2-methylnonan-5-on

201k

200k (1.54 g, 10 mmol) wurde bei 0°C zu einer gerührten Mischung aus $K_2OsO_2(OH)_4$ (36.8 mg, 1 mol-%), (DHQD)$_2$PHAL (390 mg, 5 mol-%), K_2CO_3 (4.15 g, 30.0 mmol, 3.0 Äquiv.), $K_3Fe(CN)_6$ (9.88 g, 30.0 mmol, 3.0 Äquiv.) in *t*BuOH (50 ml) / H_2O (50 ml) gegeben. Nach 3 d bei dieser Temp. wurde ges. wässr. Na_2SO_3-Lsg. (50 ml) zugegeben, mit Essigsäureethylester (4 × 30 ml) extrahiert, über $MgSO_4$ getrocknet und vom Lösungsmittel befreit.

Flashchromatographie (3 × 20 cm, CH/EE 3:1, 20 ml, #5-10) lieferte die Titelverbindung (1.41 g, 7.49 mmol, 75%) als farbloses Öl.

^{1}H-NMR (300 MHz, CDCl$_3$): δ = 0.91 (t, $J_{9,8}$ = 7.3 Hz, 8-H$_3$), 1.00 (d, $J_{1,2}$ = 6.7 Hz, 1-H$_3$), 1.06 (d, $J_{2\text{-Me},2}$ = 6.6 Hz, 2-CH$_3$), 1.34 (m$_c$ 4-OH, 8-H$_2$), 1.54-1.69 (m, 7-H$_2$), 1.84-1.96 (m, 2-H), AB-Signal (δ$_A$ = 2.48, δ$_B$ = 2.59, J_{AB} = 16.8 Hz, A-Teil zusätzlich aufgespalten zum dd durch $J_{A,7}{}^1$ = 7.9 Hz, $J_{A,7}{}^2$ = 7.9 Hz, B-Teil zusätzlich aufgespalten zum dd durch $J_{B,7}{}^1$ = 7.8 Hz, $J_{B,7}{}^2$ = 7.3 Hz, 6-H$_2$), 3.52 (m$_c$, 3-H), 3.73 (d $J_{3\text{-OH},3}$ = 3.8 Hz, 3-OH), 4.22 (d, $J_{4,3}$ = 4.1 Hz, 4-H) ppm.

^{13}C-NMR (100.61 MHz, CDCl$_3$): δ = 13.9 (C-9), 19.2 (2-Me*), 19.3 (C-1*), 22.4 (C-8), 25.7 (C-7), 32.0 (C-2), 37.4 (C-6), 77.3 (C-3), 77.5 (C-4), 211.0 (C=O) ppm, *Zuordnung vertauschbar.

Elementaranalyse

$C_{10}H_{10}O_3$	Ber. C 63.80	H 10.71
	Gef. C 63.74	H 11.01

IR (Film): $\tilde{v}$ = 3430, 2960, 2935, 2875, 2400, 2250, 1705, 1470, 1395, 1260, 1130, 1100, 1085, 1025, 910, 745, 655, 650 cm^{-1}.

Drehwert (589 nm): 10 mg in 1 ml CHCl$_3$: +0.419, +0.419, +0.419, +0.420, +0.419. $[\alpha]^{20}_D$ = +41.92° (c = 1.0, CHCl$_3$).

ee-Bestimmung mittels chiraler HPLC (IA, Heptan, 0.8 mL/min, 265 nm) des durch Derivatisierung der Titelverbindung erhaltenen Bisdimethylphenylsilylethers: 94%. Retentionszeit 8.37 min, Retentionszeit des Enantiomeren 9.86 min.

(5S,6R)-5,6-Dihydroxy-2-methyldecan-4-on

201l

200l (1.68 g, 10.0 mmol) wurde bei 0°C zu einer gerührten Mischung aus $K_2OsO_2(OH)_4$ (36.8 mg, 1 mol-%), $(DHQD)_2PHAL$ (390 mg, 5 mol-%), K_2CO_3 (4.15 g, 30.0 mmol, 3.0 Äquiv.), $K_3Fe(CN)_6$ (9.88 g, 30.0 mmol, 3.0 Äquiv.) in tBuOH (50 ml) / H_2O (50 ml) gegeben. Nach 3 d bei dieser Temp. wurde ges. wässr. Na_2SO_3-Lsg. (50 ml) zugegeben, mit Essigsäureethylester (4 × 30 ml) extrahiert, über $MgSO_4$ getrocknet und vom Lösungsmittel befreit.

Flashchromatographie (3 × 20 cm, CH/EE 3:1, 50 ml, #8-10) lieferte die Titelverbindung (1.31 g, 6.48 mmol, 65%) als farbloses Öl.

^{1}H-NMR (300 MHz, $CDCl_3$): δ = 0.92 (t, $J_{10,9}$ = 6.4 Hz, 10-H$_3$) teilweise überlagert von 0.93 (d, $J_{1,2}$ = 7.3 Hz, 1-H$_3$) teilweise überlagert von 0.95 (d, $J_{2-Me,2}$ = 6.7 Hz, 2-CH$_3$), 1.31-1.51 (m, 6-OH, 8-H$_2$, 9-H$_2$), 1.61-1.69 (m, 7-H$_2$), 2.26 (m$_c$, 2-H), AB-Signal (δ$_A$ = 2.38, δ$_B$ = 2.48, J_{AB} = 16.6 Hz, A-Teil zusätzlich aufgespalten zum d durch $J_{A,2}$ = 7.0 Hz, B-Teil zusätzlich aufgespalten zum d durch $J_{B,2}$ = 6.7 Hz, 3-H$_2$), 3.73 (d, $J_{5,6}$ = 4.1 Hz, 5-H), 3.90-4.03 (m, 5-OH, 6-H) ppm.

^{13}C-NMR (100.61 MHz, $CDCl_3$): δ = 14.1 (C-10), 22.6 (C-1*), 22.7 (2-Me), 24.5 (C-2), 27.0 (C-9), 28.2 (C-8), 34.3 (C-7), 46.8 (C-3), 71.9 (C-6), 79.1 (C-5), 210.2 (C=O) ppm; *Zuordnung vertauschbar.

Massenspektrum (EI-direkt): m/z = 116.1, 100.1, 85.1, 82.1, 74.1, 57.2.

Elementaranalyse

$C_{11}H_{22}O_3$	Ber. C 65.31	H 10.96
	Gef. C 65.36	H 11.24

IR (Film): $\tilde{v}$ = 3410, 2955, 2930, 2870, 2405, 2250, 1700, 1465, 1395, 1135, 1090, 1015, 910, 745, 665, 655 cm^{-1}.

Drehwert (589 nm): 10 mg in 1 ml CHCl$_3$: +0.302, +0.302, +0.303, +0.303, +0.303. $[\alpha]^{20}_D$ = +30.26° (c = 1.0, CHCl$_3$).

ee-Bestimmung mittels chiraler HPLC (OD-H, Heptan; 0.8 mL/min; 265 nm) des durch Derivatisierung der Titelverbindung erhaltenen Bisdimethylphenylsilylethers: >99%. Retentionszeit 10.26 min, Retentionszeit des Enantiomeren 11.46 min.

(5*S*,6*R*)-5,6-Dihydroxy-2,8-dimethylnonan-4-on

201m

200m (1.68 g, 10 mmol) wurde bei 0°C zu einer gerührten Mischung aus $K_2OsO_2(OH)_4$ (36.8 mg, 1 mol-%), $(DHQD)_2PHAL$ (390 mg, 5 mol-%), K_2CO_3 (4.15 g, 30.0 mmol, 3.0 Äquiv.), $K_3Fe(CN)_6$ (9.88 g, 30.0 mmol, 3.0 Äquiv.) in *t*BuOH (50 ml) / H_2O (50 ml) gegeben. Nach 3 d bei dieser Temp. wurde ges. wässr. Na_2SO_3-Lsg. (50 ml) zugegeben, mit Essigsäureethylester (4 × 30 ml) extrahiert, über $MgSO_4$ getrocknet und vom Lösungsmittel befreit.

Flashchromatographie (3 × 20 cm, CH/EE 5:1, 20 ml, #15-24) lieferte die Titelverbindung (1.39 g, 6.87 mmol, 69%) als farbloses Öl.

^{1}H-NMR (300 MHz, CDCl$_3$): δ = 0.94 (d, $J_{9,8}$ = 6.6 Hz, 9-H$_3$) teilweise überlagert von 0.97 (br. d, $J_{8\text{-Me,8}}$ = 6.6 Hz, 8-CH$_3$, weitere Aufspaltung höherer Ordnung angedeutet) teilweise überlagert von 0.97 (d, $J_{2\text{-Me,2}}$ = 6.5 Hz, 2-CH$_3$) teilweise überlagert von 0.98 (d, $J_{1,2}$ = 6.8 Hz, 1-H$_3$), 1.36-1.47 (m, 6-OH, 7-H$_2$), 1.81 (m$_c$, 8-H), 2.24 (m$_c$, 2-H), AB-Signal (δ$_A$ = 2.40, δ$_B$ = 2.50, J_{AB} = 16.5 Hz, A-Teil zusätzlich aufgespalten zum d durch $J_{A,2}$ = 7.0 Hz, B-Teil zusätzlich aufgespalten zum d durch $J_{B,2}$ = 6.7 Hz, 3-H$_2$), 3.75 (d, $J_{5,6}$ = 4.1 Hz, 5-H), 3.98 (br. d, $J_{5\text{-OH,5}}$ = 4.1 Hz, weitere Aufspaltung höherer Ordnung angedeutet mit J = 1.6 Hz, 5-OH), 4.07 (m$_c$, 6-H) ppm.

^{13}C-NMR (100.61 MHz, CDCl$_3$): δ = 22.3 (C-1*), 22.4 (2-Me*), 23.2 (8-Me und C-9), 24.7 (C-2), 25.6 (C-8), 37.7 (C-7), 43.5 (C-3), 70.1 (C-6), 79.2 (C-5), 210.6 (C=O) ppm, *Zuordnung vertauschbar.

Massenspektrum (El-direkt): m/z = 116.1, 100.1, 85.1, 82.1, 74.1, 57.2.

Elementaranalyse

$C_{11}H_{22}O_3$ Ber. C 65.31   H 10.96

                                       Gef. C 65.12   H 11.35

IR (Film): $\tilde{v}$ = 3440, 2955, 2870, 2245, 1705, 1390, 1145, 915, 845, 745, 655 cm^{-1}.

Drehwert (589 nm): 10 mg in 1 ml CHCl$_3$: +0.205, +0.205, +0.205, +0.205, +0.205. $[\alpha]^{20}_D$ = +20.50° (c = 1.0, CHCl$_3$).

ee-Bestimmung mittels chiraler GC (CP-Chirasil-Dex CB, 25 m × 0.25 mm, Cat. Nr. CP 7502, 85°C, isothermal, 60 kPa H$_2$) des durch Derivatisierung der Titelverbindung erhaltenen Bistrifluoracetats: >99%. Retentionszeit 8.58 min, Retentionszeit des Enantiomeren 8.37 min.

1-[(4S,5R)-5-Butyl-2,2-dimethyl-1,3-dioxolan-4-yl]ethanon

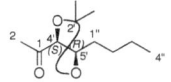

204a

201a (801 mg, 5.00 mmol) wurde in 2,2-Dimethoxypropan (10 ml) gelöst und bei Raumtemp. mit *p*TsOH (29 mg, 3 mol-%) versetzt. Nach 12 h bei dieser Temperatur wurde Imidazol (34 mg, 10 mol-%) zugegeben und das Lösungsmittel unter vermindertem Druck entfernt.

Flashchromatographie (3 × 20 cm, CH/EE 10:1, 20 ml, #8-12) lieferte die Titelverbindung (841 mg, 4.20 mmol, 84%) als farbloses Öl.

^{1}H-NMR (400 MHz, CDCl$_3$): δ = 0.91 (t, $J_{4'',3''}$ = 7.2 Hz, 4''-H$_3$), 1.26-1.77 (m, 1''-H$_2$, 2''-H$_2$, 3''-H$_2$) teilweise überlagert von 1.43 und 1.45 [2 × s, 2'-(CH$_3$)$_2$], 2.27 (s, 2-H$_3$), 3.92-3.98 (m, 4'-H und 5'-H) ppm.

^{13}C-NMR (100.61 MHz, CDCl$_3$): δ = 14.0 (C-4''), 22.7 (C-3''), 26.36 und 26.39 [2 × 2'-(Me)], 27.3 (C-2), 28.0 (C-2''), 33.4 (C-1''), 78.2 (C-5), 85.6 (C-4), 110.3 (C-2'), 208.8 (C=O) ppm.

Massenspektrum (NH$_3$): m/z = 218 (M·NH$_3$), 201 (M·H$^+$), 185, 157, 144, 127, 114, 99, 81.

IR (Film): $\tilde{v}$ = 2990, 2960, 2935, 2870, 2865, 1715, 1470, 1460, 1385, 1375, 1360, 1240, 1220, 1165, 1080 cm^{-1}.

Drehwert (589 nm): 10 mg in 1 ml CHCl$_3$: -0.247, -0.244, -0.244, -0.245, -0.244. [α]$^{20}_D$ = -24.5° (*c* = 1.0, CHCl$_3$).

1-[(4S,5R)-2,2,5-Trimethyl-1,3-dioxolan-4-yl]pentan-1-on

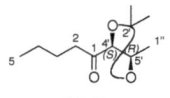

204h

201h (801 mg, 5.00 mmol) wurde in 2,2-Dimethoxypropan (10 ml) gelöst und bei Raumtemp. mit pTsOH (29 mg, 3 mol-%) versetzt. Nach 12 h bei dieser Temperatur wurde Imidazol (34 mg, 10 mol-%) zugegeben und das Lösungsmittel unter vermindertem Druck entfernt.

Flashchromatographie (3 × 20 cm, CH/EE 10:1, 20 ml, #3-6) lieferte die Titelverbindung (981 mg, 4.90 mmol, 98%) als farbloses Öl.

^{1}H-NMR (400 MHz, CDCl$_3$): δ = 0.92 (t, $J_{5,4}$ = 7.3 Hz, 5-H$_3$), 1.26-1.37 (m, 4-H$_2$), 1.39 (d, $J_{1'',5'}$ = 5.9 Hz, 1''-H$_3$), 1.43 und 1.46 [2 × s, 2'-(CH$_3$)$_2$], 1.53-1.63 (m, 3-H$_2$), 2.63 (dd, $J_{2,3}{}^1$ = 7.3 Hz, $J_{2,3}{}^2$ = 7.3 Hz, 2-H$_2$), 3.89 (d, $J_{4',5'}$ = 8.3 Hz, 4'-H), 4.01 (dq, $J_{5',4'}$ = 8.3 Hz, $J_{5',1''}$ = 6.0 Hz, 5'-H) ppm.

^{13}C-NMR (100.61 MHz, CDCl$_3$): δ = 13.9 (C-5), 18.7 (C-1''), 22.4 (C-4), 25.0 (C-3), 26.4 und 27.3 (2'-Me$_2$), 38.4 (C-2), 74.3 (C-4'), 86.7 (C-5'), 110.0 (C-2'), 210.2 (C=O) ppm.

Massenspektrum (NH$_3$): m/z = 218.2 (M·NH$_3$), 201.1, 115.

HRMS (CI NH$_3$): m/z [M$^+$H] berechnet für C$_{11}$H$_{20}$O$_3$: 201.14907; gefunden: 201.14880 (+1.3 ppm).

IR (Film): $\tilde{v}$ = 2985, 2935, 2875, 2255, 1715, 1455, 1380, 1240, 1175, 1100, 985, 910, 855, 805, 740, 650 cm^{-1}.

Drehwert (589 nm): 10 mg in 1 ml CHCl$_3$: -1.411, -1.411, -1.411, -1.410, -1.410. $[α]^{20}_D$ = -141.1° (c = 1.0, CHCl$_3$).

164

1-[(4*S*,5*R*)-5-Butyl-2,2-dimethyl-1,3-dioxolan-4-yl]pentan-1-on

204i

201i (1.01 g, 5.00 mmol) wurde in 2,2-Dimethoxypropan (10 ml) gelöst und bei Raumtemp. mit *p*TsOH (29 mg, 3 mol-%) versetzt. Nach 12 h bei dieser Temperatur wurde Imidazol (34 mg, 10 mol-%) zugegeben und das Lösungsmittel unter vermindertem Druck entfernt.

Flashchromatographie (3 × 20 cm, CH/EE 10:1, 20 ml, #5-8) lieferte die Titelverbindung (1.08 g, 4.46 mmol, 89%) als farbloses Öl.

^{1}H-NMR (400 MHz, CDCl$_3$): δ = 0.88 (t, $J_{4'',3''}$ = 7.1 Hz, 4''-H$_3$) teilweise überlagert von 0.89 (t, $J_{5,4}$ = 7.3 Hz, 5-H$_3$), 1.25-1.37 (m, 1''-H^1, 2''-H$_2$, 3''-H$_2$), 1.40 und 1.42 (2 × br. s, 2'-CH$_3$ weitere Aufspaltung höherer Ordnung angedeutet), 1.43-1.63 (m, 3-H$_2$, 4-H$_2$), 1.67-1.75 (m, 1''-H^2), 2.60 (t, $J_{2,3}$ = 7.3 Hz, 2-H$_2$), 3.88-3.94 (m, 5'-H) teilweise überlagert von 3.93 (d, $J_{4',5'}$ = 6.4 Hz, 4'-H) ppm.

^{13}C-NMR (100.61 MHz, CDCl$_3$): δ = 13.9 (C-5), 14.0 (C-4''), 22.4 (C-4), 22.7 (C-3''), 25.1 (C-3), 26.4 und 27.3 (2'-Me$_2$), 28.0 (C-2''), 33.4 (C-1''), 38.3 (C-2), 78.3 (C-5'), 85.3 (C-4'), 110.1 (C-2'), 210.6 (C=O) ppm.

HRMS (CI NH$_3$): m/z [M$^+$H] berechnet für C$_{14}$H$_{26}$O$_3$: 243.19602; gefunden: 243.19560 (+1.7 ppm).

IR (Film): $\tilde{v}$ = 3030, 2960, 2935, 2875, 2860, 2365, 2255, 1715, 1465, 1400, 1380, 1370, 1240, 1170, 1090, 985, 910, 865, 810, 740, 650 cm^{-1}.

Drehwert (589 nm): 10 mg in 1 ml CHCl$_3$: -0.183, -0.180, -0.183, -0.183, -0.183. $[α]^{20}_D$ = -18.24° (*c* = 1.0, CHCl$_3$).

1-[(4S,5R)-5-Isobutyl-2,2-dimethyl-1,3-dioxolan-4-yl]pentan-1-on

204j

201i (1.01 g, 5.00 mmol) wurde in 2,2-Dimethoxypropan (10 ml) gelöst und bei Raumtemp. mit pTsOH (29 mg, 3 mol-%) versetzt. Nach 12 h bei dieser Temperatur wurde Imidazol (34 mg, 10 mol-%) zugegeben und das Lösungsmittel unter vermindertem Druck entfernt.

Flashchromatographie (3 × 20 cm, CH/EE 10:1, 20 ml, #7-12) lieferte die Titelverbindung (1.14 g, 4.70 mmol, 94%) als farbloses Öl.

^{1}H-NMR (400 MHz, CDCl$_3$): δ = 0.89 (t, $J_{5,4}$ = 7.3 Hz, 5-H$_3$) teilweise überlagert von 0.89 (d, $J_{3'',2''}$ = 6.7 Hz, 3''-H$_3$), 0.92 (d, $J_{2''-Me,2''}$ = 6.7 Hz, 2''-CH$_3$), AB-Signal (δ$_A$ = 1.26, δ$_B$ = 1.32, J_{AB} = 14.8 Hz, A-Teil zusätzlich aufgespalten zum dd durch $J_{A,2''}$ = 7.4 Hz, $J_{A,5'}$ = 7.4 Hz, B-Teil zusätzlich aufgespalten zum dd durch $J_{B,2''}$ = 7.4 Hz, $J_{B,5'}$ = 7.4 Hz, 1''-H$_2$), 1.40 und 1.42 [2 × br. s, 2'-(CH$_3$)$_2$, weitere Aufspaltung höherer Ordnung angedeutet], 1.46-1.59 (m, 3-H$_2$, 4-H$_2$), 1.73-1.84 (m, 2''-H), 2.60 (t, $J_{2,3}$ = 7.3 Hz, 2-H$_2$), 3.89 (d, $J_{4',5'}$ = 8.0 Hz, 4'-H), 3.97 (ddd, $J_{5',4'}$ = 8.3 Hz, $J_{5',1''}{}^1$ = 8.3 Hz, $J_{5',1''}{}^2$ = 3.9 Hz, 5'-H) ppm.

^{13}C-NMR (100.61 MHz, CDCl$_3$): δ = 14.0 (C-5), 22.0 (C-4), 22.4 (C-3''*), 23.5 (2''-Me*), 25.1 (C-2''), 25.4 (C-3), 26.4 und 27.4 (2'-Me$_2$), 38.3 (C-2), 42.8 (C-1''), 76.7 (C-5'), 85.8 (C-4'), 110.2 (C-2'), 210.5 (C=O) ppm, *Zuordnung vertauschbar.

Elementaranalyse

C$_{14}$H$_{26}$O$_3$	Ber. C 69.38	H 10.81
	Gef. C 69.52	H 11.09

IR (Film): $\tilde{v}$ = 3030, 2960, 2935, 2875, 2860, 2365, 2255, 1715, 1465, 1400, 1380, 1370, 1240, 1170, 1090, 985, 910, 865, 810, 740, 650 cm^{-1}.

Drehwert (589 nm): 10 mg in 1 ml CHCl$_3$: -0.120, -0.120, -0.119, -0.119, -0.119. $[\alpha]^{20}_D$ = -11.94° (c = 1.0, CHCl$_3$).

1-[(4S,5R)-5-Isopropyl-2,2-dimethyl-1,3-dioxolan-4-yl]pentan-1-on

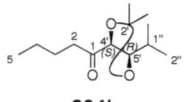

204k

201k (941 mg, 5.00 mmol) wurde in 2,2-Dimethoxypropan (10 ml) gelöst und bei Raumtemp. mit pTsOH (29 mg, 3 mol-%) versetzt. Nach 12 h bei dieser Temperatur wurde Imidazol (34 mg, 10 mol-%) zugegeben und das Lösungsmittel unter vermindertem Druck entfernt.

Flashchromatographie (3 × 20 cm, CH/EE 10:1, 20 ml, #5-8) lieferte die Titelverbindung (1.05 g, 4.60 mmol, 92%) als farbloses Öl.

^{1}H-NMR (300 MHz, CDCl$_3$): δ = 0.91 (t, $J_{5,4}$ = 7.3 Hz, 5-H$_3$) teilweise überlagert von 0.95 (d, $J_{1''\text{-Me},1''}$ = 6.9 Hz, 1''-CH$_3$), 0.98 (d, $J_{2'',1''}$ = 6.8 Hz, 2''-H$_3$), 1.26-1.39 (m, 4-H$_2$), teilweise überlagert von 1.39 und 1.44 [2 × s, 2'-(CH$_3$)$_2$], 1.49-1.63 (m, 3-H$_2$), 1.87 (m$_c$, 1''-H), 2.64 (dd, $J_{2,3}{}^1$ = 7.3 Hz, $J_{2,3}{}^2$ = 7.3 Hz, 2-H$_2$), 3.88 (dd, $J_{5',4'}$ = 7.0 Hz, $J_{5',1''}$ = 5.7 Hz, 5'-H), 4.06 (d, $J_{4',5'}$ = 7.0 Hz, 4'-H) ppm.

^{13}C-NMR (100.61 MHz, CDCl$_3$): δ = 14.0 (C-5), 17.6 (C-2'''*), 19.1 (1''-Me*), 22.4 (C-4), 25.2 (C-1''), 26.4 (C-3), 27.1 und 31.2 (2'-Me$_2$), 38.4 (C-2), 82.8 (C-4'), 83.4 (C-5'), 110.1 (C-2'), 211.1 (C=O) ppm, *Zuordnung vertauschbar.

Elementaranalyse

C$_{13}$H$_{24}$O$_3$	Ber. C 68.38	H 10.59
	Gef. C 68.04	H 10.71

IR (Film): $\tilde{v}$ = 3035, 2960, 2935, 2255, 1720, 1465, 1380, 1370, 1240, 1210, 1170, 1070, 1015, 970, 910, 880, 810, 740, 650 cm^{-1}.

Drehwert (589 nm): 10 mg in 1 ml CHCl$_3$: -0.197, -0.194, -0.194, -0.195, -0.195. [α]^{20}$_D$ = -19.5° (c = 1.0, CHCl$_3$).

168

1-[(4S,5R)-5-Butyl-2,2-dimethyl-1,3-dioxolan-4-yl]-3-methylbutan-1-on

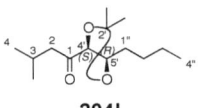

204l

201l (1.01 g, 5.00 mmol) wurde in 2,2-Dimethoxypropan (10 ml) gelöst und bei Raumtemp. mit pTsOH (29 mg, 3 mol-%) versetzt. Nach 12 h bei dieser Temperatur wurde Imidazol (34 mg, 10 mol-%) zugegeben und das Lösungsmittel unter vermindertem Druck entfernt.

Flashchromatographie (3 × 20 cm, CH/EE 10:1, 20 ml, #5-8) lieferte die Titelverbindung (1.19 g, 4.91 mmol, 98%) als farbloses Öl.

^{1}H-NMR (400 MHz, CDCl$_3$): δ = 0.91 (t, $J_{4'',3''}$ = 7.3 Hz, 4''-H$_3$), 1.22-1.40 (m, 2''-H$_2$, 3-H, 3''-H$_2$) teilweise überlagert von 1.39 (d, $J_{4,3}$ = 5.9 Hz, 4-H$_3$) überlagert von 1.39 (d, $J_{3\text{-Me},3}$ = 5.9 Hz, 3-CH$_3$), 1.43 und 1.45 [2 × s, 2'-(CH$_3$)$_2$], 1.49-1.61 (m, 1''-H$_2$), 2.62 (d, $J_{2,3}$ = 7.3 Hz, 2-H$_2$), 3.89 (d, $J_{4',5'}$ = 8.3 Hz, 4'-H), 4.0 (ddd, $J_{5',1''}^1$ = 12.0 Hz, $J_{5',4'}$ = 8.3 Hz, $J_{5',1''}^2$ = 6.0 Hz, 5-H) ppm.

^{13}C-NMR (100.61 MHz, CDCl$_3$): δ = 13.9 (C-4''), 18.7 (C-4*), 22.3 (3-Me*), 22.4 (C-3), 25.0 (C-3''), 26.1 und 26.4 (2'-Me$_2$), 27.3 (C-2''), 38.4 (C-1''), 74.3 (C-5'), 77.3 (C-2), 86.7 (C-4'), 110.0 (C-2'), 210.2 (C=O) ppm, *Zuordnung vertauschbar.

Elementaranalyse

C$_{14}$H$_{26}$O$_3$	Ber. C 69.38	H 10.81
	Gef. C 69.42	H 11.06

IR (Film): $\tilde{v}$ = 3030, 2960, 2935, 2365, 2255, 1715, 1455, 1380, 1370, 1240, 1175, 1100, 985, 910, 855, 805, 740, 650 cm^{-1}.

Drehwert (589 nm): 10 mg in 1 ml $CHCl_3$: -0.350, -0.350, -0.350, -0.350, -0.350. $[\alpha]^{20}_D$ = -35.00° (c = 1.0, $CHCl_3$).

1-[(4*S*,5*R*)-5-Isobutyl-2,2-dimethyl-1,3-dioxolan-4-yl]-3-methylbutan-1-on

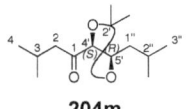

204m

201m (1.01 g, 5.00 mmol) wurde in 2,2-Dimethoxypropan (10 ml) gelöst und bei Raumtemp. mit *p*TsOH (29 mg, 3 mol-%) versetzt. Nach 12 h bei dieser Temperatur wurde Imidazol (34 mg, 10 mol-%) zugegeben und das Lösungsmittel unter vermindertem Druck entfernt.

Flashchromatographie (3 × 20 cm, CH/EE 10:1, 20 ml, #3-6) lieferte die Titelverbindung (1.05 g, 4.33 mmol, 87%) als farbloses Öl.

^{1}H-NMR (400 MHz, CDCl$_3$): δ = 0.92 (d, $J_{2''-Me,2''}$ = 6.7 Hz, 2''-CH$_3$) überlagert von 0.92 (d, $J_{3'',2''}$ = 6.7 Hz, 3''-H$_3$), 0.94 (d, $J_{4,3}$ = 6.7 Hz, 4-H$_3$) teilweise überlagert von 0.95 (d, $J_{3-Me,3}$ = 6.6 Hz, 3-CH$_3$), 1.42 und 1.44 [2 × br. s, weitere Aufspaltung höherer Ordnung angedeutet, 2'-(CH$_3$)$_2$], 1.47-1.61 (m, 1''-H^1 und 2''-H), 1.74-1.87 (m, 3-H), 2.18 (m$_c$, 1''-H^2), AB-Signal (δ$_A$ = 2.49, δ$_B$ = 2.52, J_{AB} = 17.3 Hz, A-Teil zusätzlich aufgespalten zum d durch $J_{A,3}$ = 7.0 Hz, B-Teil zusätzlich aufgespalten zum d durch $J_{B,3}$ = 6.7 Hz, 2-H$_2$), 3.88 (d, $J_{4',5'}$ = 8.0 Hz, 4'-H), 3.99 (ddd, $J_{5',1''}^1$ = 8.3 Hz, $J_{5',1''}^2$ = 8.3 Hz, $J_{5',4'}$ = 3.7 Hz, 5'-H) ppm.

^{13}C-NMR (100.61 MHz, CDCl$_3$): δ = 21.9 (C-4), 22.5 (3-Me), 22.6 (C-3''), 23.4 (2''-Me), 23.5 (C-3), 25.3 (C-2''), 26.3 und 27.3 (2'-Me$_2$), 42.7 (C-1''), 47.4 (C-2), 76.4 (C-5'), 85.9 (C-4'), 110.1 (C-2'), 209.9 (C=O) ppm.

HRMS (CI NH$_3$): m/z [M$^+$H] berechnet für C$_{14}$H$_{26}$O$_3$: 243.19602; gefunden: 243.19600 (+0.1 ppm).

IR (Film): $\tilde{v}$ = 2960, 2935, 2875, 2250, 1715, 1470, 1380, 1370, 1240, 1170, 1070, 1030, 995, 915, 840, 745, 665, 655, 620 cm^{-1}.

Drehwert (589 nm): 10 mg in 1 ml CHCl$_3$: -0.230, -0.232, -0.230, -0.230, -0.230. $[\alpha]^{20}_D$ = -23.04° (c = 1.0, CHCl$_3$).

(2*R*,4*R*)-Octan-2,4-diol

als 96:4 Gemisch mit **(2*S*,4*R*)-Octan-2,4-diol**

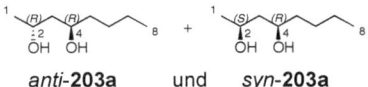

anti-**203a**   und   *syn*-**203a**

Zu einer nach AAV II hergestellten SmBr$_2$-Lösung (34 ml, 3.4 mmol, 4.5 Äquiv.) wurde bei –78°C **204a** (152 mg, 0.760 mmol) in einem Gemisch aus THF (1.2 ml) und MeOH (0.6 ml) zugetropft. Nach 30 min bei dieser Temp. wurde auf 0°C erwärmt und weitere 20 h gerührt. Anschließend wurde ges. wässr. NaHCO$_3$-Lsg. (20 ml) und HCl (1 M, 50 ml) zugegeben und mit Essigsäureethylester (4 × 20 ml) extrahiert. Die vereinigten org. Phasen wurden über MgSO$_4$ getrocknet und das Lösungsmittel unter vermindertem Druck entfernt.

Flashchromatographie (2 × 20 cm, CH/EE 1:1, 20 ml, #16-24) lieferte ein Diastereomerengemisch der Titelverbindungen (76.0 mg, 0.52 mmol, 68%) als farbloses Öl.

^{1}H-NMR (400 MHz, CDCl$_3$): δ = 0.89 [t, $J_{8,7}$ = 6.6 Hz, 8-H$_3$ (*anti*) und (*syn*)], 1.18 [d, $J_{1,2}$ = 6.2 Hz, 1-H$_3$ (*syn*)], 1.21 [d, $J_{1,2}$ = 6.3 Hz, 1-H$_3$ (*anti*)], 1.23-1.54 [m, 5-H$_2$, 6-H$_2$, 7-H$_2$ (*anti*) und (*syn*)], 1.57 [dd, $J_{3,2}$ = 5.6 Hz, $J_{3,4}$ = 5.6 Hz, 3-H$_2$ (*anti*) und (*syn*)], 2.06 [br. s., 2-OH und 4-OH (*syn*)], 2.82 [br. s., 2-OH (*anti*)] teilweise überlagert von 2.91 [br. s., 4-OH (*anti*)], 3.79-3.86 [m, 4-H (*syn*)], 3.88-3.94 [m, 4-H (*anti*)], 3.98-4.05 [m, 2-H (*syn*)], 4.10-4.17 [m, 2-H (*anti*)] ppm.

^{13}C-NMR (100.61 MHz, CDCl$_3$): δ = 14.1 [C-8 (*anti*) und (*syn*)], 22.8 [C-7 (*anti*) und (*syn*)], 23.6 [C-1 (*anti*)], 24.2 [C-1 (*syn*)], 27.6 [C-6 (*syn*)], 28.0 [C-6 (*anti*)], 37.2 [C-5 (*anti*)], 38.0 [C-5 (*syn*)], 44.1 [C-3 (*anti*)], 44.7 [C-3 (*syn*)], 65.5 [C-2 (*anti*)], 69.2 [C-2 (*syn*)], 69.3 [C-4 (*anti*)], 73.1 [C-4 (*syn*)] ppm.

Massenspektrum (NH₃): 164.2, 147.1, 129.1, 128.1.

IR (Film): $\tilde{v}$ = 3355, 2960, 2930, 2870, 2360, 2250, 1460, 1380, 1145, 1120, 1070, 910, 830, 740, 665, 650 cm⁻¹.

Drehwert (589 nm): 10 mg in 1 ml CHCl₃: -0.107, -0.109, -0.107, -0.107, -0.107. $[\alpha]^{20}_D$ = -26.3° (c = 1.0, CHCl₃).

(2*R*,4*R*)-Octan-2,4-diol

als 91:9 Gemisch mit (2*R*,4*S*)-Octan-2,4-diol

anti-**203h**   und   *syn*-**203h**

Zu einer nach AAV II hergestellten SmBr$_2$-Lösung (34 ml, 3.4 mmol, 4.5 Äquiv.) wurde bei −78°C **204h** (152 mg, 0.760 mmol) in einem Gemisch aus THF (1.2 ml) und MeOH (0.6 ml) zugetropft. Nach 30 min bei dieser Temp. wurde auf 0°C erwärmt und weitere 20 h gerührt. Anschließend wurde ges. wässr. NaHCO$_3$-Lsg. (20 ml) und HCl (1 M, 50 ml) zugegeben und mit Essigsäureethylester (4 × 20 ml) extrahiert. Die vereinigten org. Phasen wurden über MgSO$_4$ getrocknet und das Lösungsmittel unter vermindertem Druck entfernt.

Flashchromatographie (2 × 20 cm, CH/EE 1:1, 20 ml, #10-17) lieferte ein Diastereomerengemisch der Titelverbindungen (77.5 mg, 0.53 mmol, 70%) als farbloses Öl.

^{1}H-NMR (400 MHz, CDCl$_3$): δ = 0.89 [t, $J_{8,7}$ = 7.1 Hz, 8-H$_3$ (*anti*) und (*syn*)], 1.19 [d, $J_{1,2}$ = 6.2 Hz, 1-H$_3$ (*syn*)], 1.22 [d, $J_{1,2}$ = 6.3 Hz, 1-H$_3$ (*anti*)], 1.23-1.56 [m, 5-H$_2$, 6-H$_2$, 7-H$_2$ (*anti*) und (*syn*)], 1.58 [dd, $J_{3,2}$ = 5.6 Hz, $J_{3,4}$ = 5.6 Hz, 3-H$_2$ (*anti*) und (*syn*)], 1.90 [br. s., 2-OH und 4-OH (*syn*)], 2.64 [br. s., 2-OH (*anti*)] teilweise überlagert von 2.72 [br. s., 4-OH (*anti*)], 3.79-3.86 [m, 4-H (*syn*)], 3.88-3.94 [m, 4-H (*anti*)], 3.98-4.07 [m, 2-H (*syn*)], 4.09-4.18 [m, 2-H (*anti*)] ppm.

^{13}C-NMR (100.61 MHz, CDCl$_3$): δ = 14.1 [C-8 (*syn*) und (*anti*)], 22.8 [C-7 (*syn*) und (*anti*)], 23.6 [C-1 (*anti*)], 24.3 [C-1 (*syn*)], 27.6 [C-6 (*syn*)], 28.0 [C-6 (*anti*)], 37.2 [C-5 (*anti*)], 38.0 [C-5 (*syn*)], 44.1 [C-3 (*anti*)], 44.7 [C-3 (*syn*)], 65.5 [C-2 (*anti*)], 69.2 [C-2 (*syn*)], 69.4 [C-4 (*anti*)], 73.2 [C-4 (*syn*)] ppm.

Massenspektrum (NH₃): 164.2, 147.1, 128.1.

IR (Film): $\tilde{v}$ = 3355, 2965, 2930, 2870, 2245, 1460, 1380, 1110, 910, 740, 650 cm^{-1}.

Drehwert (589 nm): 10 mg in 1 ml CHCl₃: -0.107, -0.109, -0.107, -0.107, -0.107. $[α]^{20}_D$ = -33.6° (c = 1.0, CHCl₃).

(5R,7R)-Undecan-5,7-diol

als 63:37 Gemisch mit *meso*-Undecan-5,7-diol

anti-**203i**   und   syn-**203i**

Zu einer nach AAV II hergestellten SmBr$_2$-Lösung (34 ml, 3.4 mmol, 4.5 Äquiv.) wurde bei –78°C **204i** (184 mg, 0.760 mmol) in einem Gemisch aus THF (1.2 ml) und MeOH (0.6 ml) zugetropft. Nach 30 min bei dieser Temp. wurde auf 0°C erwärmt und weitere 20 h gerührt. Anschließend wurde ges. wässr. NaHCO$_3$-Lsg. (20 ml) und HCl (1 M, 50 ml) zugegeben und mit Essigsäureethylester (4 × 20 ml) extrahiert. Die vereinigten org. Phasen wurden über MgSO$_4$ getrocknet und das Lösungsmittel unter vermindertem Druck entfernt.

Flashchromatographie (2 × 20 cm, CH/EE 3:1, 20 ml, #10-22) lieferte ein Diastereomerengemisch der Titelverbindungen (98.7 mg, 0.52 mmol, 69%) als farbloses Öl.

^{1}H-NMR (400 MHz, CDCl$_3$): δ = 0.91 [t, $J_{11,10}$ = 7.0 Hz, 11-H$_3$ (*anti*) und (*syn*)] überlagert von 0.91 [t, $J_{1,2}$ = 7.0 Hz, 1-H$_3$ (*anti*) und (*syn*)], 1.24-1.57 (m, 2-H$_2$, 3-H$_2$, 4-H$_2$, 8-H$_2$, 9-H$_2$, 10-H$_2$ (*anti*) und (*syn*)], 1.61 [dd, $J_{6,7}$ = 6.1 Hz, $J_{6,5}$ = 5.2 Hz, 6-H$_2$ (*anti*) und (*syn*)], 2.36 [br. s, 5-OH, 7-OH (*anti*) und (*syn*)], 3.82-3.88 [m, 5-H und 7-H (*syn*)], 3.91-3.97]m, 5-H und 7-H (*anti*)] ppm.

^{13}C-NMR (100 MHz, CDCl$_3$): δ = 14.1 [C-1 und C-11 (*syn*) und (*anti*)], 22.9 [C-2 und C-10 (*syn*) und (*anti*)], 27.7 [C-3 und C-9 (*syn*)], 28.1 [C-3 und C-9 (*anti*)], 37.4 [C-4 und C-8 (*anti*)], 38.3 [C-4 und C-8 (*syn*)], 42.5 [C-6 (*syn*) und (*anti*)], 69.7 [C-5 und C-7 (*anti*)], 73.7 [C-5 und C-7 (*syn*)] ppm.

IR (Film): $\tilde{v}$ = 3285, 2955, 2930, 2875, 2855, 2360, 2250, 1465, 1410, 1350, 1185, 1145, 1125, 1065, 1045, 1010, 910, 830, 740, 650 cm^{-1}.

Drehwert (589 nm): 10 mg in 1 ml CHCl$_3$: -0.044, -0.044, -0.044, -0.045, -0.045. $[\alpha]^{20}_D$ = -7.05° (c = 1.0, CHCl$_3$).

(4R,6R)-2-Methyldecan-4,6-diol

als 71:29 Gemisch mit **(4R,6S)-2-Methyldecan-4,6-diol**

anti-**203j**   und   syn-**203j**

Zu einer nach AAV II hergestellten SmBr₂-Lösung (34 ml, 3.4 mmol, 4.5 Äquiv.) wurde bei −78°C **204j** (184 mg, 0.760 mmol) in einem Gemisch aus THF (1.2 ml) und MeOH (0.6 ml) zugetropft. Nach 30 min bei dieser Temp. wurde auf 0°C erwärmt und weitere 20 h gerührt. Anschließend wurde ges. wässr. NaHCO₃-Lsg. (20 ml) und HCl (1 M, 50 ml) zugegeben und mit Essigsäureethylester (4 × 20 ml) extrahiert. Die vereinigten org. Phasen wurden über MgSO₄ getrocknet und das Lösungsmittel unter vermindertem Druck entfernt.

Flashchromatographie (2 × 20 cm, CH/EE 3:1, 20 ml, #10-18) lieferte ein Diastereomerengemisch der Titelverbindungen (101.6 mg, 0.540 mmol, 71%) als farbloses Öl.

^{1}H-NMR (400 MHz, CDCl₃): δ = 0.89 [t, $J_{10,9}$ = 7.0 Hz, 10-H₃ (*anti*) und (*syn*)) teilweise überlagert von 0.91 (d, $J_{1,2}$ = 6.6 Hz, 1-H₃ (*anti*) und (*syn*)] teilweise überlagert von 0.91 [d, $J_{2\text{-Me},2}$ = 6.6 Hz, 2'-H₃ (*anti*) und (*syn*)], 1.17-1.51 [m, 3-H₂, 7-H₂, 8-H₂, 9-H₂ (*anti*) und (*syn*)], 1.57 [m$_c$, 5-H₂ (*anti*) und (*syn*)], 1.72 [m$_c$, 2-H (*anti*) und (*syn*)], 2.55 [br. s. 4-OH, 6-OH (*anti*) und (*syn*)], 3.81-3.88 [m, 6-H (*syn*)], 3.89-3.95 [m, 4-H (*syn*) und 6-H (*anti*)], 3.99-4.04 [m, 4-H (*anti*)] ppm.

^{13}C-NMR (100.61 MHz, CDCl₃): δ = 14.1 [C-10 (*syn*) und (*anti*)], 22.2 [C-9 (*syn*)], 22.4 [C-9 (*anti*)], 22.8 [C-1 (*syn*) und (*anti*)], 23.3 [2-Me* (*anti*)], 23.4 [2-Me* (*syn*)], 24.4 [C-2 (*syn*)], 24.7 [C-2 (*anti*)], 27.6 [C-8 (*syn*)], 28.0 [C-8 (*anti*)], 37.3 [C-7 (*anti*)], 38.1 [C-7 (*syn*)], 42.9 [C-5 (*anti*)], 43.6 [C-5 (*syn*)], 46.7 [C-3 (*anti*)], 47.6 [C-3 (*syn*)], 67.6 [C-4 (*anti*)], 69.6 [C-6 (*anti*)], 71.3 [C-4 (*syn*)], 73.3 [C-6 (*syn*)] ppm, *Zuordnung vertauschbar.

HRMS (EI): m/z [M$^+$] berechnet für C$_{11}$H$_{24}$O$_2$: 188.17763; gefunden: 188.17763.

Elementaranalyse

| C$_{11}$H$_{24}$O$_2$ | Ber. C 70.16 | H 12.85 |
| | Gef. C 70.45 | H 12.75 |

IR (Film): $\tilde{v}$ = 3310, 2955, 2930, 2870, 2245, 1465, 1430, 1405, 1365, 1130, 1070, 1050, 1000, 910, 835, 805, 740, 665, 650 cm^{-1}.

(3S,5R)-2-Methylnonan-3,5-diol

als 80:20 Gemisch mit **(3S,5S)-2-Methylnonan-3,5-diol**

anti-**203k**   und   *syn*-**203k**

Zu einer nach AAV II hergestellten SmBr$_2$-Lösung (34 ml, 3.4 mmol, 4.5 Äquiv.) wurde bei −78°C **204k** (174 mg, 0.760 mmol) in einem Gemisch aus THF (1.2 ml) und MeOH (0.6 ml) zugetropft. Nach 30 min bei dieser Temp. wurde auf 0°C erwärmt und weitere 20 h gerührt. Anschließend wurde ges. wässr. NaHCO$_3$-Lsg. (20 ml) und HCl (1 M, 50 ml) zugegeben und mit Essigsäureethylester (4 × 20 ml) extrahiert. Die vereinigten org. Phasen wurden über MgSO$_4$ getrocknet und das Lösungsmittel unter vermindertem Druck entfernt.

Flashchromatographie (2 × 20 cm, CH/EE 2:1, 20 ml, #10-17) lieferte ein Diastereomerengemisch der Titelverbindungen (85.4 mg, 0.49 mmol, 65%) als farbloses Öl.

^{1}H-NMR (400 MHz, CDCl$_3$): δ = 0.88 [d, $J_{2\text{-Me,2}}$ = 6.8 Hz, 2-CH$_3$ (*anti*) und (*syn*)] teilweise überlagert von 0.89 [t, $J_{9,8}$ = 7.5 Hz, 9-H$_3$ (*anti*) und (*syn*)], 0.93 [d, $J_{1,2}$ = 6.7 Hz, 1-H$_3$ (*anti*) und (*syn*)], 1.22-1.72 [m, 2-H$_2$, 4-H$_2$, 6-H$_2$, 7-H$_2$, 8-H$_2$ (*anti*) und (*syn*)], 2.81 [br. s., 3-OH und 5-OH (*anti*) und (*syn*)], 3.58-3.67 [m, 5-H (*syn*) und 5-H (*anti*)], 3.77-3.83 [m, 3-H (*syn*)], 3.86-3.92 [m, 3-H (*anti*)] ppm.

^{13}C-NMR (100.61 MHz, CDCl$_3$): δ = 14.1 [C-9 (*syn*) und (*anti*)], 17.5 [C-1 (*syn*)*], 18.1 [C-1 (*anti*)**], 18.3 [2-Me (*syn*)*], 18.7 [2-Me (*anti*)**], 22.8 [C-8 (*syn*) und (*anti*)], 27.6 [C-7 (*syn*)], 28.1 [C-7 (*anti*)], 33.8 [C-2 (*anti*)], 34.3 [C-2 (*syn*)], 37.2 [C-6 (*anti*)], 38.0 [C-6 (*syn*)], 39.4 [C-4 (*syn*) und (*anti*)], 69.5 [C-5 (*anti*)], 73.4 [C-5 (*syn*)], 73.9 [C-3 (*anti*)], 78.1 [C-3 (*syn*)] ppm, */**Zuordnung vertauschbar.

181

IR (Film): $\tilde{v}$ = 3360, 2960, 2935, 2875, 2245, 1465, 1380, 1350, 1145, 1130, 1045, 960, 910, 845, 740, 685, 645 cm^{-1}.

Drehwert (589 nm): 10 mg in 1 ml CHCl$_3$: -0.107, -0.109, -0.107, -0.107, -0.107. $[\alpha]^{20}_D$ = -69.5° (c = 1.0, CHCl$_3$).

(4R,6R)-2-Methyldecan-4,6-diol

als 64:34 Gemisch mit (4S,6R)-2-Methyldecan-4,6-diol

anti-**203l** und syn-**203l**

Zu einer nach AAV II hergestellten SmBr$_2$-Lösung (34 ml, 3.4 mmol, 4.5 Äquiv.) wurde bei –78°C **204l** (184 mg, 0.760 mmol) in einem Gemisch aus THF (1.2 ml) und MeOH (0.6 ml) zugetropft. Nach 30 min bei dieser Temp. wurde auf 0°C erwärmt und weitere 20 h gerührt. Anschließend wurde ges. wässr. NaHCO$_3$-Lsg. (20 ml) und HCl (1 M, 50 ml) zugegeben und mit Essigsäureethylester (4 × 20 ml) extrahiert. Die vereinigten org. Phasen wurden über MgSO$_4$ getrocknet und das Lösungsmittel unter vermindertem Druck entfernt.

Flashchromatographie (2 × 20 cm, CH/EE 3:1, 20 ml, #14-25) lieferte ein Diastereomerengemisch der Titelverbindungen (95.9 mg, 0.51 mmol, 67%) als farbloses Öl.

^{1}H-NMR (400 MHz, CDCl$_3$): δ = 0.89 [t, $J_{10,9}$ = 6.7 Hz, 10-H$_3$ (**anti**) und (**syn**)] teilweise überlagert von 0.90 [d, $J_{1,2}$ = 6.6 Hz, 1-H$_3$ (**anti**) und (**syn**)] teilweise überlagert von 0.91 [d, $J_{2\text{-Me},2}$ = 6.7 Hz, 2-CH$_3$ (**anti**) und (**syn**)], 1.16-1.59 [m, 3-H$_2$, 5-H$_2$, 7-H$_2$, 8-H$_2$, 9-H$_2$ (**anti**) und (**syn**)], 1.66-1.79 [m, 2-H (**anti**) und (**syn**)], 2.59 [br. s., 4-OH (**anti**)] teilweise überlagert von 2.63 [br. s., 4-OH (**syn**)], 3.17 [br. s, 6-OH (**anti**)] teilweise überlagert von 3.20 [br. s., 6-OH (**syn**)], 3.80-3.86 [m, 6-H (**syn**)], 3.87-3.95 [m, 4-H (**syn**) und 6-H (**anti**)], 3.97-4.05 [m, 4-H (**anti**)] ppm.

^{13}C-NMR (100 MHz, CDCl$_3$): δ = 14.1 [C-10 (*syn*) und (*anti*)], 22.2 [C-9 (*syn*)], 22.3 [C-9 (*anti*)], 22.8 [C-1 (*syn*)* und (*anti*)**], 23.3 [2-Me (*anti*)**], 23.4 [2-Me (*syn*)*], 24.4 [C-2 (*syn*)], 24.7 [C-2 (*anti*)], 27.6 [C-8 (*syn*)], 28.0 [C-8 (*anti*)], 37.3 [C-7 (*anti*)], 38.0 [C-7 (*syn*)], 42.9 [C-5 (*anti*)], 43.5 [C-5 (*syn*)], 46.7 [C-3 (*anti*)], 47.5 [C-3 (*syn*)], 67.5 [C-4 (*anti*)], 69.5 [C-6 (*anti*)], 71.3 [C-4 (*syn*)], 73.3 [C-6 (*syn*)] ppm, */**Zuordnung vertauschbar.

HRMS (CI NH$_3$): m/z [M$^+$H] berechnet für C$_{11}$H$_{24}$O$_2$: 189.18546; gefunden: 189.18530 (+0.8 ppm).

IR (Film): $\tilde{v}$ = 3300, 2955, 2930, 2870, 2360, 2340, 2245, 1465, 1430, 1405, 1380, 1365, 1220, 1150, 1130, 1070, 1050, 1000, 910, 835, 805, 740, 665, 650 cm^{-1}.

(4R,6R)-2,8-Dimethylnonan-4,6-diol

als 58:42 Gemisch mit **(4S,6R)-2,8-Dimethylnonan-4,6-diol**

anti-**203m**   und   *syn*-**203m**

Zu einer nach AAV II hergestellten SmBr$_2$-Lösung (34 ml, 3.4 mmol, 4.5 Äquiv.) wurde bei −78°C **204m** (184 mg, 0.760 mmol) in einem Gemisch aus THF (1.2 ml) und MeOH (0.6 ml) zugetropft. Nach 30 min bei dieser Temp. wurde auf 0°C erwärmt und weitere 20 h gerührt. Anschließend wurde ges. wässr. NaHCO$_3$-Lsg. (20 ml) und HCl (1 M, 50 ml) zugegeben und mit Essigsäureethylester (4 × 20 ml) extrahiert. Die vereinigten org. Phasen wurden über MgSO$_4$ getrocknet und das Lösungsmittel unter vermindertem Druck entfernt.

Flashchromatographie (2 × 20 cm, CH/EE 3:1, 20 ml, #12-19) lieferte ein Diastereomerengemisch der Titelverbindungen (78.7 mg, 0.42 mmol, 55%) als farbloses Öl.

^{1}H-NMR (400 MHz, CDCl$_3$): δ = 0.90 [d, $J_{9,8}$ = 6.6 Hz, 9-H$_3$ (*anti*) und (*syn*)] teilweise überlagert von 0.91 [d, $J_{8\text{-Me},8}$ = 6.6 Hz, 8-CH$_3$ (*anti*) und (*syn*)] überlagert von 0.91 [d, $J_{2\text{-Me},2}$ = 6.6 Hz, 2-CH$_3$ (*anti*) und (*syn*)] teilweise überlagert von 0.91 [d, $J_{1,2}$ = 6.7 Hz, 1-H$_3$ (*anti*) und (*syn*)], 1.16-1.26 [m, 2-H, 8-H (*anti*) und (*syn*)], 1.37-1.57 [m, 3-H$_2$, 7-H$_2$ (*anti*) und (*syn*)], 1.66-1.80 [m, 5-H$_2$ (*anti*) und (*syn*)], 2.47 [br. s. 4-OH, 6-OH (*anti*) und (*syn*)], 3.90-3.96 [m, 4-H, 6-H (*syn*)], 3.99-4.05 [m, 4-H, 6-H (*anti*)] ppm.

^{13}C-NMR (100.61 MHz, CDCl$_3$): δ = 22.2 [C-1 und C-9 (*syn*)], 22.3 [C-1 und C-9 (*anti*)], 23.4 [2-Me und 8-Me (*anti*)], 23.4 [2-Me und 8-Me (*syn*)], 24.4 [C-2 und C-8 (*syn*)], 24.7 [C-2 und C-8 (*anti*)], 43.4 [C-5 (*anti*)], 44.1 [C-5 (*syn*)], 46.8 [C-3 und C-7 (*anti*)], 47.6, [C-3 und C-7 (*syn*)], 67.5 [C-4 und C-6 (*anti*)], 71.3 [C-4 und C-6 (*syn*)] ppm.

HRMS (CI NH$_3$): m/z [M$^+$H] berechnet für C$_{11}$H$_{24}$O$_2$: 189.18546; gefunden: 189.18510 (+1.9 ppm).

IR (Film): $\tilde{v}$ = 3300, 2955, 2930, 2870, 2360, 2340, 2245, 1465, 1430, 1405, 1380, 1365, 1220, 1150, 1130, 1070, 1050, 1000, 910, 835, 805, 740 cm^{-1}.

Drehwert (589 nm): 10 mg in 1 ml CHCl$_3$: -0.107, -0.109, -0.107, -0.107, -0.107. [α]$^{20}_{D}$ = -20.65° (c = 1.0, CHCl$_3$).

(4R,6R)-4,6-Dimethyl-2-phenyl-1,3,2-dioxaborinan

als 94:6 Gemisch mit *meso*-**4,6-Dimethyl-2-phenyl-1,3,2-dioxaborinan**

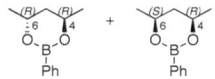

trans-**229g** und *cis*-**229g**

Zu einer nach AAV II hergestellten SmBr$_2$-Lösung (34 ml, 3.4 mmol, 4.5 Äquiv.) wurde bei −78°C **205g** (155 mg, 0.760 mmol) in einem Gemisch aus THF (1.2 ml) und MeOH (0.6 ml) zugetropft. Nach 30 min bei dieser Temp. wurde auf 0°C erwärmt und weitere 20 h gerührt. Anschließend wurde ges. wässr. NaHCO$_3$-Lsg. (20 ml) und HCl (1 M, 50 ml) zugegeben und mit Essigsäureethylester (4 × 20 ml) extrahiert. Die vereinigten org. Phasen wurden über MgSO$_4$ getrocknet und das Lösungsmittel unter vermindertem Druck entfernt.

Flashchromatographie (2 × 20 cm, CH/EE 30:1, 10 ml, #11-17) lieferte ein Diastereomerengemisch der Titelverbindungen (96.8 mg, 0.51 mmol, 67%) als farbloses Öl. Eine unter identischen Reaktionsbedingungen durchgeführte Reduktion von **205g** mit einer nach AAV I hergestellten SmI$_2$-Lösung lieferte diastereomerenreines *trans*-**229g** in 52%.

^{1}H-NMR (500 MHz, CDCl$_3$): δ = 1.38 [d, J_{vic} = 6.4 Hz, 4-CH$_3$ (*trans*) und (*cis*) und 6-CH$_3$ (*trans*) und (*cis*)], 1.84 [dd, $J_{5,4}$ = 5.5 Hz, $J_{5,6}$ = 5.1 Hz, 5-H$_2$ (*trans*) und (*cis*)], 4.27 [m$_c$, 4-H 6-H (*cis*)], 4.42 (qt, $J_{mit\,CH_3}$ = 6.0 Hz, $J_{mit\,CH_2}$ = 5.9 Hz, 4-H und 6-H (*trans*)], 7.33-7.43 [m, 3 arom. H (*trans*) und (*cis*)], 7.80-7.82 [m, 2 arom. H (*trans*) und (*cis*)] ppm.

¹³C-NMR (100.61 MHz, CDCl$_3$): δ = 22.8 [4-Me und 6-Me (*trans*)], 23.3 (4-Me und 6-Me (*cis*)), 39.4 [C-5 (*trans*)], 42.6 [C-5 (*cis*)], 64.7 [C-4 und C-6 (*trans*)], 68.2 [C-4 und C-6 (*cis*)], 127.6, 130.5, 133.8 [6 arom. C (*trans*) und (*cis*)] ppm.

IR (Film): $\tilde{\nu}$ = 2960, 2925, 2855, 2350, 2250, 1310, 1260, 1105, 915, 795, 745, 700, 665, 655 cm^{-1}.

(4*R*,6*R*)-6-Butyl-4-methyl-2-phenyl-1,3,2-dioxaborinan

als 58:42 Gemisch mit (4R,6S)-6-Butyl-4-methyl-2-phenyl-1,3,2-

dioxaborinan

trans-**229a**   und   *cis*-**229a**

Zu einer nach AAV II hergestellten SmBr$_2$-Lösung (34 ml, 3.4 mmol, 4.5 Äquiv.) wurde bei −78°C **205a** (187 mg, 0.760 mmol) in einem Gemisch aus THF (1.2 ml) und MeOH (0.6 ml) zugetropft. Nach 30 min bei dieser Temp. wurde auf 0°C erwärmt und weitere 20 h gerührt. Anschließend wurde ges. wässr. NaHCO$_3$-Lsg. (20 ml) und HCl (1 M, 50 ml) zugegeben und mit Essigsäureethylester (4 × 20 ml) extrahiert. Die vereinigten org. Phasen wurden über MgSO$_4$ getrocknet und das Lösungsmittel unter vermindertem Druck entfernt.

Flashchromatographie (2 × 20 cm, CH/EE 30:1, 10 ml, #3-28) lieferte ein Diastereomerengemisch der Titelverbindungen (114 mg, 0.49 mmol, 65%) als farbloses Öl. Eine unter identischen Reaktionsbedingungen durchgeführte Reduktion von **205a** mit einer nach AAV I hergestellten SmI$_2$-Lösung lieferte eine 92:8 Gemisch von *trans*-**229a** und *cis*-**229a** in 58%.

^{1}H-NMR (500 MHz, CDCl$_3$): δ = 0.96 [t, $J_{4',3'}$ = 7.3 Hz, 4'-H$_3$ (*cis*)] teilweise überlagert von 0.97 [t, $J_{4',3'}$ = 7.2 Hz, 4'-H$_3$ (*trans*)], 1.35 [d, $J_{1'',4}$ = 6.3 Hz, 1''-H$_3$ (*cis*)], 1.38 [d, $J_{1'',4}$ = 6.6 Hz, 1''-H$_3$ (*trans*)], 1.39-1.47 [m, 2'-H^1 und 3'-H$_2$ (*trans*) und (*cis*)], 1.51-1.61 [m, 1'-H^1 (*trans*) und (*cis*), 2'-H^2 (*trans*) und (*cis*)], 1.62-1.75 [m, 1'-H^2 (*trans*) und (*cis*)], 1.79-1.91 [m, 5-H^1 (*trans*) und (*cis*), 5-H^2 (*cis*)], 1.96-2.00 [m, 5-H^2 (*trans*)], 4.08-4.13 [m, 4-H (*cis*)], 4.18-4.23 [m, 4-H (*trans*)], 4.23-4.30 [m, 6-H (*cis*)], 4.37-4.43 [m, 6-H (*trans*)], 7.33-7.43 [m, 3 arom. H (*trans*) und (*cis*)], 7.80-7.84 [m, 2 arom. H (*trans*) und (*cis*)] ppm.

¹³C-NMR (100.61 MHz, CDCl$_3$): δ = 14.2 [C-4' (*trans*) und (*cis*)], 22.8 [C-3' und C-1'' (*trans*)], 22.8 [C-3' und C-1'' (*syn*)], 27.4 [C-2' (*cis*)], 27.9 [C-2' (*trans*)], 36.7 [C-1' (*trans*)], 37.1 [C-1' (*cis*)], 37.8 [C-5 (*trans*)], 40.9 [C-5 (*cis*)], 65.1 [C-4 (*trans*)], 68.2 [C-4 (*cis*)], 68.5 [C-6 (*trans*)], 71.9 [C-6 (*cis*)], 126.4, 129.4, 132.7 (3 Resonanzsignale für 4 nichtäquivalente arom. C-Atome) ppm.

Massenspektrum (NH$_3$): m/z = 250.1, 232.1, 175, 172, 105.

HRMS (EI): m/z [M$^+$] berechnet für C$_{14}$H$_{21}$BO$_2$: 232.16346; gefunden: 232.16351 (+0.2 ppm).

IR (Film): $\tilde{v}$ = 3500, 3075, 3055, 3025, 2955, 2930, 2870, 1600, 1495, 1440, 1405, 1355, 1305, 1160, 1070, 1025, 915, 745, 700, 665, 650 cm^{-1}.

(4*R*,6*R*)-4-Butyl-6-methyl-2-phenyl-1,3,2-dioxaborinan

als 75:25 Gemisch mit **(4*S*,6*R*)-4-Butyl-6-methyl-2-phenyl-1,3,2-**

dioxaborinan

trans-**229h** und   *cis*-**229h**

Zu einer nach AAV II hergestellten SmBr$_2$-Lösung (34 ml, 3.4 mmol, 4.5 Äquiv.) wurde bei –78°C **205h** (187 mg, 0.760 mmol) in einem Gemisch aus THF (1.2 ml) und MeOH (0.6 ml) zugetropft. Nach 30 min bei dieser Temp. wurde auf 0°C erwärmt und weitere 20 h gerührt. Anschließend wurde ges. wässr. NaHCO$_3$-Lsg. (20 ml) und HCl (1 M, 50 ml) zugegeben und mit Essigsäureethylester (4 × 20 ml) extrahiert. Die vereinigten org. Phasen wurden über MgSO$_4$ getrocknet und das Lösungsmittel unter vermindertem Druck entfernt.

Flashchromatographie (2 × 20 cm, CH/EE 30:1, 20 ml, #4-21) lieferte ein Diastereomerengemisch der Titelverbindungen (125 mg, 0.54 mmol, 71%) als farbloses Öl. Eine unter identischen Reaktionsbedingungen durchgeführte Reduktion von **205h** mit einer nach AAV I hergestellten SmI$_2$-Lösung lieferte eine 89:11 Gemisch von *trans*-**229h** und *cis*-**229h** in 53%.

^{1}H-NMR (400 MHz, CDCl$_3$): δ = 0.93 [t, $J_{4',3'}$ = 7.1 Hz, 4'-H$_3$ (*trans*)], teilweise überlagert von 0.93 [t, $J_{4',3'}$ = 7.2 Hz, 4'-H$_3$ (*cis*)], 1.32 [d, $J_{1'',6}$ = 6.2 Hz, 1''-H$_3$ (*cis*)], 1.35 [d, $J_{1'',6}$ = 6.4 Hz, 1''-H$_3$ (*trans*)], teilweise überlagert von 1.33-1.43 [m, 2'-H^1 und 3'-H$_2$ (*trans*) und (*cis*)], 1.47-1.58 [m, 2'-H^2 (*trans*) und (*cis*)], 1.61-1.72 [m, 1'-H$_2$ (*trans*) und (*cis*)], 1.76-1.89 [m, 5-H^1 (*trans*) und (*cis*), 5-H^2 (*cis*)], 1.94-1.98 [m, 5-H^2 (*trans*)], 4.05-4.11 [m, 4-H (*cis*)], 4.14-4.20 [m, 4-H (*trans*)], teilweise überlagert von 4.20-4.28 [m, 6-H (*cis*)], 4.33-4.41 [m, 6-H (*trans*)], 7.30-7.41 [m, 3 arom. H (*trans*) und (*cis*)], 7.77-7.80 [m, 2 arom. H (*trans*) und (*cis*)] ppm.

¹³C-NMR (100.61 MHz, CDCl$_3$): δ = 14.2 [C-4' (*trans*) und (*cis*)], 22.8 [C-3' und C-1" (*trans*)], 23.4 [C-3' (*cis*)], 27.4 [(C-1" und C-2' (*cis*)], 27.9 [C-2' (*trans*)], 36.7 [C-1' (*trans*)], 37.1 [C-1' (*cis*)], 37.8 [(C-5 (*trans*)], 40.9 [C-5 (*cis*)], 65.1 [C-6 (*trans*)], 68.3 [C-6 (*cis*)], 68.5 [C-4 (*trans*)], 71.9 [C-4 (*cis*)], 127.6, 130.5, und 133.8, 133.9 [3 Resonanzsignale für 4 nichtäquivalente arom. C-Atome (*trans*) und (*cis*)] ppm.

Massenspektrum (EI-direkt): m/z = 232.2, 231.2, 175.1, 131, 105, 41.2.

HRMS (EI 70 eV): m/z [M$^+$] berechnet für C$_{14}$H$_{21}$BO$_2$: 232.16346; gefunden: 232.16350 (+0.2 ppm).

IR (Film): $\tilde{v}$ = 3730, 2975, 2870, 2360, 2335, 2250, 1605, 1440, 1380, 1305, 1145, 1025, 915, 745, 700, 665, 650 cm^{-1}.

192

(4R,6R)-4,6-Dibutyl-2-phenyl-1,3,2-dioxaborinan

als 58:42 Gemisch mit **meso-4,6-Dibutyl-2-phenyl-1,3,2-dioxaborinan**

trans-**229i**   und   *cis*-**229i**

Zu einer nach AAV II hergestellten SmBr$_2$-Lösung (34 ml, 3.4 mmol, 4.5 Äquiv.) wurde bei −78°C **205i** (219 mg, 0.760 mmol) in einem Gemisch aus THF (1.2 ml) und MeOH (0.6 ml) zugetropft. Nach 30 min bei dieser Temp. wurde auf 0°C erwärmt und weitere 20 h gerührt. Anschließend wurde ges. wässr. NaHCO$_3$-Lsg. (20 ml) und HCl (1 M, 50 ml) zugegeben und mit Essigsäureethylester (4 × 20 ml) extrahiert. Die vereinigten org. Phasen wurden über MgSO$_4$ getrocknet und das Lösungsmittel unter vermindertem Druck entfernt.

Flashchromatographie (2 × 20 cm, CH/EE 30:1, 10 ml, #6-26) lieferte ein Diastereomerengemisch der Titelverbindungen (148 mg, 0.54 mmol, 71%) als farbloses Öl. Eine unter identischen Reaktionsbedingungen durchgeführte Reduktion von **205i** mit einer nach AAV I hergestellten SmI$_2$-Lösung lieferte eine 80:20 Gemisch von *trans*-**229i** und *cis*-**229i** in 59%.

^{1}H-NMR (500 MHz, CDCl$_3$): δ = 0.94 [2 × t, J_{vic} = 7.3 Hz, 2 × CH$_2$-CH$_2$-CH$_2$-CH_3 (*cis*)] teilweise überlagert von 0.95 [2 × t, J_{vic} = 7.2 Hz, 2 × CH$_2$-CH$_2$-CH$_2$-CH_3 (*trans*)], 1.35-1.45 [m, 2 × CH$_2$-CH_2-CH$_2$-CH$_3$ und 2 × CH$_2$-CH$_2$-CH_2-CH$_3$, (*trans*) und (*cis*)], 1.50-1.58 [m, 1 × CH$_2$-CH$_2$-CH$_2$-CH$_3$ (*trans*) und (*cis*)], 1.61-1.73 [m, 1 × CH_2-CH$_2$-CH$_2$-CH$_3$ (*trans*) und (*cis*)], 1.85 [dd, $J_{5,4}$ = 5.3 Hz, $J_{5,6}$ = 5.3 Hz, 5-H$_2$ (*trans*) und (*cis*)], 4.06-4.11 [m, 4-H und 6-H (*cis*)], 4.14-4.19 [4-H und 6-H (*trans*)], 7.32-7.42 [m, 3 arom. H (*trans*) und (*cis*)], 7.79-7.82 [m, 2 arom. H (*trans*) und (*cis*)] ppm.

^{13}C-NMR (100.61 MHz, CDCl$_3$): δ = 14.2 [2 × CH$_2$-CH$_2$-CH$_2$-CH$_3$ (*trans*) und (*cis*)], 22.8 [2 × CH$_2$-CH$_2$-CH$_2$-CH$_3$ (*trans*) und (*cis*)], 27.4 [CH$_2$-CH$_2$-CH$_2$-CH$_3$ (*cis*)], 27.9 [CH$_2$-CH$_2$-CH$_2$-CH$_3$ (*trans*)], 36.3 [2 × CH$_2$-CH$_2$-CH$_2$-CH$_3$ (*trans*)], 36.7 [C-5 (*trans*)], 37.2 [2 × CH$_2$-CH$_2$-CH$_2$-CH$_3$ (*cis*)], 39.1 [C-5 (*cis*)], 68.9 [C-4 und C-6 (*trans*)], 71.9 [C-4 und C-6 (*cis*)], 127.5, 127.6, 130.5, 133.8 und 133.9 [6 arom. C (*trans*) und (*cis*)] ppm.

Massenspektrum (EI-direkt): m/z = 274.2, 217.1, 161.1, 147.1, 95.1, 41.2.

HRMS (EI, 70 eV): m/z [M$^+$] berechnet für C$_{17}$H$_{27}$BO$_2$: 274.21041; gefunden: 274.21048 (+0.3 ppm).

IR (CDCl$_3$): $\tilde{v}$ = 2955, 2930, 2870, 2410, 2350, 1600, 1440, 1410, 1375, 1310, 1155, 1030, 915, 745, 700, 665, 650 cm^{-1}.

(4*R*,6*R*)-4-Butyl-6-isobutyl-2-phenyl-1,3,2-dioxaborinan

als 60:40 Gemisch mit (4*S*,6*R*)-4-Butyl-6-isobutyl-2-phenyl-

1,3,2-dioxaborinan

trans-**229j**   und   *cis*-**229j**

Zu einer nach AAV II hergestellten SmBr$_2$-Lösung (34 ml, 3.4 mmol, 4.5 Äquiv.) wurde bei –78°C **205j** (219 mg, 0.760 mmol) in einem Gemisch aus THF (1.2 ml) und MeOH (0.6 ml) zugetropft. Nach 30 min bei dieser Temp. wurde auf 0°C erwärmt und weitere 20 h gerührt. Anschließend wurde ges. wässr. NaHCO$_3$-Lsg. (20 ml) und HCl (1 M, 50 ml) zugegeben und mit Essigsäureethylester (4 × 20 ml) extrahiert. Die vereinigten org. Phasen wurden über MgSO$_4$ getrocknet und das Lösungsmittel unter vermindertem Druck entfernt.

Flashchromatographie (2 × 20 cm, CH/EE 10:1, 10 ml, #4-22) lieferte ein Diastereomerengemisch der Titelverbindungen (137 mg, 0.500 mmol, 66%) als farbloses Öl. Eine unter identischen Reaktionsbedingungen durchgeführte Reduktion von **205j** mit einer nach AAV I hergestellten SmI$_2$-Lösung lieferte eine 66:34 Gemisch von *trans*-**229j** und *cis*-**229j** in 53%.

^{1}H-NMR (400 MHz, CDCl$_3$): δ = 0.94 [d, $J_{3'',2''}$ = 7.5 Hz, 3''-H$_3$ (**cis**)] teilweise überlagert von 0.94 [d, $J_{3'',2''}$ = 7.3 Hz, 3''-H$_3$ (**trans**)] teilweise überlagert von 0.95 [d, $J_{2''-Me,2''}$ = 7.3 Hz, 2''-CH$_3$ (**cis**)] teilweise überlagert von 0.99 [d, $J_{2''-Me,2''}$ = 6.6 Hz, 2''-CH$_3$ (**trans**)] teilweise überlagert von 0.99 [t, $J_{4',3'}$ = 6.9 Hz, 4'-H$_3$ (**trans**) und (**cis**)], 1.26-1.47 [m, 2'-H$_2$, 2''-H$_2$ und 3'-H$_2$ (**trans**) und (**cis**)], 1.51-1.74 [m, 1'-H$_2$ (**trans**) und (**cis**)], 1.78-2.06 [m, 1''-H$_2$, und 5-H$_2$ (**trans**) und (**cis**)], 4.07-4.21 [m, 4-H (**cis**), 4-H (**trans**) und 6-H (**cis**)], 4.23-4.31 [m, 6-H (**trans**)], 7.31-7.42 [m, 3 arom. H (**trans**) und (**cis**)], 7.79-7.83 [m, 2 arom. H (**trans**) und (**cis**)] ppm.

^{13}C-NMR (100.61 MHz, CDCl$_3$): δ = 14.2 [C-4' (*trans*) und (*cis*)], 22.5 [C-3' (*trans*)], 22.8 [C-3' (*cis*)], 22.8 [C-3'' (*trans*)*], 23.3 [2''-Me (*trans*)*], 23.4 [C-3'' und 2''-Me (*cis*)], 24.5 [C-2'' (*cis*)], 24.8 [C-2'' (*trans*)], 27.4 [2'-C (*cis*)], 27.9 [C-2' (*trans*)], 36.8 [C-1' (*trans*) und (*cis*)], 37.2 [C-5 (*trans*)], 39.7 [C-5 (*cis*)], 46.1 [C-1'' (*trans*)], 46.7 [C-1'' (*cis*)], 67.0 [C-6 (*trans*)], 68.9 [C-4 (*trans*)], 70.2 [C-6 (*cis*)], 71.9 [C-4 (*cis*)], 127.6, 127.6, 130.5, 133.8, und 133.9 [6 arom. C (*trans*) und (*cis*)] ppm, *Zuordnung vertauschbar.

Massenspektrum (EI-direkt): m/z = 274.3, 217.2, 216.2, 161.1, 105.1, 43.1.

HRMS (EI 70 eV): m/z [M$^+$] berechnet für C$_{17}$H$_{27}$BO$_2$: 274.21041; gefunden: 274.21047 (+0.2 ppm).

IR (Film): $\tilde{v}$ = 2955, 2935, 2870, 2405, 2350, 1600, 1440, 1410, 1375, 1310, 1145, 1030, 915, 745, 700, 665, 645, 450 cm^{-1}.

(4*R*,6*S*)-4-Butyl-6-isopropyl-2-phenyl-1,3,2-dioxaborinan

als 50:50 Gemisch mit **(4*S*,6*S*)-4-Butyl-6-isopropyl-2-phenyl-1,3,2-**

dioxaborinan

trans-**229k**   und   *cis*-**229k**

Zu einer nach AAV II hergestellten SmBr$_2$-Lösung (34 ml, 3.4 mmol, 4.5 Äquiv.) wurde bei −78°C **205k** (208 mg, 0.760 mmol) in einem Gemisch aus THF (1.2 ml) und MeOH (0.6 ml) zugetropft. Nach 30 min bei dieser Temp. wurde auf 0°C erwärmt und weitere 20 h gerührt. Anschließend wurde ges. wässr. NaHCO$_3$-Lsg. (20 ml) und HCl (1 M, 50 ml) zugegeben und mit Essigsäureethylester (4 × 20 ml) extrahiert. Die vereinigten org. Phasen wurden über MgSO$_4$ getrocknet und das Lösungsmittel unter vermindertem Druck entfernt.

Flashchromatographie (2 × 20 cm, CH/EE 30:1, 10 ml, #3-26) lieferte ein Diastereomerengemisch der Titelverbindungen (135 mg, 0.52 mmol, 69%) als farbloses Öl. Eine unter identischen Reaktionsbedingungen durchgeführte Reduktion von **205k** mit einer nach AAV I hergestellten SmI$_2$-Lösung lieferte eine 82:18 Gemisch von *trans*-**229k** und *cis*-**229k** in 61%.

^{1}H-NMR (400 MHz, CDCl$_3$): δ = 0.95 [t, $J_{4',3'}$ = 7.1 Hz, 4'-H$_3$ (*cis*)], teilweise überlagert von 0.96 [t, $J_{4',3'}$ = 6.9 Hz, 4'-H$_3$ (*trans*)], teilweise überlagert von 0.97 [d, $J_{1''-Me,1''}$ = 6.7 Hz, 1''-CH$_3$ (*cis*)], 0.99 [d, $J_{2'',1''}$ = 6.8 Hz, 2''-H$_3$ (*cis*)], 1.06 [d, $J_{2'',1''}$ = 6.8 Hz, 2''-H$_3$ (*trans*)], 1.09 [d, $J_{1''-Me,1''}$ = 6.7 Hz, 1''-CH$_3$ (*trans*)], 1.36-1.46 [m, 2'-H$_2$ and 3'-H$_2$ (*trans*) und (*cis*)], 1.51-1.59 [m, 1'-H^1 (*trans*) und (*cis*) und 1''-H (*trans*) und (*cis*)], 1.61-1.84, [m, 1'H^2 (*trans*) und (*cis*), 5-H^1 (*cis*), 5-H^2 (*trans*)], 1.90-1.98 [m, 5-H^1 (*trans*), 5-H^2 (*cis*)], 3.81-3.88 [m, 4-H und 6-H (*cis*)], 4.05-4.12 [m, 4-H (*trans*)], 4.15-4.21 [m, 6-H (*trans*)], 7.32-7.43 [m, 3 arom. H (*trans*) und (*cis*)], 7.81-7.84 [m, 2 arom. H (*trans*) und (*cis*)] ppm.

¹³C-NMR (100.61 MHz, CDCl$_3$): δ = 13.1 [C-4' (*trans*)], 13.1 [C-4' (*cis*)], 16.7 [1''-Me (*trans*)*], 17.1 [C-2'' (*trans*)*], 17.4 [C-2'' und 1''-Me (*cis*)], 21.6 [C-3' (*trans*)], 21.7 [C-3' (*cis*)], 26.3 [C-2' (*cis*)], 26.9 [C-2' (*trans*)], 32.3 [C-1' (*cis*)], 32.6 [C-1'' (*cis*)], 32.9 [C-1'' (*trans*)], 34.8 [C-1' (*trans*)], 35.4 [C-5 (*cis*)], 36.2 [C-5 (*trans*)] , 68.4 [C-4 (*trans*)], 70.9 [C-4 (*cis*)], 72.2 [C-6 (*trans*)], 75.6 [C-6 (*cis*)], 126.4, 126.4, 129.4, 132.7, and 132.8 [6 arom. C (*trans*) und (*cis*)] ppm, *Zuordnung vertauschbar.

Massenspektrum (EI-direkt): m/z = 260.2, 217.1, 161, 147, 105, 69.1.

HRMS (EI 70 eV): m/z [M$^+$] berechnet für C$_{16}$H$_{25}$BO$_2$: 260.19476; gefunden: 260.19480 (+0.2 ppm).

IR (Film): $\widetilde{\nu}$ = 3670, 3075, 2960, 2930, 2870, 2360, 2240, 1710, 1600, 1440, 1405, 1375, 1310, 1145, 1030, 980, 970, 960, 910, 875, 865, 845, 810, 800, 790, 740, 700, 665, 650, 630, 620, 610 cm^{-1}.

(4*R*,6*R*)-4-Butyl-6-isobutyl-2-phenyl-1,3,2-dioxaborinan

als 58:42 Gemisch mit **(4R,6S)-4-Butyl-6-isobutyl-2-phenyl-1,3,2-**

dioxaborinan

trans-**229I**   und   *cis*-**229I**

Zu einer nach AAV II hergestellten SmBr$_2$-Lösung (34 ml, 3.4 mmol, 4.5 Äquiv.) wurde bei –78°C **205I** (219 mg, 0.760 mmol) in einem Gemisch aus THF (1.2 ml) und MeOH (0.6 ml) zugetropft. Nach 30 min bei dieser Temp. wurde auf 0°C erwärmt und weitere 20 h gerührt. Anschließend wurde ges. wässr. NaHCO$_3$-Lsg. (20 ml) und HCl (1 M, 50 ml) zugegeben und mit Essigsäureethylester (4 × 20 ml) extrahiert. Die vereinigten org. Phasen wurden über MgSO$_4$ getrocknet und das Lösungsmittel unter vermindertem Druck entfernt.

Flashchromatographie (2 × 20 cm, CH/EE 30:1, 10 ml, #4-24) lieferte ein Diastereomerengemisch der Titelverbindungen (135 mg, 0.492 mmol, 65%) als farbloses Öl. Eine unter identischen Reaktionsbedingungen durchgeführte Reduktion von **205I** mit einer nach AAV I hergestellten SmI$_2$-Lösung lieferte eine 57:43 Gemisch von *trans*-**229I** und *cis*-**229I** in 52%.

^{1}H-NMR (400 MHz, CDCl$_3$): δ = 0.94 [d, $J_{3'',2''}$ = 7.4 Hz, 3''-H$_3$ (*cis*)], teilweise überlagert von 0.95 [d, $J_{3'',2''}$ = 7.4 Hz, 3''-H$_3$ (*trans*)], 0.97 [d, $J_{2''-Me,2''}$ = 5.8 Hz, 2''-CH$_3$ (*cis*)], teilweise überlagert von 0.99 [d, $J_{2''-Me,2''}$ = 6.6 Hz, 2''-CH$_3$ (*trans*)], teilweise überlagert von 0.99 [t, $J_{4',3'}$ = 6.9 Hz, 4'-H$_3$ (*cis*) und (*trans*)], 1.26-1.45 [m, 2'-H$_2$, 2''-H, und 3'-H$_2$ (*trans*) und (*cis*)], 1.52-1.72 [m, 1'-H$_2$ und 1''-H$_2$ (*trans*) und (*cis*)], 1.82-2.04 [m, 5-H$_2$ (*trans*) und (*cis*)], 4.07-4.21 [m, 4-H (*cis*), 4-H (*trans*) und 6-H (*cis*)], 4.24-4.31 [m, 6-H (*trans*)], 7.31-7.42 [m, 3 arom. H (*trans*) und (*cis*)], 7.78-7.82 [m, 2 arom. H (*trans*) und (*cis*)] ppm.

^{13}C-NMR (100.61 MHz, CDCl$_3$): δ = 14.2 [C-4' (*trans*) und (*cis*)], 22.5 [C-3' (*trans*) und (*cis*)], 22.8 [C-3'' (*trans*)*], 22.8 [C-3'' (*cis*)**], 23.3 [2''-Me (*trans*)*], 23.4 [2''-Me (*cis*)**], 24.4 [C-2'' (*cis*)], 24.8 [C-2'' (*trans*)], 27.4 [C-2' (*cis*)], 27.9 [C-2' (*trans*)], 36.8 [C-1' (*trans*)], 37.2 [C-1' (*cis*)], 39.7 [C-5 (*cis*)], 46.1 [C-5 und C-1'' (*trans*)], 46.7 [C-1'' (*cis*)], 67.0 [C-6 (*trans*)], 68.9 [C-4 (*trans*)], 70.1 [C-6 (*cis*)], 71.9 [C-4 (*cis*)], 127.5, 127.6, 130.5, 133.8, und 133.9 [6 arom. C (*trans*) und (*cis*)] ppm, */**Zuordnung vertauschbar.

Massenspektrum (EI-direkt): m/z = 274.3, 217.2, 216.2, 161.1, 105.1, 43.1.

HRMS (EI 70 eV): m/z [M$^+$] berechnet für C$_{17}$H$_{27}$BO$_2$: 274.21041; gefunden: 274.21048 (+0.2 ppm).

IR (CDCl$_3$): $\tilde{v}$ = 2955, 2935, 2870, 2360, 2340, 1600, 1440, 1410, 1370, 1310, 1160, 1030, 915, 805, 745, 700, 670, 650 cm^{-1}.

(4*R*,6*R*)-4,6-Diisobutyl-2-phenyl-1,3,2-dioxaborinan

als 58:42 Gemisch mit *meso*-4,6-Diisobutyl-2-phenyl-1,3,2-

dioxaborinan

trans-**229m**   und   *cis*-**229m**

Zu einer nach AAV II hergestellten SmBr$_2$-Lösung (34 ml, 3.4 mmol, 4.5 Äquiv.) wurde bei −78°C **205m** (219 mg, 0.760 mmol) in einem Gemisch aus THF (1.2 ml) und MeOH (0.6 ml) zugetropft. Nach 30 min bei dieser Temp. wurde auf 0°C erwärmt und weitere 20 h gerührt. Anschließend wurde ges. wässr. NaHCO$_3$-Lsg. (20 ml) und HCl (1 M, 50 ml) zugegeben und mit Essigsäureethylester (4 × 20 ml) extrahiert. Die vereinigten org. Phasen wurden über MgSO$_4$ getrocknet und das Lösungsmittel unter vermindertem Druck entfernt.

Flashchromatographie (2 × 20 cm, CH/EE 30:1, 10 ml, #10-29) lieferte ein Diastereomerengemisch der Titelverbindungen (154 mg, 0.562 mmol, 74%) als farbloses Öl. Eine unter identischen Reaktionsbedingungen durchgeführte Reduktion von **205m** mit einer nach AAV I hergestellten SmI$_2$-Lösung lieferte eine 58:42 Gemisch von *trans*-**229m** und *cis*-**229m** in 58%.

^{1}H-NMR (500 MHz, CDCl$_3$): δ = 0.98 [d, J_{vic} = 6.9 Hz, 1 × CH$_2$-CH-(CH$_3$)$_2$ (*cis*) und (*trans*)], teilweise überlagert von 0.99 [d, J_{vic} = 6.9 Hz, 1 × CH$_2$-CH-(CH$_3$)$_2$ (*cis*) und (*trans*)], teilweise überlagert von 1.00 [d, J_{vic} = 6.9 Hz, 1 × CH$_2$-CH-(CH$_3$)$_2$ (*cis*) und (*trans*)], teilweise überlagert von 1.00 [d, J_{vic} = 6.6, 1 × CH$_2$-CH-(CH$_3$)$_2$ (*cis*) und (*trans*)], 1.29-1.34 [m, 2 × CH$_2$-C*H*-(CH$_3$)$_2$ (*trans*) und (*cis*)], 1.53-1.68 [m, 1 × C*H*$_2$-CH-(CH$_3$)$_2$ (*trans*) und (*cis*)], 1.81-2.06, [m, 1 × C*H*$_2$-CH-(CH$_3$)$_2$ (*trans*) und (*cis*)], 5-H$_2$ (*trans*) und (*cis*)], 4.16-4.22 [m, 4-H (*cis*), 6-H (*cis*)], 4.25-4.30 [m, 4-H (*trans*) und 6-H (*trans*)], 7.31-7.42 [m, 3 arom. H (*trans*) und (*cis*)], 7.79-7.81 [m, 2 arom. H (*trans*) und (*cis*)] ppm.

^{13}C-NMR (100.61 MHz, CDCl$_3$): δ = 22.5 [4 $\times$ CH$_2$-CH-(CH$_3$)$_2$ (*trans*)], 23.3 [4 $\times$ CH$_2$-CH-(CH$_3$)$_2$ (*cis*)], 23.4 [CH$_2$-CH-(CH$_3$)$_2$ (*trans*)], 24.4 [CH$_2$-CH-(CH$_3$)$_2$ (*trans*)], 24.8 [2 $\times$ CH$_2$-CH-(CH$_3$)$_2$ (*cis*)], 37.2 [C-5 (*trans*)], 40.2 [C-5 (*cis*)], 46.1 [2 $\times$ CH$_2$-CH-(CH$_3$)$_2$ (*trans*)], 46.7 [2 $\times$ CH$_2$-CH-(CH$_3$)$_2$ (*cis*)], 67.0 [C-4 und C-6 (*trans*)], 70.1 (C-4 und C-6 (*cis*)], 127.5, 127.6, 130.5, 133.8, und 133.9 [6 arom. C (*trans*) und (*cis*)] ppm.

Massenspektrum (EI-direkt): m/z = 274.3, 217.2, 161.1, 105.1, 43.1.

HRMS (EI 70 eV): m/z [M$^+$] berechnet für C$_{17}$H$_{27}$BO$_2$: 274.21041; gefunden: 274.21050 (+0.3 ppm).

IR (CDCl$_3$): $\tilde{v}$ = 2955, 2870, 2365, 2345, 1600, 1440, 1410, 1370, 1310, 1160, 1030, 915, 745, 700, 665, 645 cm^{-1}.

(4*S*,6*R*)- 2-Methyl-decan-4,6-diol

syn-203j

Eine Mischung aus BEt$_3$ (1 M in THF, 0.53 ml, 0.53 mmol, 1.1 Äquiv.) in THF (3.6 ml) und MeOH (1 ml) wurde 1 h bei Raumtemp. vorgerührt. Anschließend wurde bei –78°C **202j** (93 mg, 0.50 mmol) in THF (4.4 ml) zugegeben und 2 h bei dieser Temp. gerührt. Dann wurde NaBH$_4$ (15 mg, 0.40 mmol, 0.8 Äquiv.) zugegeben und über Nacht bei –78°C gerührt. Nach Zugabe von ges. wässr. NH$_4$Cl (5 ml) und Auftauen auf Raumtemp, wurde mit CH$_2$Cl$_2$ (3 × 10 ml) extrahiert, über MgSO$_4$ getrocknet und vom Lösungsmittel befreit.

Flashchromatographie (2 × 20 cm, CH/EE 10:1, 10 ml, #2-4) lieferte die Titelverbindung (71 mg, 0.38 mmol, 75%) als farbloses Öl.

^{1}H-NMR (400 MHz, CDCl$_3$): δ = 0.91 (t, $J_{10,9}$ = 7.1 Hz, 10-H$_3$) teilweise überlagert von 0.92 (d, $J_{1,2}$ = 6.6 Hz, 1-H$_3$) teilweise überlagert von 0.93 (d, $J_{2-Me,2}$ = 6.7 Hz, 2-CH$_3$), 1.21-1.60 (m, 3-H$_2$, 5-H$_2$, 7-H$_2$, 8-H$_2$, 9-H$_2$), 1.68-1.81 (m, 2-H), 2.46 (d, $J_{4-OH,4}$ = 4.0 Hz, 4-OH) teilweise überlagert von 2.51 (d, $J_{6-OH,6}$ = 3.8 Hz, 6-OH), 3.90-3.97 (m, 4-H), 4.00-4.08 (m, 6-H) ppm.

^{13}C-NMR (100.61 MHz, CDCl$_3$): δ = 14.1 (C-10), 22.4 (C-9), 22.8 (C-1*), 23.3 (2-Me*), 24.7 (C-2), 28.0 (C-8), 37.3 (C-7), 42.9 (C-5), 46.7 (C-3), 67.5 (C-4), 69.5 (C-6) ppm, *Zuordnung vertauschbar.

IR (Film): $\tilde{v}$ = 3365, 2955, 2930, 2870, 2360, 2345, 2250, 1510, 1465, 1430, 1380, 1365, 1325, 1210, 1150, 1085, 915, 845, 745, 665, 450 cm^{-1}.

Drehwert (589 nm): 30 mg in 3 ml CHCl$_3$: 0.076, 0.074, 0.076, 0.076, 0.076. $[\alpha]^{20}_D$ = 7.6° (c = 1.0, CHCl$_3$).

HRMS (CI NH$_3$): m/z [M$^+$H] berechnet für C$_{11}$H$_{24}$O$_2$: 189.18456; gefunden: 189.18560 (-0.8 ppm).

(4*R*,6*R*)-2-Methyl-decan-4,6-diol

anti-**203j**

Eine Mischung aus Me$_4$NBH(OAc)$_3$ (526 mg, 2.00 mmol, 4 Äquiv.), Acetonitril (2.5 ml) und Eisessig (2.5 ml) wurde 45 min bei Raumtemp. vorgehrührt. Anschließend wurde bei −40°C **202j** (93 mg, 0.50 mmol) in Acetonitril (1 ml) zugegeben und 1 h bei dieser Temp. gerührt. Dann wurde auf −20°C erwärmt und über Nacht gerührt. Nach Zugabe von ges. wässr. Kaliumnatriumtartrat-Lsg. (5 ml) wurde über Celite® filtriert, das Filtermaterial mit CH$_2$Cl$_2$ (4 × 5 ml) gewaschen. Nach Phasentrennung der vereinigten Filtrate wurden die vereinigten org. Phasen über MgSO$_4$ getrocknet und vom Lösungsmittel befreit.

Flashchromatographie (2 × 20 cm, CH/EE 10:1, 10 ml, #39-48) lieferte die Titelverbindung (57 mg, 0.31 mmol, 61%) als farbloses Öl.

^{1}H-NMR (400 MHz, CDCl$_3$): δ = 0.77 (t, $J_{10,9}$ = 7.8 Hz, 10-H$_3$), 0.83 (d, $J_{1,2}$ = 6.7 Hz, 1-H$_3$) überlagert von 0.83 (d, $J_{2\text{-Me},2}$ = 6.7 Hz, 2-CH$_3$), 1.09-1.49 (m, 2-H, 3-H$_2$, 4-OH, 6-OH, 7-H$_2$, 8-H$_2$, 9-H$_2$), 1.70-1.80 (m, 5-H$_2$), 3.77-3.90 (m, 4-H, 6-H) ppm.

^{13}C-NMR (100.61 MHz, CDCl$_3$): δ = 14.1 (C-10), 22.6 (C-9), 22.8 (C-1*), 23.2 (2-Me*), 24.3 (C-2), 27.2 (C-8), 37.2 (C-7), 39.4 (C-5), 46.8 (C-3), 69.7 (C-4), 71.5 (C-6) ppm, *Zuordnung vertauschbar.

IR (Film): $\tilde{v}$ = 3365, 2955, 2930, 2870, 2360, 2345, 2250, 1510, 1465, 1430, 1380, 1365, 1325, 1210, 1150, 1085, 915, 845, 745 cm^{-1}.

Drehwert (589 nm): 30 mg in 3 ml CHCl$_3$: -0.117, -0.116, -0.117, -0.118, -0.117.
$[\alpha]^{20}_D$ = -11.7° (c = 1.0, CHCl$_3$).

Elementaranalyse

C$_{11}$H$_{24}$O$_2$	Ber. C 70.16	H 12.85
	Gef. C 70.45	H 12.75

(4*R*,6*R*)-2-Methyldecan-4,6-diol

als 60:40 Gemisch mit (4*R*,6S)-2-Methyldecan-4,6-diol

anti-**203j**   und   syn-**203j**

Zu einer Lösung von **229j** [60:40 (*trans:cis*)] (80 mg, 0.290 mmol) in Aceton (6 ml) und EE (6 ml) wurde bei Raumtemp. H_2O_2 (30%, 0.6 ml) gegeben. Nach 50 h bei Raumtemp. wurden überschüssige Peroxide durch Zugabe von Dimethylsulfid (5 ml) und ges. wässr. $Na_2S_2O_3$ (10 ml) zerstört. Die so erhaltene Lösung wurde mit EE (5 × 20 ml) extrahiert über $MgSO_4$ getrocknet und vom Lösungsmittel befreit.

Aufziehen auf Kieselgel (0.5 g) und anschließende Flashchromatographie (3 × 20 cm, CH/EE 4:1, 10 ml, #31-38) lieferte die Titelverbindung (45.5 mg, 0.242 mmol, 83%) als farbloses Öl.

^{1}H NMR (400 MHz, CDCl$_3$/TMS): δ = 0.89 [t, $J_{10,9}$ = 7.0 Hz, 10-H$_3$ (*anti*) und (*syn*)], teilweise überlagert von 0.91 [d, $J_{1,2}$ = 6.6 Hz, 1-H$_3$ (*anti*) und (*syn*)], überlagert von 0.91 [d, $J_{2\text{-Me},2}$ = 6.6 Hz, 2-CH$_3$ (*anti*) und (*syn*)], 1.17-1.51 [m, 3-H$_2$, 7-H$_2$, 8-H$_2$, 9-H$_2$ (*anti*) und (*syn*)], 1.57 [m$_c$, 5-H$_2$ (*anti*) und (*syn*)], 1.72 [m$_c$, 2-H (*anti*) und (*syn*)], 2.55 [br. s. 4-OH, 6-OH (*anti*) und (*syn*)], 3.81-3.88 [m, 6-H (*syn*)], 3.89-3.95 [m, 4-H (*syn*) und 6-H (*anti*)], 3.99-4.04 [m, 4-H (*anti*)] ppm;

^{13}C NMR (100.61 MHz, CDCl$_3$): δ = 14.1 [C-10 (*syn*) und (*anti*)], 22.2 [C-9 (*syn*)], 22.4 [C-9 (*anti*)], 22.8 [C-1 (*syn*) und (*anti*)], 23.3 [2-Me (*anti*)], 23.4 [2-Me (*syn*)], 24.4 [C-2 (*syn*)], 24.7 [C-2 (*anti*)], 27.6 (C-8 (*syn*)], 28.0 [C-8 (*anti*)], 37.3 [C-7 (*anti*)], 38.1 [C-7 (*syn*)], 42.9 [C-5 (*anti*)], 43.6 [C-5 (*syn*)], 46.7 [C-3 (*anti*)], 47.6 [C-3 (*syn*)], 67.6 [C-4 (*anti*)], 69.6 [C-6 (*anti*)], 71.3 [C-4 (*syn*)], 73.3 [C-6 (*syn*)] ppm;

IR (film): $\tilde{v}$ = 3310, 2955, 2930, 2870, 2245, 1465, 1430, 1405, 1365, 1130, 1070, 1050, 1000, 910, 835, 805, 740, 665, 650 cm^{-1};

Elementaranalyse

$C_{11}H_{24}O_2$	Ber. C 70.16	H 12.85
	Gef. C 70.45	H 12.75

6-(Brommethyl)-2,2-dimethyl-4*H*-1,3-dioxin-4-on

245

Eine Suspension aus AIBN (159 mg, 0.912 mmol, 3 mol-%), N-Bromsuccinimid (5.88 g, 33.0 mmol, 1.1 Äquiv.) und **244** (4.26 g, 30.0 mmol) in CCl$_4$ (150 ml) wurde bei Raumtemp. 3 h mit Licht (150 W) bestrahlt.

Entfernen des Lösungsmittels im Vakuum und anschließende Flashchromatographie (5.5 × 20 cm, CH/EE 10:1, 50 ml, #21-25) lieferte die Titelverbindung (3.91 g, 17.7 mmol, 59%) als schwach gelbes Öl.

^{1}H NMR (400 MHz, CDCl$_3$/TMS): δ = 1.71 (s, 2 × 2-CH$_3$), 3.87 (d, $^4J_{1',5}$ = 0.4 Hz, 1'-H$_2$), 5.52 (s, weitere Aufspaltung höherer Ordnung zum t angedeutet, 5-H) ppm.

^{13}C NMR (100.61 MHz, CDCl$_3$): δ = 24.9 (2 × 2-Me), 27.0 (C-1'), 95.9 (C-5), 107.7 (C-2), 160.7 (C=O), 164.5 (C-6) ppm.

2,2-Dimethyl-6-[(triphenylphosphoranyliden)methyl]-4H-1,3-dioxin-4-on

242

Zu einer Lösung von **245** (3.91 g, 17.7 mmol) in Toluol (20 ml) wurde bei Raumtemp. Triphenylphosphin (4.64 g, 17.7 mmol, 1 Äquiv.) zugegeben 18 h bei Raumtemp. gerührt.

Anschließend wurde die Reaktionsmischung filtriert, der erhaltene Rückstand in Dichlormethan (40 ml) aufgenommen und mit NaOH (1 M, 3 × 30 ml) gewaschen. Trocknen über MgSO₄ und Entfernen des Lösungsmittels im Vakuum lieferte die Titelverbindung, die ohne weitere Reinigung weiter umgesetzt wurde.

3-(4-Methoxybenzyloxy)propan-1-ol

236

Zu 4-Methoxybenzylalkohol (5.04 g, 36 mmol) wurde bei Raumtemp. wässr. HBr (47%, 17.5 ml, 150 mmol, 4.2 Äquiv.) getropft und 15 min gerührt. Nach Zugabe von Et$_2$O (35 ml) wurden die Phasen getrennt und die org. Phase mit ges. wässr. NaHCO$_3$ (35 ml) und NaCl (2 × 35 ml) gewaschen, über CaCl$_2$ getrocknet und unter vermindertem vom Lösungsmittel befreit.

Zu einer auf 0°C gekühlten Mischung aus 1,3-Propandiol (2.5 g, 33 mmol) in THF (220 ml) wurde NaH (60% in Mineralöl, 1.58 g, 39.5 mmol, 1.2 Äquiv.) gegeben und auf Raumtemp. erwärmt. Nach 1 h wurde die Reaktionsmischung erneut auf 0°C abgekühlt und mit Tetrabutylammoniumiodid (2.42 g, 20 mol-%) und dem oben hergestellten 4-Methoxybenzylbromid versetzt, auf Raumtemp. erwärmt und weitere 20 h gerührt.

Nach Zugabe von ges. wässr. NH$_4$Cl (120 ml) wurde das Lösungsmittel unter vermindertem Druck entfernt. Die wässrige Phase wurde anschließend mit Et$_2$O (3 × 50 ml) extrahiert. Die vereinigten organischen Phasen wurden mit ges. wässr. NH$_4$Cl (2 × 100 ml) und NaCl (100 ml) gewaschen und über Na$_2$SO$_4$ getrocknet. Entfernen des Lösungsmittels und anschließende Flashchromatographie (5 × 20 cm, CH/EE 2:1, 50 ml, #14-30) lieferte die Titelverbindung (5.18 g, 26.4 mmol, 80% über 2 Stufen) als farbloses Öl.

^{1}H NMR (400 MHz, CDCl$_3$/TMS): δ = 1.85 (tt, $J_{2,1}$ = 11.4 Hz, $J_{2,3}$ = 5.7 Hz, 2-H$_2$), 2.31 (br. s, 1-OH), 3.63 (t, $J_{3,2}$ = 5.8 Hz, 3-H$_2$), 3.77 (m$_c$, 1-H$_2$), 3.80 (s, Ar-OMe), 4.45 (s, -O-CH_2-Ar), AA'BB'-Signal mit Signalschwerpunkten bei δ = 6.88 und δ = 7.25 (2 × 2'-H, 2 × 3'H; enthält CHCl$_3$-Peak bei 7.26).

^{13}C NMR (100.61 MHz, CDCl$_3$): δ = 32.2 (C-2), 55.3 (O-CH$_3$), 62.1 (C-1), 69.2 (C-3), 73.0 (O-CH$_2$-Ar), 113.9 (2 × C-3'), 129.4 (2 × C-2'), 130.3 (C-1'), 159.3 (C-4') ppm.

3-(4-Methoxybenzyloxy)propanal

232

Eine Lösung aus Oxalylchlorid (1.3 ml, 15 mmol, 1.5 Äquiv.) und Dichlormethan (30 ml) wurde auf −78°C abgekühlt und mit einer Lösung aus DMSO (1.8 ml, 2.5 mmol, 2.5 Äquiv.) in Dichlormethan (6 ml) versetzt. Nach 30 min bei −78°C wurde **236** (1.96 g, 10.0 mmol) in Dichlormethan (8 ml) zugegeben und weitere 30 min bei −78°C gerührt. Nach Zugabe von NEt₃ (5.6 ml, 4.01 g, 40.0 mmol, 4.0 Äquiv.) wurde auf 0°C erwärmt und 10 min bei dieser Temp. nachgerührt. Anschließend wurde auf Raumtemp. erwärmt und weitere 30 min nachgerührt.

Nach Zugabe von Chloroform (50 ml) und H$_2$O (100 ml) wurden die Phasen getrennt und die organische Phase mit HCl (2 M, 2 × 50 ml), ges. wässr. NaHCO$_3$ (100 ml), ges. wässr. NaCl. (100 ml) gewaschen und über MgSO$_4$ getrocknet. Entfernen des Lösungsmittels und anschließende Flashchromatographie (2.5 × 20 cm, CH/EE 3:1, 20 ml, #15-38) lieferte die Titelverbindung (1.92 g, 9.90 mmol, 99%) als farbloses Öl.

¹H NMR (400 MHz, CDCl$_3$/TMS): δ = 2.68 (dt, $J_{2,1}$ = 1.9 Hz, $J_{2,3}$ = 6.1 Hz, 2-H₂), 3.78 (t, $J_{3,2}$ = 6.1 Hz, 3-H₂), 3.80 (s, Ar-OMe), 4.46 (s, O-CH_2-Ar), AA'BB'-Signal mit Signalschwerpunkten bei δ = 6.88 und δ = 7.25 (2 × 2'-H, 2 × 3'H; enthält CHCl$_3$-Peak bei 7.26), 9.78 (t, $J_{1,2}$ = 1.8 Hz, 1-H) ppm.

¹³C NMR (100.61 MHz, CDCl$_3$): δ = 43.9 (C-2), 55.4 (O-CH$_3$), 63.6 (C-3), 73.0 (O-CH$_2$-Ar), 113.9 (2 × C-3'), 129.4 (2 × C-2'), 130.0 (C-1'), 159.4 (C-4'), 201.3 (C=O) ppm.

(E)-6-(4-(4-Methoxybenzyloxy)but-1-enyl)-2,2-dimethyl-4H-1,3-dioxin-4-on

243

Zu einer Lösung von **242** (677 mg, 1.70 mmol) in Dichlormethan (7 ml) wurde bei Raumtemp. **232** (330 mg, 1.70 mmol, 1 Äquiv.) zugegeben und 72 h bei Raumtemp. gerührt.

Aufziehen auf Kieselgel (2 g) und anschließende Flashchromatographie (2.5 × 20 cm, CH/EE 5:1, 20 ml, #10-28) lieferte die Titelverbindung (390 mg, 1.22 mmol, 72%) als farbloses Öl.

^{1}H NMR (400 MHz, CDCl$_3$/TMS): δ = 1.70 (s, 2 × 2-CH$_3$), 2.50 (dq, $J_{3',4'}$ = 6.5 Hz, $J_{3',2'}$ = 1.5 Hz, 3'-H$_2$), 3.55 (t, $J_{4',3'}$ = 6.4 Hz, 4'-H$_2$), 3.81 (s, Ar-OMe), 4.46 (s, O-CH$_2$-Ar), 5.24 (s, weitere Aufspaltung höherer Ordnung zum t angedeutet, 5-H), 5.96 (dt, $J_{1',2'}$ = 15.6 Hz, $^4J_{1',3'}$ = 1.5 Hz, 1'-H), 6.56 (dt, $J_{2',1'}$ = 15.6 Hz, $J_{2',3'}$ = 6.9 Hz, 2'-H), AA'BB'-Signal mit Signalschwerpunkten bei δ = 6.88 und δ = 7.25 (2 × ^{o}Ar-H, 2 × ^{m}Ar-H; enthält CHCl$_3$-Peak bei 7.26) ppm.

^{13}C NMR (100.61 MHz, CDCl$_3$): δ = 25.2 (2 × 2-Me), 33.2 (C-3'), 55.4 (Ar-O*Me*), 68.2 (C-4'), 72.8 (O-CH$_2$-Ar), 93.8 (C-5), 106.5 (C-2), 114.0 (2 × ^{m}Ar-C), 124.1 (2 × ^{o}Ar-C), 129.5 (^{ipso}Ar-C*), 130.3 (C-1'*), 139.8 (C-2'*), 159.5 (^{p}Ar-C), 162.1 (C=O), 163.3 (C-6) ppm, *Zuordnung vertauschbar.

IR (CDCl$_3$) $\tilde{v}$ = 3425, 3000, 2940, 2905, 2860, 2360, 2250, 1725, 1655, 1610, 1590, 1515, 1465, 1390, 1375, 1300, 1275, 1250, 1205, 1175, 1095, 1020, 970, 915, 820, 745, 655 cm^{-1}.

214

Elementaranalyse

$C_{18}H_{22}O_5$ Ber. C 67.78   H 7.12

                      Gef. C 67.91   H 6.97

6-((1*S*,2*R*)-1,2-Dihydroxy-4-(4-methoxybenzyloxy)butyl)-2,2-dimethyl-4H-1,3-dioxin-4-on

287

243 (217.4 mg, 0.680 mmol) wurde bei Raumtemp. zu einer gerührten Mischung aus $K_2OsO_2(OH)_4$ (3 mg, 1 mol-%), $(DHQ)_2PHAL$ (27 mg, 5 mol-%), K_2CO_3 (283 mg, 2.05 mmol, 3.0 Äquiv.), $NaHCO_3$ (171 mg, 2.05 mmol, 3.0 Äquiv.), $K_3Fe(CN)_6$ (672 mg, 2.05 mmol, 3.0 Äquiv.) in *t*BuOH (3 ml) / H_2O (3 ml) gegeben. Nach 18 h bei dieser Temp. wurde ges. wässr. Na_2SO_3-Lsg. (5 ml) zugegeben, mit Essigsäureethylester (4 × 5 ml) extrahiert, über $MgSO_4$ getrocknet und vom Lösungsmittel befreit.

Flashchromatographie (2 × 20 cm, CH/EE 1:1, 10 ml, #15-36) lieferte die Titelverbindung (230 mg, 0.650 mmol, 96%) als farbloses Öl.

^1H NMR (400 MHz, $CDCl_3$/TMS): δ = 1.69 (s, 2 × 2-CH$_3$), AB-Signal ($δ_A$ = 1.82, $δ_B$ = 2.02, J_{AB} = 14.0 Hz, zusätzlich aufgespalten zum ddd durch $J_{A,4'}^1$ = 8.0 Hz, $J_{A,4'}^2$ = 8.0 Hz, $J_{A,2'}$ = 3.9 Hz und $J_{B,4'}^1$ = 8.3 Hz, $J_{B,4'}^2$ = 7.8 Hz, $J_{B,2'}$ = 6.2 Hz, 3'-H$_2$), 3.29-3.31 (m, 4'-H$_2$), 3.68-3.71 (m, 1'-OH und 2'-OH), 3.81 (s, Ar-OC*H*$_3$), 3.96-3.99 (m, 2'-H), 4.03-4.07 (m, 1'-H), 4.47 (s, O-C*H*$_2$-Ar), 5.62 (d, $^4J_{5,1'}$ = 1.1 Hz, 5-H), AA'BB'-Signal mit Signalschwerpunkten bei δ = 6.88 und δ = 7.23 (2 × °Ar-H, 2 × ^{m}Ar-H) ppm.

^{13}C NMR (100.61 MHz, $CDCl_3$): δ = 24.7 (2-Me), 25.6 (2-Me), 33.4 (C-3'), 55.4 (Ar-O*Me*), 67.8 (C-4'), 70.9 (C-2'), 72.9 (O-CH$_2$-Ar), 73.4 (C-1'), 93.8 (C-5), 107.2 (C-2), 114.1 (2 × ^{m}Ar-C), 129.5 (^{ipso}Ar-C), 129.6 (2 × °Ar-C), 159.7 (^{p}Ar-C*), 161.2 (C=O*) ppm, *Zuordnung vertauschbar.

IR (CDCl$_3$) $\tilde{v}$ = 3415, 2935, 2835, 1720, 1635, 1615, 1585, 1515, 1460, 1390, 1380, 1300, 1275, 1250, 1205, 1175, 1090, 1035, 1015, 915, 820, 670 cm^{-1}.

Elementaranalyse

C$_{18}$H$_{24}$O$_7$	Ber. C 61.64	H 7.08
	Gef. C 61.35	H 6.86

ee-Bestimmung mittels chiraler HPLC (OD-H, Heptan, IPA 80:20 (v:v), 260 nm, 1.0 ml/min) des durch Derivatisierung erhaltenen Bisparanitrobenzoesäureesters: 94%. Retentionszeit 34.27 min, Retentionszeit des Enantiomeren 38.14 min.

6-((4S,5R)-5-(2-(4-Methoxybenzyloxy)ethyl)-2,2-dimethyl-1,3-dioxolan-4-yl)-2,2-dimethyl-4H-1,3-dioxin-4-on

247

287 (200 mg, 0.56 mmol) wurde in 2,2-Dimethoxypropan (5 ml) gelöst und bei Raumtemp. mit pTsOH (3 mg, 3 mol-%) versetzt. Nach 12 h bei dieser Temperatur wurde Imidazol (4 mg, 10 mol-%) zugegeben und das Lösungsmittel unter vermindertem Druck entfernt.

Flashchromatographie (2 × 20 cm, CH/EE 4:1, 10 ml, #13-28) lieferte die Titelverbindung (219 mg, 0.56 mmol, 100%) als farbloses Öl.

^{1}H NMR (400 MHz, CDCl$_3$/TMS): δ = 1.41 (s, 2''-CH_3), 1.45 (s, 2''-CH_3), 1.67 (s, 2-CH_3), 1.68 (s, 2-CH_3), AB-Signal (δ$_A$ = 1.91, δ$_B$ = 2.03, J_{AB} = 13.9 Hz, zusätzlich aufgespalten zum ddd durch $J_{A,4'}^1$ = 7.3 Hz, $J_{A,4'}^2$ = 6.5 Hz, $J_{A,2'}$ = 5.9 Hz und $J_{B,4'}^1$ = 7.7 Hz, $J_{B,4'}^2$ = 6.5 Hz, $J_{B,2'}$ = 3.4 Hz, 3'-H$_2$), 3.54-3.64 (m, 4'-H$_2$), 3.80 (s, Ar-OCH_3), 4.09-4.18 (m, 2'-H und 1'-H), 4.43 (s, O-CH_2-Ar), 5.60 (d, $^4J_{5,1'}$ = 0.8 Hz, 5-H), AA'BB'-Signal mit Signalschwerpunkten bei δ = 6.87 und δ = 7.23 (2 × ^{o}Ar-H, 2 × ^{m}Ar-H) ppm.

^{13}C NMR (100.61 MHz, CDCl$_3$): δ = 24.8 (2-Me), 25.4 (2-Me), 26.2 (2''-Me), 27.4 (2''-Me), 33.5 (C-3'), 55.4 (Ar-OMe), 66.3 (C-4'), 72.9 (C-2'), 78.6 (O-CH_2-Ar), 93.2 (C-1'), 107.3 (C-2), 110.8 (C-2''), 114.0 (2 × ^{m}Ar-C), 129.3 (2 × ^{o}Ar-C), 130.5 (^{ipso}Ar-C), 159.4 (^{p}Ar-C*), 160.9 (C=O*), 168.5 (C-6*) ppm, *Zuordnung vertauschbar.

IR (CDCl$_3$) $\tilde{v}$ = 3415, 2935, 2835, 1720, 1635, 1615, 1585, 1515, 1460, 1390, 1380, 1300, 1275, 1250, 1205, 1175, 1090, 1035, 1015, 915, 820, 670 cm^{-1}.

Elementaranalyse

C$_{21}$H$_{28}$O$_7$	Ber. C 64.04	H 7.44
	Gef. C 64.27	H 7.19

6-((4S,5R)-5-(2-(4-Methoxybenzyloxy)ethyl)-2-oxo-1,3-dioxolan-4-yl)-2,2-dimethyl-4H-1,3-dioxin-4-on

248

287 (400 mg, 1.13 mmol) wurde in Pyridin (0.52 ml, 6.44 mmol, 5.70 Äquiv.) und Dichlormethan (5 ml) gelöst und auf 0°C abgekühlt. Anschließend wurde langsam Triphosgen (369 mg) in Dichlormethan (10 ml) zugetropft. Nach 90 min bei dieser Temperatur wurde vorsichtig NH$_4$Cl (5 ml) zugegeben. Nach Phasentrennung, Extraktion der wässrigen Phase mit TBME (3 × 5 ml) wurden die vereinigten org. Phasen mit ges. wässr. NaHCO$_3$-Lsg. gewaschen, über Na$_2$SO$_4$ getrocknet und das Lösungsmittel unter vermindertem Druck entfernt.

Flashchromatographie (2 × 20 cm, CH/EE 2:1, 10 ml, #13-28) lieferte die Titelverbindung (252 mg, 0.67 mmol, 59%) als farbloses Öl.

^{1}H NMR (400 MHz, CDCl$_3$/TMS): δ = 1.70 (s, 2-CH_3), 1.71 (s, 2-CH_3), 2.08-2.12 (m, 3'-H$_2$), 3.56-3.67 (m, 4'-H$_2$), 3.81 (s, Ar-OCH_3), 4.41 (s, O-CH_2-Ar), 4.74-4.79 (m, 2'-H), 4.91 (dd, $J_{1'2'}$ = 5.5 Hz, $^4J_{1',5}$ = 0.6 Hz, 1'-H), 5.51 (d, $^4J_{5,1'}$ = 0.6 Hz, 5-H), AA'BB'-Signal mit Signalschwerpunkten bei δ = 6.89 und δ = 7.21 (2 × ^{o}Ar-H, 2 × ^{m}Ar-H) ppm.

^{13}C NMR (100.61 MHz, CDCl$_3$): δ = 24.2 (2-Me), 25.9 (2-Me), 34.0 (C-3'), 55.4 (Ar-OMe), 60.5 (C-4'), 64.8 (C-2'), 73.4 (O-CH$_2$-Ar), 77.9 (C-1'), 96.1 (C-5), 108.3 (C-2), 114.1 (2 × ^{m}Ar-C), 129.6 (2 × ^{o}Ar-C), 153.3 (2''-C=O), 159.5 (^{p}Ar-C*), 159.7 (4-C=O*), 162.8 (C-6*) ppm, *Zuordnung vertauschbar.

IR (CDCl$_3$) $\tilde{v}$ = 1815, 1735, 1650, 1610, 1585, 1515, 1395, 1380, 1300, 1275, 1250, 1205, 1175, 1090, 1030, 915, 820, 745, 655 cm^{-1}.

220

(R)-6-(2-Hydroxy-4-(4-methoxybenzyloxy)butyl)-2,2-dimethyl-4H-1,3-dioxin-4-on

250

Pd(dba)$_3$•CHCl$_3$ (5 mg, 2.5 mol-%), PPh$_3$ (3 mg, 6.3 mol-%) wurde in THF (1 ml) gelöst und 30 min unter N$_2$ Atmosphäre gerührt. Anschließend wurde nacheinander **248** (68.9 mg, 0.182 mmol) in THF (0.5 ml), NEt$_3$ (0.1 ml, 0.5 mmol, 3 Äquiv.) und Ameisensäure (0.1 ml, 0.5 mmol, 3 Äquiv.) zugegeben und 2 h zum Rückfluss erhitzt.

Nach Abkühlen auf Raumtemp. wurde ges. wässr. NaHCO$_3$-Lsg. (0.9 ml) zugegeben. Nach Phasentrennung und Extraktion der wässrigen Phase mit Essigsäureethylester (3 × 1 ml) wurden die vereinigten org. Phasen mit ges. wässr. NaCl-Lsg. (1 ml) gewaschen, über Na$_2$SO$_4$ getrocknet und das Lösungsmittel unter vermindertem Druck entfernt.

Flashchromatographie (2 × 20 cm, CH/EE 2:1, 10 ml, #42-64) lieferte die Titelverbindung (36.7 mg, 0.11 mmol, 60%) als farbloses Öl.

^{1}H NMR (400 MHz, CDCl$_3$/TMS): δ = 1.68 (s, 2-CH$_3$), 1.69 (s, 2-CH$_3$), 1.75-1.81 (m, 3'-H$_2$), AB-Signal (δ$_A$ = 2.33, δ$_B$ = 2.39, J_{AB} = 14.5 Hz, zusätzlich aufgespalten zum d durch $J_{A,2'}$ = 5.1 Hz und $J_{B,2'}$ = 7.9 Hz, weiter Aufspaltung höherer Ordnung zum d angedeutet, 1'-H$_2$), 3.17 (br. s., 2'-OH), 3.61-3.73 (m, 4'-H$_2$), 3.80 (s, Ar-OCH$_3$), 4.10 (m$_c$, 2'-H), 4.45 (s, Aufspaltung höherer Ordnung angedeutet, O-CH$_2$-Ar), 5.31 (s, 5-H), AA'BB'-Signal mit Signalschwerpunkten bei δ = 6.88 und δ = 7.23 (2 × ^{o}Ar-H, 2 × ^{m}Ar-H) ppm.

¹³C NMR (100.61 MHz, CDCl$_3$): δ = 24.9 (2-Me), 25.5 (2-Me), 36.2 (C-3'), 41.7 (C-1'), 55.4 (Ar-O*Me*), 68.5 (C-2'*), 68.7 (C-4'*), 73.2 (O-C*H*$_2$-Ar), 95.3 (C-5), 106.7 (C-2), 114.1 (2 × ^{m}Ar-C), 129.5 (2 × ^{o}Ar-C), 129.8 (^{ipso}Ar-C), 159.6 (^{p}Ar-C**), 161.2 (C=O**), 169.2 (C-6) ppm, */**Zuordnung paarweise vertauschbar.

Ethyl 3-((4S,5R)-5-(2-(4-methoxybenzyloxy)ethyl)-2,2-dimethyl-1,3-dioxolan-4-yl)-3-oxopropanoat im 89:11 Gemisch mit dem tautomeren Enol

249 und *enol*-**249**

247 (40.0 mg, 0.122 mmol) wurde in Toluol (0.5 ml) und EtOH (0.1 ml, 1.7 mmol, 14 Äquiv.) gelöst und 5 h zum Rückfluss erhitzt. Anschließend wurde erneut 0.1 ml EtOH (0.1 ml, 1.7 mmol, 14 Äquiv.) zugegeben und weitere 2 h zum Rückfluß erhitzt.

Nach Abkühlen auf Raumtemp. wurde das Lösungsmittel unter vermindertem Druck entfernt.

Flashchromatographie (1 × 20 cm, CH/EE 3:1, 5 ml, #4-6) lieferte die Titelverbindung (35.7 mg, 0.094 mmol, 77%) als farbloses Öl.

^{1}H NMR (400 MHz, CDCl$_3$/TMS): δ = 1.26 (t, $J_{\text{O-CH}_2\text{-CH}_3, \text{O-CH}_2\text{-CH}_3}$ = 7.1 Hz, O-CH$_2$-CH$_3$) teilweise überlagert von 1.30 (t, $J_{\text{O-CH}_2\text{-CH}_3, \text{O-CH}_2\text{-CH}_3}$ = 7.0 Hz, ^{enol}O-CH$_2$-CH$_3$), 1.40 (s, 2 × ^{enol}2'-CH$_3$), 1.43 (s, 2 × 2'-CH$_3$), 1.88-1.97 (m, 6-H^1 und ^{enol}6-H^1), 2.03-2.17 (m, 6-H^2 und ^{enol}6-H^2), 3.53-3.64 (m, 7-H$_2$ und ^{enol}7-H$_2$) teilweise überlagert von 3.63 (s, 2-H$_2$), 3.80 (s, Ar-OCH$_3$ und ^{enol}Ar-OCH$_3$), 4.10-4.24 (m, O-CH$_2$-CH$_3$ und ^{enol}O-CH$_2$-CH$_3$), 4.42 (s, O-CH$_2$-Ar) 4.44 (s, ^{enol}O-CH$_2$-Ar), 5.36 (d, $^4J^{enol}_{2,\,^{enol}3\text{-OH}}$ = 0.8 Hz, ^{enol}2-H), AA'BB'-Signal mit Signalschwerpunkten bei δ = 6.87 und δ = 7.24 (2 × ^{o}Ar-H, 2 × ^{m}Ar-H und 2 × ^{enol,o}Ar-H, 2 × ^{enol,m}Ar-H), 11.98 (s, ^{enol}3-OH) ppm.

¹³C NMR...

^{13}C NMR (100.61 MHz, CDCl$_3$): δ = 14.2 (O-CH$_2$-*CH$_3$*), 14.3 (^{enol}O-CH$_2$-*CH$_3$*), 26.3 (2'-Me), 27.1 (2'-Me), 27.3 (^{enol}2'-Me), 27.4 (^{enol}2'-Me), 33.4 (^{enol}C-6), 33.7 (C-6), 45.9 (C-2), 55.4 (Ar-O*Me* und ^{enol}Ar-O*Me*), 60.5 (^{enol}O-*CH$_2$*-CH$_3$), 61.5 (O-*CH$_2$*-CH$_3$), 66.3 (C-7), 66.7 (^{enol}C-7), 72.7 (O-*CH$_2$*-Ar), 72.8 (^{enol}O-*CH$_2$*-Ar), 75.5 (C-5), 77.7 (^{enol}C-5), 79.8 (C-4), 84.8 (^{enol}C-4), 110.2 (^{enol}C-2'), 110.6 (C-2'), 113.9 (2 × ^{m}Ar-C und 2 × ^{enol,m}Ar-C), 129.4 (2 × ^{enol,o}Ar-C), 129.4 (2 × ^{o}Ar-C), 130.6 (^{ipso}Ar-C), 130.6 (^{enol,ipso}Ar-C), 159.3 (^{p}Ar-C und ^{enol,p}Ar-C), 167.1 (1-C=O), 174.5 (^{enol}1-C=O), 196.7 (^{enol}3-C=O), 202.7 (3-C=O) ppm.

(R)-Ethyl 5-hydroxy-7-(4-methoxybenzyloxy)-3-oxoheptanoat im 96:4

Gemisch mit dem tautomeren Enol

251 und *enol*-**251**

Zu einer nach AAV II hergestellten SmBr$_2$-Lösung (0.1 M in THF, 8 ml, 0.8 mmol, 3.2 Äquiv.) wurde bei −78°C eine entgaste Lösung von **249** (94.7 mg, 0.25 mmol) in THF (2.6 ml) und MeOH (1.3 ml) zugetropft. Nach 90 min bei dieser Temperatur wurde auf Raumtemp. erwärmt. Die Reaktionsmischung wurde zu ges. wässr. NaHCO$_3$-Lsg. (6.6 ml) gegeben und mit HCl (1 N, 16 ml) versetzt. Anschließend wurde mit EE (3 × 20 ml) extrahiert, über MgSO$_4$ getrocknet und vom Lösungsmittel befreit.

Aufziehen auf Kieselgel (1 g) und anschließende Flashchromatographie (1 × 20 cm, CH/EE 3:1, 5 ml, #25-52) lieferte die Titelverbindung (51 mg, 0.16 mmol, 63%) als farbloses Öl.

^{1}H NMR (400 MHz, CDCl$_3$/TMS): δ = 1.27 (t, $J_{O\text{-}CH_2\text{-}CH_3, O\text{-}CH_2\text{-}CH_3}$ = 7.1 Hz, O-CH$_2$-C*H*$_3$) teilweise überlagert von 1.28 (t, $J_{O\text{-}CH_2\text{-}CH_3, O\text{-}CH_2\text{-}CH_3}$ = 7.1 Hz, ^{enol}O-CH$_2$-C*H*$_3$), 1.70-1.83 (m, 6-H$_2$ und ^{enol}6-H$_2$), 2.30-2.40 (^{enol}4-H$_2$), 2.65-2.76 (4-H$_2$), 3.25 (br. s. 5-OH und ^{enol}5-OH), 3.47 (s, 2-H$_2$), 3.58-3.68 (m, 7-H$_2$ und ^{enol}7-H$_2$), 3.80 (s, Ar-OC*H*$_3$ und ^{enol}Ar-OC*H*$_3$), 4.18 (q, $J_{O\text{-}CH_2\text{-}CH_3, O\text{-}CH_2\text{-}CH_3}$ = 7.1 Hz, ^{enol}O-C*H*$_2$-CH$_3$) überlagert von 4.18 (q, $J_{O\text{-}CH_2\text{-}CH_3, O\text{-}CH_2\text{-}CH_3}$ = 7.1 Hz, O-C*H*$_2$-CH$_3$), 4.24-4.30 (m, 5-H und ^{enol}5-H), 4.43 (s, O-C*H*$_2$-Ar), 4.44 (s, ^{enol}O-C*H*$_2$-Ar), 5.04 (s, Aufspaltung höherer Ordnung angedeutet, ^{enol}2-H), AA'BB'-Signal mit Signalschwerpunkten bei δ = 6.87 und δ = 7.24 (2 × ^{o}Ar-H, 2 × ^{m}Ar-H und 2 × ^{enol,o}Ar-H, 2 × ^{enol,m}Ar-H), 12.17 (s, ^{enol}2-OH) ppm.

^{13}C NMR (100.61 MHz, CDCl$_3$): δ = 14.2 (O-CH$_2$-CH$_3$), 14.4 (^{enol}O-CH$_2$-CH$_3$), 36.1 (C-6), 36.2 (^{enol}C-6), 43.0 (^{enol}C-4), 49.9 (C-2), 50.1 (C-4), 55.4 (Ar-O*Me* und ^{enol}Ar-O*Me*), 60.2 (^{enol}O-CH$_2$-CH$_3$), 61.5 (O-CH$_2$-CH$_3$), 67.0 (C-7), 67.9 (C-5), 68.5 (^{enol}C-5), 68.9 (^{enol}C-7), 73.1 (O-CH$_2$-Ar), 73.2 (^{enol}O-CH$_2$-Ar), 91.2 (^{enol}C-2), 114.0 (2 × ^{m}Ar-C und 2 × ^{enol,m}Ar-C), 129.5 (2 × ^{o}Ar-C und 2 × ^{enol,o}Ar-C), 130.2 (^{ipso}Ar-C und ^{enol,ipso}Ar-C), 159.4 (^{p}Ar-C und ^{enol,p}Ar-C), 167.1 (1-C=O), 172.7 (^{enol}1-C=O), 203.1 (3-C=O) ppm, ^{enol}3-C-OH nicht zu beobachten.

IR (CDCl$_3$) $\tilde{v}$ = 3475, 2990, 2870, 2360, 1740, 1610, 1515, 1365, 1300, 1250, 1140, 1030, 915, 820, 745 cm^{-1}.

Elementaranalyse

C$_{17}$H$_{24}$O$_6$	Ber. C 62.95	H 7.46
	Gef. C 62.73	H 7.46

(3*R*,5*R*)-Ethyl 3,5-dihydroxy-7-(4-methoxybenzyloxy)heptanoat

252

Eine Mischung aus BEt$_3$ (1 M in THF, 0.11 ml, 0.11 mmol, 1.1 Äquiv.) in THF (0.72 ml) und MeOH (0.2 ml) wurde 1 h bei Raumtemp. vorgerührt. Anschließend wurde bei −78°C **251** (31.2 mg, 0.096 mmol) in THF (0.9 ml) zugegeben und 2 h bei dieser Temp. gerührt. Dann wurde NaBH$_4$ (3 mg, 0.076 mmol, 0.8 Äquiv.) zugegeben und über Nacht bei −78°C gerührt. Nach Zugabe von ges. wässr. NH$_4$Cl (1 ml) und Auftauen auf Raumtemp, wurde mit CH$_2$Cl$_2$ (3 × 5 ml) extrahiert, über MgSO$_4$ getrocknet und vom Lösungsmittel befreit. Nach Zugabe von MeOH (3 × 5 ml) wurde dieses jeweils wieder unter vermindertem Druck entfernt.

Flashchromatographie (1 × 20 cm, CH/EE 1:1, 5 ml, #23-68) lieferte die Titelverbindung (21 mg, 0.066 mmol, 69%) als farbloses Öl.

^{1}H NMR (400 MHz, CDCl$_3$/TMS): δ = 1.27 (t, $J_{\text{O-CH}_2\text{-CH}_3,\text{O-CH}_2\text{-CH}_3}$ = 7.1 Hz, O-CH$_2$-C*H*$_3$), 1.55-1.66 (m, 4-H$_2$), 1.68-1.84 (m, 6-H$_2$), AB-Signal (δ$_A$ = 2.44, δ$_B$ = 2.51, J_{AB} = 16.0 Hz, zusätzlich aufgespalten zum d durch $J_{A,3}$ = 4.9 Hz und $J_{B,3}$ = 7.8 Hz, 2-H$_2$), 3.59-3.71 (m, 7-H$_2$), 3.77 (br. s., 5-OH*), 3.80 (s, Ar-OC*H*$_3$), 3.93 (br. s., 3-OH*), 4.08 (m$_c$, 5-H**), 4.16 (q, $J_{\text{O-CH}_2\text{-CH}_3,\text{O-CH}_2\text{-CH}_3}$ = 7.2 Hz, O-C*H*$_2$-CH$_3$), 4.28 (m$_c$, 3-H**), 4.45 (s, O-C*H*$_2$-Ar), AA'BB'-Signal mit Signalschwerpunkten bei δ = 6.88 und δ = 7.24 (2 × ^{o}Ar-H und 2 × ^{m}Ar-H) ppm, *$^{/**}$Zuordnung paarweise vertauschbar.

^{13}C NMR (100.61 MHz, CDCl$_3$): δ = 14.3 (O-CH$_2$-*C*H$_3$), 37.0 (C-4), 42.0 (C-6), 42.7 (C-2), 55.4 (Ar-O*Me*), 60.8 (O-*C*H$_2$-CH$_3$), 68.5 (C-7*), 68.8 (C-5*), 71.7 (C-3), 73.2 (O-*C*H$_2$-Ar), 114.0 (2 × ^{m}Ar-C), 129.5 (2 × ^{o}Ar-C), 130.1 (^{ipso}Ar-C), 159.5 (^{p}Ar-C), 172.5 (C=O) ppm, *Zuordnung vertauschbar.

IR (CDCl$_3$) $\tilde{v}$ = 3430, 2990, 2870, 1730, 1610, 1515, 1445, 1380, 1300, 1250, 1140, 1035, 915, 820, 745 cm^{-1}.

Elementaranalyse

C$_{17}$H$_{26}$O$_6$	Ber. C 62.56	H 8.03
	Gef. C 62.66	H 8.03

Ethyl 2-((4R,6R)-6-(2-(4-methoxybenzyloxy)ethyl)-2,2-dimethyl-1,3-dioxan-4-yl)acetat

288

252 (2.76 g, 8.46 mmol) wurde in 2,2-Dimethoxypropan (50 ml) gelöst, mit pTsOH (72 mg, 0.42 mmol, 5 mol-%) versetzt und über Nacht bei Raumtemp. gerührt. Anschließend wurde Imidazol (57 mg, 0.84 mmol, 10 mol-%) zugegeben und das Lösungsmittel unter vermindertem Druck entfernt.

Flashchromatographie (1 × 20 cm, CH/EE 10:1, 20 ml, #28-44) lieferte die Titelverbindung (2.85 g, 7.78 mmol, 92%) als farbloses Öl.

^{1}H NMR (400 MHz, CDCl$_3$/TMS): δ = 1.25 (t, $J_{O\text{-}CH_2\text{-}CH_3,O\text{-}CH_2\text{-}CH_3}$ = 7.1 Hz, O-CH$_2$-CH$_3$), 1.35 (s, 2-CH$_3$), 1.44 (s, 2-CH$_3$), AB-Signal (δ$_A$ = 1.19, δ$_B$ = 1.57, J_{AB} = 12.7 Hz, A-Teil zusätzlich aufgespalten zum dd durch $J_{A,4}$ = 11.6 Hz und $J_{A,6}$ = 11.7 Hz, B-Teil zusätzlich aufgespalten zum dd durch $J_{B,4}$ = 2.5 Hz und $J_{B,6}$ = 2.5 Hz, 5-H$_2$), 1.66-1.80 (m, 1''-H$_2$), AB-Signal (δ$_A$ = 2.35, δ$_B$ = 2.51, J_{AB} = 15.4 Hz, zusätzlich aufgespalten zum d durch $J_{A,4}$ = 6.0 Hz und $J_{B,4}$ = 7.1 Hz, 1'-H$_2$), 3.47-3.58 (m, 2''-H$_2$), 3.80 (s, Ar-OCH$_3$), 4.05 (m$_c$, 6-H*), AB-Signal (δ$_A$ = 4.11, δ$_B$ = 4.16, J_{AB} = 7.3 Hz, zusätzlich aufgespalten zum q durch $J_{A,O\text{-}CH_2\text{-}CH_3}$ = 3.6 Hz und $J_{B,O\text{-}CH_2\text{-}CH_3}$ = 3.5 Hz, O-CH$_2$-CH$_3$), 4.29 (m$_c$, 4-H*), AB-Signal (δ$_A$ = 4.40, δ$_B$ = 4.44, J_{AB} = 11.6 Hz, O-CH$_2$-Ar), AA'BB'-Signal mit Signalschwerpunkten bei δ = 6.87 und δ = 7.24 (2 × ^{o}Ar-H und 2 × ^{m}Ar-H) ppm, *Zuordnung vertauschbar.

^{13}C NMR (100.61 MHz, CDCl$_3$): δ = 14.3 (O-CH$_2$-CH_3), 19.9 (2 × 2-Me), 30.2 (C-1''*), 36.6 (C-5*), 36.7 (C-1'*), 55.4 (Ar-OMe), 60.5 (O-CH_2-CH$_3$), 66.0 (C-2''), 66.1 (C-4**), 66.1 (C-6**), 72.8 (O-CH$_2$-Ar), 98.9 (C-2), 113.9 (2 × ^{m}Ar-C), 129.4 (2 × ^{o}Ar-C), 130.8 (^{ipso}Ar-C), 159.3 (^{p}Ar-C), 171.1 (C=O) ppm, */**Zuordnung paarweise vertauschbar.

IR (CDCl$_3$) $\tilde{v}$ = 3475, 2990, 2940, 2870, 1735, 1610, 1585, 1515, 1465, 1380, 1300, 1250, 1200, 1170, 1140, 1095, 1035, 960, 915, 820, 745 cm^{-1}.

Elementaranalyse

C$_{20}$H$_{30}$O$_6$	Ber. C 65.55	H 8.25
	Gef. C 65.86	H 8.51

Ethyl 2-((4*R*,6*R*)-6-(2-hydroxyethyl)-2,2-dimethyl-1,3-dioxan-4-yl)acetat

253

288 (334 mg, 0.910 mmol) wurde in einem Gemisch aus CH_2Cl_2 (9 ml) und H_2O (0.5 ml) gelöst und bei Raumtemp. mit DDQ (227 mg, 1.00 mmol, 1.1 Äquiv.) versetzt.

Nach 1 h bei Raumtemp. wurde ges. wässr. $NaHCO_3$-Lsg. (10 ml) zugegeben und mit CH_2Cl_2 (3 × 10 ml) extrahiert. Die vereinigten org. Phasen wurden über $MgSO_4$ getrocknet und das Lösungsmittel unter vermindertem Druck entfernt.

Flashchromatographie (2 × 20 cm, CH/EE 2:1, 20 ml, #17-30) lieferte die Titelverbindung (172.6 mg, 0.7008 mmol, 77%) als farbloses Öl.

^{1}H NMR (400 MHz, CDCl$_3$/TMS): δ = 1.25 (t, $J_{O-CH_2-CH_3,O-CH_2-CH_3}$ = 7.1 Hz, O-CH$_2$-CH_3), AB-Signal (δ$_A$ = 1.33, δ$_B$ = 1.57, J_{AB} = 12.8 Hz, A-Teil zusätzlich aufgespalten zum dd durch $J_{A,4}$ = 11.7 Hz und $J_{A,6}$ = 1.2 Hz, B-Teil zusätzlich aufgespalten zum dd durch $J_{B,4}$ = 2.5 Hz und $J_{B,6}$ = 2.5 Hz, 5-H$_2$), 1.36 (s, weitere Aufspaltung höherer Ordnung angedeutet, 2-CH_3), 1.47 (s, weitere Aufspaltung höherer Ordnung angedeutet, 2-CH_3), 1.67-1.78 (m, 1''-H$_2$), AB-Signal (δ$_A$ = 2.37, δ$_B$ = 2.53, J_{AB} = 15.5 Hz, zusätzlich aufgespalten zum d durch $J_{A,4}$ = 6.1 Hz und $J_{B,4}$ = 6.9 Hz, 1'-H$_2$), 2.43 (m$_c$, 2''-OH), 3.71-3.81 (m, 2''-H$_2$), 4.10-4.17 (m, 4-H*), überlagert von AB-Signal (δ$_A$ = 4.12, δ$_B$ = 4.16, J_{AB} = 10.9 Hz, A-Teil zusätzlich aufgespalten zum q durch $J_{A,O-CH_2-CH_3}$ = 7.1 Hz, und $J_{B,O-CH_2-CH_3}$ = 7.1 Hz, O-CH_2-CH$_3$), 4.32 (m$_c$, 6-H*) ppm, *Zuordnung vertauschbar.

^{13}C NMR (100.61 MHz, CDCl$_3$): δ = 14.3 (O-CH$_2$-CH$_3$), 19.9 (2 × 2-Me), 30.2 (C-1'''*), 36.4 (C-5*), 38.2 (C-1'*), 41.5 (C-2''), 60.6 (O-CH$_2$-CH$_3$), 60.9 (C-6), 66.0 (C-4**), 69.2 (C-6**), 99.1 (C-2), 171.0 (C=O) ppm, */**Zuordnung paarweise vertauschbar.

IR (CDCl$_3$) $\tilde{v}$ = 3405, 2940, 1735, 1380, 1200, 915, 745 cm^{-1}.

Ethyl 2-((4R,6S)-6-(2-iodoethyl)-2,2-dimethyl-1,3-dioxan-4-yl)acetat

255

Eine Lösung aus Iod (114 mg, 0.450 mmol, 1.1 Äquiv.) in DMF (0.3 ml) wurde bei Raumtemp. langsam zu einer Lösung aus **253** (100 mg, 0.406 mmol) und PPh_3 (118 mg, 0.45 mmol 1.1 Äquiv.) in DMF (0.6 ml) getropft.

Nach 1 h bei Raumtemp. wurde H_2O (8 ml) und Et_2O (8 ml) zugegeben und die Phasen getrennt. Die wässrige Phase wurde mit Et_2O (3 × 10 ml) extrahiert. Die vereinigten org. Phasen wurden mit wässr. Na_2SO_3-Lsg. (5%, 10 ml), ges. wässr. $NaHCO_3$-Lsg. (10 ml) und H_2O (10 ml) gewaschen, über $MgSO_4$ getrocknet und das Lösungsmittel unter vermindertem Druck entfernt.

Flashchromatographie (1 × 20 cm, CH/EE 10:1, 5 ml, #8-16) lieferte die Titelverbindung (98 mg, 0.28 mmol, 69%) als farbloses Öl.

^{1}H NMR (400 MHz, $CDCl_3$/TMS): δ = 1.24 (ddd, J_{gem} = 13.3 Hz, $J_{5,6}$ = 12.2 Hz, $J_{5,4}$ = 11.7 Hz, 5-H^1) teilweise überlagert von 1.25 (t, $J_{O-CH_2-CH_3,O-CH_2-CH_3}$ = 7.1 Hz, O-CH$_2$-CH$_3$), 1.35 (s, 2-CH$_3$), 1.47 (s, 2-CH$_3$), 1.57 (ddd, J_{gem} = 12.6 Hz, $J_{5,6}$ = 2.5 Hz, $J_{5,4}$ = 2.5 Hz, 5-H^2), 1.84-1.98 (m, 1''-H$_2$), AB-Signal (δ$_A$ = 2.37, δ$_B$ = 2.53, J_{AB} = 15.4 Hz, A-Teil zusätzlich aufgespalten zum d durch $J_{A,4}$ = 6.2 Hz, B-Teil zusätzlich aufgespalten zum d durch $J_{B,4}$ = 6.9 Hz, 1'-H$_2$), 3.22-3.31 (m, 2''-H$_2$), 3.96-4.02 (m, 6-H*), AB-Signal (δ$_A$ = 4.13, δ$_B$ = 4.16, J_{AB} = 10.6 Hz, zusätzlich aufgespalten zum q durch $J_{A,O-CH_2-CH_3}$ = 7.2 Hz und $J_{B,O-CH_2-CH_3}$ = 7.2 Hz, O-CH$_2$-CH$_3$), 4.29-4.35 (m, 4-H*) ppm, *Zuordnung vertauschbar.

^{13}C NMR (100.61 MHz, CDCl$_3$): δ = 2.4 (C-2''), 14.3 (O-CH$_2$-CH$_3$), 19.8 (2-Me), 27.0 (2-Me), 30.1 (C-5*), 36.0 (C-1'*), 39.6 (C-1'''*), 41.6 (O-CH$_2$-CH$_3$), 60.6 (C-4**), 66.0 (C-6**), 99.1 (2-C), 170.9 (C=O) ppm, */**Zuordnung paarweise vertauschbar.

IR (CDCl$_3$) $\tilde{v}$ = 2990, 2870, 1735, 1380, 1310, 1260, 1140, 1025, 980, 915, 745 cm^{-1}.

Ethyl 2-((4*R*,6*R*)-6-(2-azidoethyl)-2,2-dimethyl-1,3-dioxan-4-yl)acetat

257

255 (97.5 mg, 0.27 mmol) wurde in DMF (0.5 ml) gelöst und bei Raumtemp. mit NaN$_3$ (36 mg, 0.55 mmol, 2.0 Äquiv.) versetzt.

Nach 17 h bei Raumtemp. wurde H$_2$O (4 ml) und EE (4 ml) zugegeben und die Phasen getrennt. Die wässrige Phase wurde mit EE (3 × 5 ml) extrahiert. Die vereinigten org. Phasen wurden über MgSO$_4$ getrocknet und das Lösungsmittel unter vermindertem Druck entfernt.

Flashchromatographie (1 × 20 cm, CH/EE 10:1, 5 ml, #10-16) lieferte die Titelverbindung (65 mg, 0.24 mmol, 89%) als farbloses Öl.

^{1}H NMR (400 MHz, CDCl$_3$/TMS): δ = 1.21 (ddd, J_{gem} = 12.3 Hz, $J_{5,6}$ = 11.9 Hz, $J_{5,4}$ = 11.9 Hz, 5-H^1) teilweise überlagert von 1.25 (t, $J_{O\text{-}CH_2\text{-}CH_3,O\text{-}CH_2\text{-}CH_3}$ = 7.1 Hz, O-CH$_2$-C*H$_3$*), 1.36 (s, 2-C*H$_3$*), 1.45 (s, 2-C*H$_3$*), 1.58 (ddd, J_{gem} = 12.7 Hz, $J_{5,6}$ = 2.4 Hz, $J_{5,4}$ = 2.4 Hz, 5-H^2), 1.66-1.73 (m, 1''-H$_2$), AB-Signal (δ$_A$ = 2.37, δ$_B$ = 2.53, J_{AB} = 15.4 Hz, A-Teil zusätzlich aufgespalten zum d durch $J_{A,4}$ = 6.2 Hz, B-Teil zusätzlich aufgespalten zum d durch $J_{B,4}$ = 6.9 Hz, 1'-H$_2$), 3.32-3.44 (m, 2''-H$_2$), 3.99 (m$_c$, 1''-H*), AB-Signal (δ$_A$ = 4.12, δ$_B$ = 4.16, J_{AB} = 10.7 Hz, zusätzlich aufgespalten zum q durch $J_{A,O\text{-}CH_2\text{-}CH_3}$ = 7.2 Hz und $J_{B,O\text{-}CH_2\text{-}CH_3}$ = 7.2 Hz, O-C*H$_2$*-CH$_3$), 4.31 (m$_c$, 4-H*) ppm, *Zuordnung vertauschbar.

^{13}C NMR (100.61 MHz, CDCl$_3$): δ = 14.3 (O-CH$_2$-CH$_3$), 19.8 (2-Me), 30.1 (2-Me), 35.7 (C-5*), 36.6 (C-1'*), 41.6 (O-CH$_2$-CH$_3$), 47.6 (C-1''**), 60.6 (C-2''**), 65.9 (C-4***), 66.0 (C-6***), 99.1 (C-2), 171.9 (C=O) ppm, */**/***Zuordnung paarweise vertauschbar.

IR (CDCl$_3$) $\tilde{v}$ = 2990, 2870, 2100, 1735, 1380, 1310, 1260, 1200, 1165, 1140, 1025, 950, 915, 745 cm^{-1}.

Ethyl 2-((4*R*,6*R*)-6-(2-(1H-pyrrol-1-yl)ethyl)-2,2-dimethyl-1,3-dioxan-4-yl)acetat

256

Eine Suspension aus KO*t*Bu (25 mg, 0.22 mmol, 1 Äquiv.) und 18-Krone-6 (61 mg, 0.23 mmol, 1.05 Äquiv.) in Et$_2$O (0.5 ml) wurde bei Raumtemp. mit einer Lösung aus Pyrrol (15 mg, 0.22 mmol) in Et$_2$O (0.5 ml) versetzt und 15 min gerührt. Anschließend wurde bei Raumtemp. eine Lösung aus **255** (85 mg, 0.23 mmol) in Et$_2$O (1 ml) zugegeben.

Nach 18 h bei Raumtemp. wurde H$_2$O (3 ml) zugegeben und die Phasen getrennt. Die wässrige Phase wurde mit Et$_2$O (3 × 5 ml) extrahiert. Die vereinigten org. Phasen wurden über MgSO$_4$ getrocknet und das Lösungsmittel unter vermindertem Druck entfernt.

Flashchromatographie (1 × 20 cm, CH/EE 10:1, 5 ml, #16-24) lieferte die Titelverbindung (59 mg, 0.20 mmol, 87%) als farbloses Öl.

^{1}H NMR (400 MHz, CDCl$_3$/TMS): δ = 1.25 (t, $J_{\text{O-CH}_2\text{-CH}_3,\text{O-CH}_2\text{-CH}_3}$ = 7.1 Hz, O-CH$_2$-C*H$_3$*), 1.40 (s, weitere Aufspaltung höherer Ordnung angedeutet, 2-C*H$_3$*), 1.42 (s, weitere Aufspaltung höherer Ordnung angedeutet, 2-C*H$_3$*), 1.19-1.22 (m, 5-H^1), 1.48 (ddd, J_{gem} = 12.7 Hz, $J_5^2{}_{,4}$ = 2.5 Hz, $J_5^2{}_{,6}$ = 2.5 Hz, 5-H^2), 1.81-1.88 (m, 1''-H$_2$), AB-Signal (δ$_A$ = 2.34, δ$_B$ = 2.51, J_{AB} = 15.4 Hz, zusätzlich aufgespalten zum d durch $J_{A,4}$ = 6.2 Hz und $J_{B,4}$ = 6.8 Hz, 1'-H$_2$), 3.69-3.75 (m, 6-H*), 3.94-4.04 (m, 2''-H$_2$), AB-Signal (δ$_A$ = 4.11, δ$_B$ = 4.15, J_{AB} = 8.6 Hz, zusätzlich aufgespalten zum q durch $J_{A,\text{O-CH}_2\text{-CH}_3}$ = 3.6 Hz und $J_{B,\text{O-CH}_2\text{-CH}_3}$ = 3.6 Hz, O-C*H$_2$*-CH$_3$), 4.19-4.27 (m, 4-H*), 6.13 (m, 2 × 1'''-H**), 6.63 (m, 2 × 2'''-H**) ppm, *$^{/}$**Zuordnung paarweise vertauschbar.

^{13}C NMR (100.61 MHz, CDCl$_3$): δ = 14.3 (O-CH$_2$-CH$_3$), 19.9 (2 × 2-Me), 30.3 (C-4*), 36.6 (C-5*), 38.3 (C-1'''*), 41.6 (C-1'*), 45.2 (C-2''), 60.6 (C-6), 99.1 (C-2), 108.1 (2 × C-2'''**), 120.8 (2 × C-1'''**), 171.0 (C=O) ppm, */**Zuordnung paarweise vertauschbar.

IR (CDCl$_3$) $\tilde{v}$ = 2990, 2870, 1380, 1140, 915, 745 cm^{-1}.

3-(Phenylthio)propanal

261

Acrolein (9.80 ml, 8.40 g, 100 mmol, 1.0 Äquiv.) wurde bei 0°C zu einer Lösung aus Thiophenol (11.0 g, 100 mmol) und Triethylamin (0.5 ml) in THF (15 ml) getropft. Anschließend wurde das Reaktionsgemisch auf Raumtemp. erwärmt und 1 h gerührt. Dann wurde wässr. NaHCO$_3$-Lsg. (5%, 50 ml) zugegeben und die Phasen getrennt. Die organische Phase wurde über MgSO$_4$ getrocknet und das Lösungsmittel unter vermindertem Druck entfernt.

Die als schwach gelbes Öl erhaltene Titelverbindung wurde ohne weitere Aufreinigung weiter umgesetzt.

^{1}H NMR (300 MHz, CDCl$_3$/TMS): δ = 2.77 (dt, $J_{2,3}$ = 7.1 Hz, $J_{2,1}$ = 1.2 Hz, 2-H$_2$), 3.19 (t, $J_{3,2}$ = 7.1 Hz, 3-H$_2$), 7.19-7.38 (m, 5 × Ar-H; enthält CHCl$_3$-Peak bei 7.26), 9.77 (t, $J_{1,2}$ = 1.2 Hz, 1-H) ppm.

(*E*)-2,2-Dimethyl-6-(4-(phenylthio)but-1-enyl)-4H-1,3-dioxin-4-on

262

261 (831 mg, 5.00 mmol, 1.0 Äquiv.) und **242** (2.01 g, 5.00 mmol) wurden bei Raumtemp. in CH_2Cl_2 (20 ml) gelöst und 18 h gerührt. Anschließend wurde Kieselgel (2 g) zugegeben und das Lösungsmittel unter vermindertem Druck entfernt.

Flashchromatographie (2.5 × 20 cm, CH/EE 5:1, 20 ml, #8-23) lieferte die Titelverbindung (1.03 g, 3.55 mmol, 71%) als schwach gelbes Öl.

^{1}H NMR (400 MHz, CDCl$_3$/TMS): δ = 1.70 (s, 2 × 2-CH_3), 2.54 (ddt, $J_{3',2'}$ = 7.2 Hz, $J_{3',4'}$ = 7.2 Hz, $^4J_{3',1'}$ = 1.5 Hz, 2'-CH_3), 3.03 (t, $J_{4',3'}$ = 7.3 Hz, 4'-H$_2$), 5.25 (s, 5-H), 5.93 (td $J_{1',2'}$ = 15.5 Hz, $^4J_{1',3'}$ = 1.4 Hz, 1'-H), 6.54 (td, $J_{2',1'}$ = 15.4 Hz, $J_{2',3'}$ = 7.0 Hz, 2'-H), 7.18-7.23 (m, ^{p}Ar-H), 7.27-7.36 (m, 2 × ^{o}Ar-H und 2 × ^{m}Ar-H) ppm.

^{13}C NMR (100.61 MHz, CDCl$_3$): δ = 25.2 (2 × 2-Me), 32.6 (C-3'*), 32.7 (C-4'*), 94.2 (C-5), 106.5 (C-2), 124.1 (C-1'**), 126.6 (^{p}Ar-C**), 129.2 (2 × ^{m}Ar-C***), 129.9 (2 × ^{o}Ar-C***), 135.8 (^{ipso}Ar-C), 139.3 (C-2'), 162.0 (C-6), 162.9 (C=O) ppm, */**/***Zuordnung paarweise vertauschbar.

6-((1S,2R)-1,2-Dihydroxy-4-(phenylthio)butyl)-2,2-dimethyl-4H-1,3-dioxin-4-on

289

262 (580 mg, 2.00 mmol) wurde bei Raumtemp. zu einer gerührten Mischung aus K$_2$OsO$_2$(OH)$_4$ (9 mg, 1 mol-%), (DHQ)$_2$PHAL (80 mg, 5 mol-%), K$_2$CO$_3$ (832 mg, 6.02 mmol, 3.0 Äquiv.), NaHCO$_3$ (503 mg, 5.99 mmol, 3.0 Äquiv.), K$_3$Fe(CN)$_6$ (1.98 g, 6.01 mmol, 3.0 Äquiv.) in *t*BuOH (9 ml) / H$_2$O (9 ml) gegeben. Nach 18 h bei dieser Temp. wurde ges. wässr. Na$_2$SO$_3$-Lsg. (10 ml) zugegeben, mit Essigsäureethylester (4 × 10 ml) extrahiert, über MgSO$_4$ getrocknet und vom Lösungsmittel befreit.

Flashchromatographie (2 × 20 cm, CH/EE 2:1, 10 ml, #12-32) lieferte die Titelverbindung (409 mg, 1.26 mmol, 63%) als farbloses Öl.

^{1}H NMR (300 MHz, CDCl$_3$/TMS): δ = 1.67 (s, 2-CH$_3$), 1.68 (2-CH$_3$), 1.75-2.02 (m, 3'-H$_2$), 2.43 (d, $J_{1'\text{-OH},1}$ = 5.5 Hz, 1'-OH), 2.82 (d, $J_{2\text{-OH},2}$ = 7.1 Hz, 2'-OH), 3.01-3.19 (m, 4'-H$_2$), 3.96-4.16 (m, 1'-H und 2'-H), 5.62 (s, weitere Aufspaltung höherer Ordnung angedeutet, 5-H), 7.18-7.38 (m, 5 × Ar-H) ppm.

ee-Bestimmung mittels chiraler HPLC (OD-H, Heptan, IPA 85:15 (v:v), 260 nm, 1.0 ml/min) des durch Derivatisierung erhaltenen Bisparanitrobenzoesäureesters: 96%. Retentionszeit 17.67 min, Retentionszeit des Enantiomeren 19.04 min.

6-((4S,5R)-2,2-Dimethyl-5-(2-(phenylthio)ethyl)-1,3-dioxolan-4-yl)-2,2-dimethyl-4H-1,3-dioxin-4-on

263

289 (162 mg, 0.50 mmol) wurde in 2,2-Dimethoxypropan (5 ml) gelöst und bei Raumtemp. mit pTsOH (3 mg, 3 mol-%) versetzt. Nach 12 h bei dieser Temperatur wurde Imidazol (4 mg, 10 mol-%) zugegeben und das Lösungsmittel unter vermindertem Druck entfernt.

Flashchromatographie (2 × 20 cm, CH/EE 10:1, 20 ml, #12-32) lieferte die Titelverbindung (157 mg, 0.43 mmol, 86%) als farbloses Öl.

^{1}H NMR (400 MHz, CDCl$_3$/TMS): δ = 1.40 (s, 2'-CH_3), 1.46 (s, 2'-CH_3), 1.58 (s, 2-CH_3), 1.63 (s, 2-CH_3), 1.91-2.04 (m, 1''-H$_2$), AB-Signal (δ$_A$ = 3.00, δ$_B$ = 3.15, J_{AB} = 13.7 Hz, zusätzlich aufgespalten zum dd durch $J_{A,1''}^1$ = 7.3 Hz, $J_{A,1''}^2$ = 7.3 Hz und $J_{B,\,1''}^1$ = 6.7 Hz, $J_{B,\,1''}^2$ = 6.7 Hz, 2''-H$_2$), 4.03 (dd, $J_{6',5'}$ = 8.0 Hz, $^4J_{6',5}$ = 1.0 Hz, 6'-H), 4.13 (ddd, $J_{5',1''}^1$ = 11.9 Hz, $J_{5',1''}^2$ = 11.9 Hz, $J_{5',6'}$ = 7.9 Hz, 5'-H), 5.59 (d, $^4J_{5,6'}$ = 0.9 Hz, 5-H), 7.16-7.21 (m, ^{p}Ar-H), 7.26-7.35 (m, 2 × ^{o}Ar-H und 2 × ^{m}Ar-H) ppm.

^{13}C NMR (100.61 MHz, CDCl$_3$): δ = 24.7 (2-Me), 25.3 (2-Me), 26.1 (2'-Me), 27.3 (2-Me), 29.8 (C-1''*), 33.0 (C-2'''*), 78.2 (C-5'**), 78.4 (C-6'**), 92.8 (C-5), 107.3 (C-2***), 111.0 (C-2'***), 126.3 (^{p}Ar-C), 129.1 (2 × ^{m}Ar-C****), 129.3 (2 × ^{o}Ar-C****), 135.9 (^{ipso}Ar-C), 160.7 (C-6), 168.3 (C=O) ppm, */**/***/****Zuordnung paarweise vertauschbar.

242

Ethyl 3-((4S,5R)-2,2-dimethyl-5-(2-(phenylthio)ethyl)-1,3-dioxolan-4-yl)-3-oxopropanoat im 80:20 Gemisch mit dem tautomeren Enol

260 und *enol-260*

263 (139 mg, 0.381 mmol) wurde in Toluol (2 ml) und EtOH (0.5 ml) gelöst und 5 h zum Rückfluss erhitzt. Anschließend wurde erneut 0.1 ml EtOH (0.5 ml) zugegeben und weitere 2 h zum Rückfluß erhitzt.

Nach Abkühlen auf Raumtemp. wurde das Lösungsmittel unter vermindertem Druck entfernt.

Flashchromatographie (1 × 20 cm, CH/EE 10:1, 5 ml, #17-48) lieferte die Titelverbindung (107 mg, 0.303 mmol, 80%) als farbloses Öl.

^{1}H NMR (300 MHz, CDCl$_3$/TMS): δ = 1.27 (t, $J_{O-CH_2-CH_3, O-CH_2-CH_3}$ = 7.2 Hz, O-CH$_2$-CH_3) teilweise überlagert von 1.30 (t, $J_{O-CH_2-CH_3, O-CH_2-CH_3}$ = 7.2 Hz, ^{enol}O-CH$_2$-CH_3), 1.40 (s, 2'-CH_3), 1.42 (s, ^{enol}2'-CH_3), 1.43 (s, 2'-CH_3), 1.45 (s, ^{enol}2'-CH_3), 1.88-2.14 (m, 6-H$_2$ und ^{enol}6-H$_2$), 2.94-3.19 (m, 7-H$_2$ und ^{enol}7-H$_2$) 3.63 (s, 2-H$_2$), 4.04-4.08 (m, 5-H und ^{enol}5-H), 4.13-4.25 (m, O-CH_2-CH$_3$, ^{enol}O-CH_2-CH$_3$, 4-H und ^{enol}4-H), 5.36 (d, $^4J^{enol}_{2, }$$^{enol}_{3-OH}$ = 0.8 Hz, ^{enol}2-H), 7.15-7.37 (m, 5 × Ar-H und ^{enol}Ar-H), 11.97 (s, ^{enol}3-OH) ppm.

(S)-Ethyl 5-hydroxy-3-oxo-7-(phenylthio)heptanoat im 91:9

Gemisch mit dem tautomeren Enol

259 und *enol*-**259**

Zu einer nach AAV II hergestellten SmBr$_2$-Lösung (0.1 M in THF, 13.6 ml, 1.36 mmol, 3.2 Äquiv.) wurde bei –78°C eine entgaste Lösung von **260** (148 mg, 0.42 mmol) in THF (4.4 ml) und MeOH (2.2 ml) zugetropft. Nach 90 min bei dieser Temperatur wurde auf Raumtemp. erwärmt. Die Reaktionsmischung wurde zu ges. wässr. NaHCO$_3$-Lsg. (11.2 ml) gegeben und mit HCl (1 M, 27 ml) versetzt. Anschließend wurde mit EE (3 × 20 ml) extrahiert, über MgSO$_4$ getrocknet und vom Lösungsmittel befreit.

Aufziehen auf Kieselgel (1 g) und anschließende Flashchromatographie (1 × 20 cm, CH/EE 5:1, 5 ml, #28-48) lieferte die Titelverbindung (74 mg, 0.25 mmol, 59%) als farbloses Öl.

^{1}H NMR (400 MHz, CDCl$_3$/TMS): δ = 1.27 (t, $J_{O-CH_2-CH_3,O-CH_2-CH_3}$ = 6.9 Hz, O-CH$_2$-CH_3) teilweise überlagert von 1.28 (t, $J_{O-CH_2-CH_3,O-CH_2-CH_3}$ = 7.7 Hz, ^{enol}O-CH$_2$-CH_3), 1.67-1.75 (m, 6-H$_2$ und ^{enol}6-H$_2$), 1.79-1.88 (^{enol}4-H$_2$), 2.63-2.79 (4-H$_2$), 2.92 (d, $J_{5-OH,5}$ = 3.9 Hz, 5-OH und ^{enol}5-OH), 2.97-3.15 (m, 7-H$_2$ und ^{enol}7-H$_2$), 3.45 (s, 2-H$_2$), 4.19 (q, $J_{O-CH_2-CH_3,O-CH_2-CH_3}$ = 7.1 Hz, ^{enol}O-CH_2-CH$_3$) überlagert von 4.18 (q, $J_{O-CH_2-CH_3,O-CH_2-CH_3}$ = 7.1 Hz, O-CH_2-CH$_3$), 4.22-4.29 (m, 5-H und ^{enol}5-H), 5.02 (s, Aufspaltung höherer Ordnung angedeutet, ^{enol}2-H), 7.15-7.35 (m, 5 × Ar-H und 5 × ^{enol}Ar-H), 12.24 (s, ^{enol}3-OH) ppm.

^{13}C NMR (100.61 MHz, CDCl$_3$): δ = 14.2 (O-CH$_2$-CH$_3$), 14.4 (^{enol}O-CH$_2$-CH$_3$), 29.5 (^{enol}C-6), 29.9 (C-6), 35.7 (C-2), 36.2 (^{enol}C-4), 49.7 (C-4), 60.4 (^{enol}O-CH$_2$-CH$_3$), 61.8 (O-CH$_2$-CH$_3$), 66.4 (C-7), 68.3 (C-5), 68.6 (^{enol}C-5), 68.7 (^{enol}C-7), 91.6 (^{enol}C-2), 126.1 (1 × Ar-C und 1 × ^{enol}Ar-C), 129.1 (2 × Ar-C und 2 × ^{enol}Ar-C), 129.3 (2 × Ar-C und 2 × ^{enol}Ar-C), 136.3 (1 × Ar-C und 1 × ^{enol}Ar-C), 167.0 (1-C=O), 175.1 (^{enol}1-C=O), 203.5 (3-C=O) ppm; ^{enol}3-C-OH nicht zu beobachten.

IR (CDCl$_3$) $\tilde{v}$ = 3475, 2935, 1740, 1480, 1440, 1315, 1025, 915, 745, 690 cm^{-1}.

Elementaranalyse

C$_{15}$H$_{20}$O$_4$S	Ber. C 60.79	H 6.80	S 10.82
	Gef. C 60.88	H 6.94	S 10.58

(3R,5S)-Ethyl 3,5-dihydroxy-7-(phenylthio)heptanoat

258

Eine Mischung aus BEt$_3$ (1 M in THF, 0.18 ml, 0.18 mmol, 1.1 Äquiv.) in THF (1.16 ml) und MeOH (0.32 ml) wurde 1 h bei Raumtemp. vorgerührt. Anschließend wurde bei −78°C **259** (45.9 mg, 0.155 mmol) in THF (1.5 ml) zugegeben und 2 h bei dieser Temp. gerührt. Dann wurde NaBH$_4$ (5 mg, 0.13 mmol, 0.84 Äquiv.) zugegeben und über Nacht bei −78°C gerührt. Nach Zugabe von ges. wässr. NH$_4$Cl (2 ml) und Auftauen auf Raumtemp, wurde mit Essigsäureethylester (3 × 7 ml) extrahiert, über MgSO$_4$ getrocknet und vom Lösungsmittel befreit.

Zugabe von MeOH (5 × 5 ml) und jeweils anschließendes Entfernen unter vermindertem Druck lieferte die Titelverbindung (42.2 mg, 0.141 mmol, 91%) als farbloses Öl die ohne weitere Aufreinigung weiter umgesetzt wurde.

^{1}H NMR (400 MHz, CDCl$_3$/TMS): δ = 1.27 (t, $J_{O-CH_2-CH_3,O-CH_2-CH_3}$ = 7.1 Hz, O-CH$_2$-CH$_3$), 1.51-1.66 (m, 4-H$_2$), 1.69-1.87 (m, 6-H$_2$), 2.46 (d, $J_{2,3}$ = 6.2 Hz, 2-H$_2$), AB-Signal (δ$_A$ = 3.02, δ$_B$ = 3.10, J_{AB} = 13.3 Hz, zusätzlich aufgespalten zum dd durch $J_{A,6}{}^1$ = 8.0 Hz, $J_{A,6}{}^2$ = 7.4 Hz und $J_{B,6}{}^1$ = 8.2 Hz, $J_{B,6}{}^1$ = 5.4 Hz, 7-H$_2$), 3.59 (br. s., 5-OH*), 3.72 (br. s., 3-OH*), 4.06 (m$_c$, 3-H**), 4.17 (q, $J_{O-CH_2-CH_3, O-CH_2-CH_3}$ = 7.2 Hz, O-CH$_2$-CH$_3$), 4.27 (m$_c$, 5-H**), 7.15-7.19 (m, ^{p}Ar-H), 7.25-7.36 (m, 2 × ^{o}Ar-H und 2 × ^{m}Ar-H; enthält CHCl$_3$-Peak bei 7.26) ppm, */**Zuordnung paarweise vertauschbar.

^{13}C NMR (100.61 MHz, CDCl$_3$): δ = 14.3 (O-CH$_2$-CH$_3$), 29.8 (6-C), 37.0 (7-C), 41.6 (C-4), 42.3 (2-C), 61.0 (O-CH$_2$-CH$_3$), 69.1 (5-C*), 70.9 (3-C*), 126.0 (^{p}Ar-C), 129.0 (2 × ^{m}Ar-C**), 129.2 (2 × ^{o}Ar-C**), 136.5 (^{ipso}Ar-C), 172.7 (C=O) ppm, */**Zuordnung paarweise vertauschbar.

IR (CDCl$_3$) $\tilde{\nu}$ = 3420, 2990, 2870, 1730, 1440, 1380, 1140, 915, 745, 690 cm^{-1}.

Elementaranalyse

C$_{15}$H$_{22}$O$_4$S	Ber. C 60.38	H 7.43	S 10.75
	Gef. C 60.72	H 7.58	S 10.51

Ethyl 2-((4R,6S)-2,2-dimethyl-6-(2-(phenylthio)ethyl)-1,3-dioxan-4-yl)acetat

286

258 (230 mg, 0.770 mmol) wurde in 2,2-Dimethoxypropan (8 ml) gelöst, mit *p*TsOH (6.6 mg, 0.039 mmol, 5 mol-%) versetzt und über Nacht bei Raumtemp. gerührt. Anschließend wurde Imidazol (5 mg, 0.08 mmol, 10 mol-%) zugegeben und das Lösungsmittel unter vermindertem Druck entfernt.

Flashchromatographie (2 × 20 cm, CH/EE 15:1, 10 ml, #15-42) lieferte die Titelverbindung (209 g, 0.618 mmol, 80%) als farbloses Öl.

^{1}H NMR (400 MHz, CDCl$_3$/TMS): δ = 1.19 (m$_c$, 5-H^1) teilweise überlagert von 1.25 (t, $J_{O-CH_2-CH_3,O-CH_2-CH_3}$ = 7.1 Hz, O-CH$_2$-C*H*$_3$), 1.36 (s, 2-CH$_3$), 1.43 (s, 2-CH$_3$), 1.55 (ddd, J_{gem} = 12.7 Hz, $J_{5,4}$ = 2.5 Hz, $J_{5,6}$ = 2.5 Hz, 5-H^2), 1.63-1.88 (m, 1''-H$_2$), AB-Signal (δ$_A$ = 2.36, δ$_B$ = 2.52, J_{AB} = 15.4 Hz, zusätzlich aufgespalten zum d durch $J_{A,4}$ = 3.1 Hz und $J_{B,4}$ = 6.9 Hz, 1'-H$_2$), AB-Signal (δ$_A$ = 2.97, δ$_B$ = 3.05, J_{AB} = 13.5 Hz, zusätzlich aufgespalten zum dd durch $J_{A,1''}^1$ = 15.3 Hz, $J_{A,1''}^2$ = 7.6 Hz und $J_{B, 1''}^1$ = 8.0 Hz, $J_{B, 1''}^2$ = 5.1 Hz, 2''-H$_2$), 4.03 (m$_c$, 6-H*), AB-Signal (δ$_A$ = 4.10, δ$_B$ = 4.16, J_{AB} = 7.2 Hz, zusätzlich aufgespalten zum q durch $J_{A, O-CH_2-CH_3}$ = 3.6 Hz und $J_{B, O-CH_2-CH_3}$ = 10.7 Hz, O-C*H*$_2$-CH$_3$), 4.30 (m$_c$, 4-H*), 7.14-7.18 (m, ^{p}Ar-H), 7.25-7.34 (m, 2 × ^{o}Ar-H und 2 × ^{m}Ar-H; enthält CHCl$_3$-Peak bei 7.26) ppm, *Zuordnung vertauschbar.

^{13}C NMR (100.61 MHz, CDCl$_3$): δ = 14.3 (O-CH$_2$-*C*H$_3$), 19.8 (2-Me), 29.2 (2-Me), 30.2 (1''-C), 35.9 (2''-C), 36.5 (5-C), 41.6 (1'-C), 60.6 (O-*C*H$_2$-CH$_3$), 66.0 (6-C*), 67.3 (4-C*), 99.0 (2-C), 126.0 (^{p}Ar-C), 129.0 (2 × ^{m}Ar-C**), 129.2 (2 × ^{o}Ar-C**), 136.7 (^{ipso}Ar-C), 171.0 (C=O) ppm, */**Zuordnung paarweise vertauschbar.

IR (CDCl$_3$) $\tilde{v}$ = 2980, 2935, 2870, 2805, 2695, 2605, 2245, 1965, 1735, 1585, 1480, 1445, 1380, 1350, 1300, 1260, 1125, 1075, 1045, 1025, 915, 845, 795, 735, 690, 645 cm^{-1}.

Elementaranalyse

C$_{18}$H$_{26}$O$_4$S	Ber. C 63.88	H 7.74	S 9.47
	Gef. C 63.55	H 7.97	S 9.26

Ethyl 2-((4*R*,6*S*)-2,2-dimethyl-6-vinyl-1,3-dioxan-4-yl)acetat

264

Zu einer Lösung von **286** (653 mg, 1.93 mmol) in CH_2Cl_2 (12 ml) wurde bei −78°C *m*CPBA (50%, 665 mg, 1.93 mmol, 1.0 Äquiv.) gegeben und 30 min gerührt. Anschließend wurde ges. wässr. $NaHCO_3$-Lsg. (12 ml) zugegeben und auf Raumtemp. erwärmt. Nach Extraktion mit CH_2Cl_2 (3 × 10 ml) wurden die vereinigten organischen Phasen mit ges. wässr. NaCl-Lsg. (15 ml) gewaschen, über $MgSO_4$ getrocknet und unter vermindertem Druck vom Lösungsmittel befreit. Das so erhaltene Phenylsulfoxid wurde ohne weitere Aufreinigung weiter umgesetzt. Hierzu wurde das erhaltene Rohprodukt (705.1 mg) in *o*-Xylol (7 ml) gelöst, mit Pyridin (0.50 ml, 0.49 g, 6.2 mmol, 3.2 Äquiv.) versetzt und zum Rückfluss erhitzt. Nach 18 h wurde das Lösungsmittel unter vermindertem Druck entfernt.

Flashchromatographie (2 × 20 cm, CH/EE 20:1, 20 ml, #13-28) lieferte die Titelverbindung [268 g, 1.17 mmol, 61% (über 2 Stufen)] als farbloses Öl.

^{1}H NMR (400 MHz, $CDCl_3$/TMS): δ = 1.25 (t, $J_{O\text{-}CH_2\text{-}CH_3, O\text{-}CH_2\text{-}CH_3}$ = 7.1 Hz, O-CH$_2$-C*H$_3$*) teilweise überlagert von 1.30 (ddd, J_{gem} = 12.3 Hz, $J_{5,4}$ = 12.2 Hz, $J_{5,6}$ = 12.2 Hz, 5-H^1), 1.40 (s, weitere Aufspaltung höherer Ordnung angedeutet, 2-C*H$_3$*), 1.48 (s, weitere Aufspaltung höherer Ordnung angedeutet, 2-C*H$_3$*), 1.65 (ddd, J_{gem} = 12.9 Hz, $J_{5,4}$ = 2.6 Hz, $J_{5,6}$ = 2.6 Hz, 5-H^2), AB-Signal (δ$_A$ = 2.38, δ$_B$ = 2.54, J_{AB} = 15.5 Hz, zusätzlich aufgespalten zum d durch $J_{A,4}$ = 6.1 Hz und $J_{B,4}$ = 7.0 Hz, 1'-H$_2$), AB-Signal (δ$_A$ = 4.13, δ$_B$ = 4.16, J_{AB} = 14.4 Hz, zusätzlich aufgespalten zum q durch $J_{A, O\text{-}CH_2\text{-}CH_3}$ = 7.2 Hz und $J_{B, O\text{-}CH_2\text{-}CH_3}$ = 7.2 Hz, O-C*H$_2$*-CH$_3$), 4.31-4.40 (m, 4-H und 6-H), 5.12 (ddd, $J_{2'',1''}$ = 10.5 Hz, J_{gem} = 1.3 Hz, $^4J_{2'',6}$ = 1.3 Hz, 2''-H^1), 5.25 (ddd, $J_{2'',1''}$ = 17.2 Hz, J_{gem} = 1.5 Hz, $^4J_{2'',6}$ = 1.5 Hz, 2''-H^2), 5.80 (ddd, $J_{1'',2''}^2$ = 17.3 Hz, $J_{1'',2''}^2$ = 10.5 Hz, $J_{1'',6}$ = 5.8 Hz, 1''-H) ppm.

^{13}C NMR (100.61 MHz, CDCl$_3$): δ = 14.3 (O-CH$_2$-CH$_3$), 19.8 (2-Me), 30.2 (2-Me), 36.4 (1'-C), 41.6 (5-C), 60.6 (O-CH$_2$-CH$_3$), 65.8 (4-C*), 70.1 (6-C*), 99.0 (2-C), 115.7 (2''-C), 138.6 (1''-C), 171.0 (C=O) ppm, *Zuordnung vertauschbar.

(1*H*-Indol-2-yl)methanol

290

Zu einer Lösung von **270** (1.0 g, 5.3 mmol) in Et_2O (10 ml) wurde bei 0°C eine auf 0°C abgekühlte Suspension von Lithiumaluminiumhydrid (417 mg, 10.9 mmol, 2.07 Äquiv.) in Et_2O (10 ml) zugetropft und anschließend auf Raumtemp. erwärmt. Nach 30 min wurde unter Eiskühlung nacheinander H_2O (0.5 ml), wässr. NaOH (15%, 0.5 ml) und erneut H_2O (1.5 ml) zugegeben. Anschließend wurde mit Et_2O (3 × 10 ml) extrahiert, die vereinigten org. Phasen über $MgSO_4$ getrocknet und unter vermindertem Druck vom Lösungsmittel befreit.

Die als farbloses Öl erhaltene Titelverbindung (0.69 g, 4.7 mmol, 89%) wurde ohne weitere Aufreinigung weiter umgesetzt.

1*H*-Indol-2-carbaldehyd

271

Zu einer Lösung von **290** (0.69 g, 4.7 mmol) in CH_2Cl_2 (4.7 ml) wurde bei Raumtemp. MnO_2 (8.16 g, 94 mmol, 20 Äquiv.) gegeben. Nach 1 h bei Raumtemp. wurde die Reaktionsmischung über Kieselgur (10 g) filtriert, der Filterkuchen mit CH_2Cl_2 (20 ml) gewaschen und die vereinigten organischen Phasen unter vermindertem Druck vom Lösungsmittel befreit.

Flashchromatographie (2 × 20 cm, CH/EE 20:1, 20 ml, #13-28) lieferte die Titelverbindung (389 mg, 2.7 mmol, 57%) als schwach gelber Feststoff.

^{1}H NMR (400 MHz, CDCl$_3$/TMS): δ = 7.19 (ddd, $J^p_{Ar-H,}{}^{m'}_{Ar-H}$ = 8.1 Hz, $J^p_{Ar-H,}{}^{m}_{Ar-H}$ = 6.8 Hz, $^4J^p_{Ar-H,}{}^o_{Ar-H}$ = 1.2 Hz, ^{p}Ar-H), 7.28 (dd, $^4J_{3,}{}^m_{Ar-H}$ = 2.1 Hz, $^5J_{3,}{}^p_{Ar-H}$ = 1.0 Hz, 3-H), 7.40 (ddd, $J^m_{Ar-H,}{}^o_{Ar-H}$ = 8.3 Hz, $J^m_{Ar-H,}{}^p_{Ar-H}$ = 6.9 Hz, $^4J^m_{Ar-H,}{}^{m'}_{Ar-H}$ = 1.3 Hz, ^{m}Ar-H), 7.45 (ddd, $J^{m'}_{Ar-H,}{}^p_{Ar-H}$ = 8.4 Hz, $^4J^{m'}_{Ar-H,3}$ = 2.1 Hz, $^4J^{m'}_{Ar-H,}{}^m_{Ar-H}$ = 1.0 Hz, $^{m'}$Ar-H), 7.76 (ddd, $J^o_{Ar-H,}{}^m_{Ar-H}$ = 8.1 Hz, $^4J^o_{Ar-H,}{}^p_{Ar-H}$ = 2.0 Hz, $^5J^o_{Ar-H,}{}^{m'}_{Ar-H}$ = 0.9 Hz, ^{o}Ar-H), 8.99 (br. s., N*H*), 9.86 [s, C(*H*) = O] ppm.

^{13}C NMR (100.61 MHz, CDCl$_3$): δ = 112.5 (^{o}Ar-C), 114.8 (C-3), 121.4 (^{p}Ar-C), 123.6 (^{m}Ar-C), 127.5 (^{m}Ar-C), 127.5 [Ar-*C*(-N)], 136.1 (C-4*), 138.0 (C-2*), 182.1 (C=O) ppm, *Zuordnung vertauschbar.

2-Vinyl-1*H*-indol

268

Eine Suspension von MePPh₃⁺Br⁻ (896 mg, 2.5 mmol, 1.2 Äquiv.) in THF (12 ml) wurde bei 0°C mit *n*BuLi (0.96 ml, 2.3 mmol, 1.1 Äquiv.) versetzt und auf Raumtemp. erwärmt. Nach 1 h wurde auf -78°C abgekühlt und **271** (302 mg, 2.09 mmol) in THF (12 ml) zugegeben. Anschließend wurde schrittweise (40°C/h) auf Raumtemp. erwärmt und weitere 2 h bei Raumtemp. gerührt. Nach Zugabe von Kieselgel (2.5 g) wurde des Lösungsmittel unter vermindertem Druck entfernt.

Flashchromatographie (2 × 20 cm, CH/EE 15:1, 20 ml, #16-31) lieferte die Titelverbindung (200 mg, 1.40 mmol, 67%) als schwach gelber Feststoff.

^{1}H NMR (400 MHz, CDCl₃/TMS): δ = 5.27 (d, $J_{2',1'}$ = 11.2 Hz, 2'-H^1), 5.55 (d, $J_{2',1'}$ = 17.8 Hz, 2'-H^2), 6.52 (s, weitere Aufspaltung höherer Ordnung angedeutet, 3-H), 6.75 (dd, $J_{1',2'}{}^1$ = 17.8 Hz, $J_{1',2'}{}^2$ = 11.1 Hz, 1'-H), 7.08-7.12 (m, ^{p}Ar-H*), 7.18-7.22 (m, ^{m}Ar-H*), 7.32-7.34 (m, $^{m'}$Ar-H*), 7.57-7.60 (m, ^{o}Ar-H*), 8.14 (br. s., N*H*) ppm, *Zuordnung vertauschbar.

^{13}C NMR (100.61 MHz, CDCl₃): δ = 103.3 (C-3), 110.8 (^{o}Ar-C), 112.2 (^{p}Ar-C), 120.2 (C-2'*), 120.9 ($^{m'}$Ar-C), 122.9 (^{m}Ar-C), 127.7 (C-2), 128.9 ($^{o'}$Ar-C), 136.3 (^{ipso}Ar-C**), 136.7 (C-1'**) ppm, */**Zuordnung paarweise vertauschbar.

tert-Butyl 2-Vinyl-1*H*-indol-1-carboxylat

269

Zu einer Lösung von **268** (102 mg, 0.712 mmol) in CH_3CN (1 ml) wurde bei Raumtemp. DMAP (9 mg, 0.07 mmol, 10 mol-%) und $(Boc)_2O$ (0.18 ml, 0.19 g, 0.85 mmol, 1.2 Äquiv.) gegeben und über Nacht bei Raumtemp. gerührt. Anschließend wurde H_2O (5 ml) zugegeben und die Phasen getrennt. Die wässrige Phase wurde mit Essigsäureethylester (3 × 10 ml) extrahiert. Die vereinigten org. Phasen wurden über $MgSO_4$ getrocknet und unter vermindertem Druck vom Lösungsmittel befreit.

Flashchromatographie (1 × 20 cm, CH/EE 20:1, 5 ml, #3-5) lieferte die Titelverbindung (124 mg, 0.51 mmol, 72%) als farbloses Öl.

^{1}H NMR (400 MHz, $CDCl_3$/TMS): δ = 1.69 (s, 3 × 1''-CH_3), 5.28 (dd, $J_{1',2'}{}^1$ = 11.1 Hz, $^4J_{1',3}$ = 1.7 Hz, 1'-H), 5.69 (dd, $J_{2',1'}$ = 17.4 Hz, J_{gem} = 1.7 Hz, 2'-H^1), 6.72 (dd, $^4J_{3,m'}$ = 0.8 Hz, $^4J_{3,1'}$ = 0.8 Hz, 3-H), 7.19-7.21 (m, ^{p}Ar-H*), 7.22-7.25 (m, ^{m}Ar-H*) teilweise überlagert von 7.24 (ddd, $J_{1',2'}{}^1$ = 17.5 Hz, $J_{1',2'}{}^2$ = 11.1 Hz, $^4J_{1',3}$ = 0.8 Hz, 1'H), 7.25-7.29 (m, ^{m}Ar-H*; enthält $CHCl_3$-Peak bei 7.26), 7.50 (ddd, $J^o{}_{Ar\text{-}H,}{}^m{}_{Ar\text{-}H}$ = 7.6 Hz, $^4J^o{}_{Ar\text{-}H,}{}^p{}_{Ar\text{-}H}$ = 1.5 Hz, $^5J^o{}_{Ar\text{-}H,}{}^{m'}{}_{Ar\text{-}H}$ = 0.8 Hz, ^{o}Ar-H*) ppm, *Zuordnung vertauschbar.

^{13}C NMR (100.61 MHz, $CDCl_3$): δ = 28.4 (3 × 1''-Me), 84.3 (C-1''), 107.1 (C-3), 115.8 (^{o}Ar-C*), 115.9 (^{p}Ar-C*), 120.5 (C-2'), 123.0 (C-2), 124.3 (^{m}Ar-C**), 129.4 (^{m}Ar-C**), 129.6 (C-1'), 136.8 (^{o}Ar-C), 139.9 (^{ipso}Ar-C), 150.7 (C=O) ppm, */**Zuordnung paarweise vertauschbar.

tert-Butyl 1*H*-indol-1-carboxylat

291

Indol (**280**) (1.0 g, 8.5 mmol) wurde in CH_3CN (12 ml) gelöst und bei Raumtemp. mit Boc_2O (2.33 ml, 2.22 g, 10.2 mmol, 1.2 Äquiv.) und DMAP (104 mg, 0.850 mmol, 10 mol-%) versetzt. Nach 18 h bei Raumtemp. wurde Wasser (15 ml) zugegeben. Die wässrige Phase wurde mit Essigsäureethylester (3 × 10 ml) extrahiert. Die vereinigten org. Phasen wurden über $MgSO_4$ getrocknet und unter vermindertem Druck vom Lösungsmittel befreit.

Flashchromatographie (3 × 20 cm, CH/EE 20:1, 20 ml, #3-5) lieferte die Titelverbindung (156 mg, 0.718 mmol, 85%) als farbloses Öl.

^{1}H NMR (400 MHz, $CDCl_3$/TMS): δ = 1.68 (s, 3 × 1''-CH_3), 6.56 (d, $J_{2,3}$ = 3.7 Hz, 2-H, weitere Kopplung höherer Ordnung angedeutet), 7.19-7.36 (m, $^{m'}$Ar-H und ^{p}Ar-H; enthält $CHCl_3$-Peak bei 7.26), 7.56 (d, $J^m_{\text{Ar-H},}{}^o_{\text{Ar-H}}$ = 7.8 Hz, weitere Kopplung angedeutet, ^{m}Ar-H), 7.59 (d, $J_{3,2}$ = 3.7 Hz, 3-H), 8.14 (d, $J^o_{\text{Ar-H},}{}^m_{\text{Ar-H}}$ = 8.2 Hz, ^{o}Ar-H) ppm.

11. Literaturverzeichnis

1   Statistisches Bundesamt, Fachserie 12, Reihe 4, *„Todesursachen in Deutschland 2008"*, **23.02.2010**.

2   Auch ischämische Herzkrankheit.

3   Die Entstehung einer Krankheit (Pathogenese) betreffend.

4   Außerhalb der Leber gelegen.

5   G. Löffler, P. E. Petrides, *Biochemie und Pathobiochemie*, 6. Auflage, Springer-Verlag, Berlin, **1998**, 463-480.

6   J. J. Li, *Triumph of the heart – The Story of Statins*, 1. Auflage, Oxford University Press, New York, **2009**, 4-12.

7   T. Kreutzig, *Kurzlehrbuch Biochemie*, 10. Auflage, Urban & Fischer, München, **2000**, 234-239.

8   1976 entdeckten A. G. Brown *et al.* einen HMG-CoA-Reduktase-Hemmer in *Penicillium brevicompactum* und gaben diesem den Namen *Compactin*. Kristallstrukturanalysen belegten später, dass die beiden als *Mevastatin* und *Compactin* bezeichneten Substanzen identisch waren.

9   Bereits 1987 brachte Merck, Sharp & Dohme mit Lovastatin (*vgl. Abbildung 1*) unter dem Handelsnamen Mevacor® das erste Statin auf den Markt.

10 Pfizer Inc., Financial Report (Geschäftsbericht), **2009**, S. 21.

11 Eine am 29.03.2010 durchgeführte SciFinder-Recherche (*CAPLUS Datenbank*) nach „references associated with preparation of":

mit den Einschränkungen: *abs. stereo, rel. stereo, mirror stereo, german, english, journal, review, letter, patent* lieferte 155 von Duplikaten bereinigte Treffer. Eine am 31.03.2010 durchgeführte SciFinder Recherche nach dem entsprechenden *gesättigten* Substrukturelement lieferte mit den identischen Einschränkungen 377 Treffer.

12   Einen umfassenden Überblick gibt folgender Review: Y. Chapleur, „The Chemistry and Total Synthesis of Mevinolin and Related Compounds", in G. Lukacs (Ed.), *Recent Progress in the Chemical Synthesis of Antibiotics and Related Microbial Products*, Vol. 2, Springer-Verlag, Berlin, **1993**, 829-937.

13   T. Rosen, C. H. Heathcock, *J. Am. Chem. Soc.* **1985**, *107*, 3731-3733.

14   Während anfangs 1-Phenylethanol (**19**) als Nucleophil eingesetzt wurde, ersetzten es KARANEWSKY *et al.* 1990 durch das analog reagierende, billigere und besser verfügbare 1-Phenylethylamin (nicht gezeigt): D. S. Karanewsky, M. F. Malley, J. Z. Gougoutas, *J. Org. Chem.* **1991**, *56*, 3744-3747.

15   U. S. Racherla, H. C. Brown, *J. Org. Chem.* **1991**, *56*, 401-404.

16   K. Kubota, J. L. Leighton, *Angew. Chem.* **2003**, *115*, 976-978; *Angew. Chem. Int. Ed.* **2003**, *42*, 946-948.

17   Die enantiomerenreine Allyltitanspezies ist der Vollständigkeit halber in *Schema 3* aufgeführt. Sie wurde zwar nicht zur Synthese von Statinseitenkettensubstrukturen eingesetzt, liefert (mit div. L*) jedoch durch Addition an diverse Aldehyde *analoge* sekundäre Homoallylalkohole: A. Hafner, R. O. Duthaler, R. Marti, G. Rib, P. Rothe-Streit, F. Schwarzenbach, *J. Am. Chem. Soc.* **1992**, *114*, 2321-2336.

18

19   W. R. Roush, T. A. Dineen, *Org. Lett.* **2004**, *6*, 2043-2046.

20   H. Guo, M. S. Mortensen, G. A. O'Doherty, *Org. Lett.* **2008**, *10*, 3149-3152.

21   D. A. Evans, J. A. Gauchet-Prune, *J. Org. Chem.* **1993**, *58*, 2446-2453.

22   a) F. Allais, M.-C. Louvel, J. Cossy, *Synlett* **2007**, *3*, 451-452; b) Darstellung fluorhaltiger Derivate: P. V. Ramachandran, K. J. Padiya, V. Rauniyar, M. V. R. Reddy, H. C. Brown, *J. Fluorine Chem.* **2004**, *125*, 615-620.

23   P. Barbier, F. Schneider, U. Widmer, *Helv. Chim. Act.* **1987**, *70*, 1412-1418.

24   HYTRA = 2-Hydroxy-1,2,2-triphenylethylacetat.

25   M. Braun, R. Devant, *Tetrahedron Lett.* **1984**, *25*, 5031-5034.

26   H. Jendralla, E. Baader, W. Bartmann, G. Beck, A. Bergmann, E. Granzer, B. v. Kerekjarto, K. Kesseler, R. Krause, W. Schubert, G. Wess, *Journal of Med. Chem.*, **1990**, *33*, 61-70.

27   B. D. Roth, C. J. Blankley, A. W. Chucholowski, E. Ferguson, M. L. Hoefle, D. F. Ortwine, R. S. Newton, C. S. Sekerke, D. R. Sliskovic, C. D. Stratton, M. W. Wilsont, *Journal of Med. Chem.*, **1991**, *34*, 357-366.

28   D. V. Patel, R. J. Schmidt, E. M. Gordon, *J. Org. Chem.* **1992**, *57*, 7143-7151.

29   H. T. Lee, P. W. K. Woo, *J. Labelled Cpd. Radiopharm.* **1999**, *42*, 129-133.

30   O. Tempkin, S. Abel, C. P. Chen, R. Underwood, K. Prasad, K. M. Chen, O. Repic, T. J. Blacklock, *Tetrahedron* **1997**, *53*, 10659-10670.

31   G. Solladié, J. Hutt, A. Girardin, *Synthesis* **1987**, 173.

32   G. Solladié, C. Bauder, L. Rossi, *J. Org. Chem.* **1995**, *60*, 7774-7777.

33   Der Vollständigkeit halber möchte ich hier darauf hinweisen, dass man neben dem gezeigten nucleophilen Angriff von Enolaten an Sulfinate zum Aufbau chiraler Sulfoxide auch den „umgepolten" Fall des nucleophilen Angriffs eines deprotonierten Methylsulfoxids an Ester zum Aufbau der Ketosulfoxidsubstruktur kennt: S. Raghavan, K. Rathore, *Synlett* **2009**, *8*, 1285-1288.

34   Methode: K. Narasaka, F.-C. Pai, *Chem. Lett.* **1980**, 1415-1418; K. Narasaka, F.-C. Pai, *Tetrahedron* **1984**, *40*, 2233-2238; K.-M. Chen, G. E. Hardtmann, K. Prasad, O. Repic, M. J. Shapiro, *Tetrahedron Lett.* **1987**, *28*, 155-158; K.-M. Chen, K. G. Gunderson, G. E. Hardtmann, K. Prasad, O. Repic, M. J. Shapiro, *Chem. Lett.* **1987**, 1923-1926.

35   G. B. Reddy, T. Minami, T. Hanamoto, T. Hiyama, *J. Org. Chem.* **1991**, *56*, 5752-5754.

36   a) D. F. Taber, T. Raman, M. D. Gaul, *J. Org. Chem.* **1987**, *52*, 28-34; b) D. F. Taber, P. B. Deker, M. D. Gail, *J. Am. Chem. Soc.* **1987**, *109*, 7488-7494; c) D. F. Taber, J. C. Amedio, Y. K. Patel, *J. Org. Chem.* **1985**, *50*, 3618-3619.

37   a) K. Prasad, *US-Patent* 4.841.071, **1989**; b) O. Repic, K. Prasad, G. T. Lee, *Organic Process Research & Development* **2001**, *5*, 519-527.

38   T. Honda, S. Ono, H. Mizutani, K. O. Hallinan, *Tetrahedron Asymmetry* **1997**, *8*, 181-184.

39   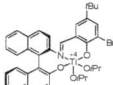

40   M. Hayashi, H. Kaneda, N. Oguni, *Tetrahedron Asymmetry* **1995**, *6*, 2511-2516.

41   Die Addition des „ungewöhnlichen" Nucleophils Diketen an Aldehyde unter Einwirkung von (achiralen) Lewissäuren wurde erstmals 1975 beobachtet: T. Izawa, T. Mukaiyama, *Chem. Lett.* **1975**, *4*, 161-164.

42   OGUNIS Strategie wird hier vorgestellt, obwohl sie, die andere Absolutkonfiguration als diejenige in Statinseitenketten liefert. Prinzipiell sollte mit OGUNIS Konzept unter Verwendung der spiegelbildlichen Schiff-Base jedoch auch die andere („richtige") Enantiomerenreihe zugänglich sein.

43   S. D. Rychnovsky, U. R. Khire, G. Yang, *J. Am. Chem. Soc.* **1997**, *119*, 2058-2059.

44

45   D. A. Evans, J. A. Gauchet-Prunet, E. M. Carreira, A. B. Charette, *J. Org. Chem.* **1991**, *56*, 741-750.

46   L. Carosi, D. G. Hall, *Can. J. Chem.* **2009**, *87*, 650-661.

47   K. Muñiz, *Chem. Unserer Zeit* **2006**, *40*, 112-124.

48   Y. Okude, S. Hirano, T. Hiyama, H. Nozaki, *J. Am. Chem. Soc.* **1977**, *99*, 3179-3180.

49   a) M. Inoue, T. Suzuki, A. Kinoshita, M. Nakada, *The Chemical Record* **2008**, *8*, 169-181. b) M. Inoue, M. Nakada, *Synthesis* **2009**, 3694-3707.

50   M. Bandini, P. G. Cozzi , P. Melchiorre, A. Umani-Ronchi, *Angew. Chem.* **1999**, *111*, 3558-3561; *Angew. Chem. Int. Ed.* **1999**, *38*, 3357-3359.

51   G. E. Keck, K. H. Tarbet, L. S. Geraci, *J. Am. Chem. Soc.* **1993**, *115*, 8467-8468; G. E. Keck, D. Krishnamurthy, *Org. Synth.* **1997**, *75*, 12-18.

52   A. K. Ghosh, C. Liu, *Chem. Commun.* **1999**, *17*, 1743-1744.

53   Beide Gruppen geben an, das gezeigte Diastereomer des Epoxids erhalten zu haben, eine genauere Angabe zu *ds* fehlt in beiden Fällen.

54   H. Hanawa, T. Hashimoto, K. Maruoka, *J. Am. Chem. Soc.* **2003**, *125*, 1708-1709.

55   B. Das, K. Laxminarayana, M. Krishnaiah, D. Nadan Kumar, *Helv. Chim. Act.* **2009**, *92*, 1840-1844.

56   L. Shao, H. Kawano, M. Saburi, Y. Uchida, *Tetrahedron* **1993**, *49*, 1997-2010.

57   A. Korostylev, V. Andrushko, N. Andrushko, V. I. Tararov, G. König, A. Börner, *Eur. J. Org. Chem.* **2008**, *5*, 840-846.

58   A. Miyashita, A. Yasuda, H. Takaya, K. Toriumi, T. Ito, T. Souchi, R. Noyori, *J. Am. Chem. Soc.* **1980**, *102*, 7932-7934.

59   Die Autoren untersuchten neben der in *Schema 14* vorgestellten Hydrierung von β-Ketoestern auch die einstufige asymmetrische Reduktion von 3,5-Diketoestern zu 3,5-Dihydroxyestern. Hierbei wurden jedoch stets Diastereomerengemische erhalten, die als Hauptdiastereomer, das hier nicht angestrebte *anti*-1,3-Diol Strukturelement enthielten.

60   Der Vollständigkeit halber möchte ich an dieser Stelle darauf hinweisen, dass außer den vorgestellten Ru/BINAP-katalysierten Hydrierungen auch eine SYNPHOS® katalysierte Hydrierung eines β-Ketoesters zu einem per gekreuzter CLAISEN-Kondensation verlängerbaren Hydroxyester bekannt ist. Da dort jedoch im Vergleich zum Statinseitenkettensubstrukturelement die „falsche" Absolutkonfiguration etabliert wird, wurde auf eine detaillierte Vorstellung an dieser Stelle verzichtet: R. Le Roux, N. Desroy, P. Phansavath, J.-P. Genêt, *Synlett* **2005**, *3*, 429-432.

61   A. Fettes, E. M. Carreira, *Angew. Chem.* **2002**, *114*, 4272-4275; *Angew. Chem. Int. Ed.* **2002**, *41*, 4098-4101.

62   R. A. Singer, E. M. Carreira, *J. Am. Chem. Soc.* **1995**, *117*, 12360-12361.

63   Zwar wird auch in diesem Beispiel das Enantiomer des zur Synthese von Statinseitenketten benötigten δ-Hydroxy-β-ketoesters **122** aufgebaut. CARREIRA selbst weist jedoch bereits darauf hin, dass die Verwendung der enantiomeren Lewissäure *ent*-**120** (nicht gezeigt) den Zugang zu dem korrekt konfigurierten Strukturelement ermöglichen sollte.

64   Der nach Erhitzen in BuOH in 68% erhaltene δ-Hydro-β-ketoester wurde im Rahmen dieser Synthese nicht zum 3,5-Dihydroxyseitenkettenstrukturelement reduziert, sondern einer anderen Anwendung zugeführt.

65   M. Sato, S. Sunami, Y. Sugati, C. Kaneko, *Chem. Pharm. Bull.* **1994**, *42*, 839-845.

66   K. Furuta, S. Shimizu, Y. Miwa, H. Yamamoto, *J. Org. Chem.* **1989**, *54*, 1481-1483; K. T. Maruyama, H. Yamamoto, *J. Am. Chem. Soc.* **1991**, *113*, 1041-1042.

67   Obwohl der von den Autoren durch Erhitzen in Gegenwart von Methanol erhaltene δ-Hydroxy-β-ketoester *syn*-selektiv reduzierbar gewesen sein müsste, entschied man sich für eine Reduktion mit NaBH$_4$ (nicht gezeigt), die ohne Stereokontrolle ablief.

68   D. L. Aubele, S. Wan, P. E. Floreancig, *Angew. Chem.* **2005**, *117*, 3551-3554; *Angew. Chem. Int. Ed.* **2005**, *44*, 3485-3488.

69   S. E. Denmark, T. Wynn, G. L. Beutner, *J. Am. Chem. Soc.* **2002**, *124*, 13405-13407.

70   S. Kiyooka, T. Yamaguchi, H. Maeda, H. Kira, M. Abu Hena, M. Horiiket, *Tetrahedron Lett.* **1997**, *38*, 3553-3556.

71   Die Autoren untersuchten auch MUKAIYAMA-Aldoladditionen mit schwefelfreien α-unsubstituierten Silylketenacetalen (auch deren Verwendung hätte die H$_2$/NiB$_2$-Reduktion überflüssig gemacht). Der bei diesen Reaktionen beobachtete Enantiomerenüberschuß war jedoch um 10-20% geringer als bei Verwendung von **125**: S. Kiyooka, M. A. Hena, *Tetrahedron Asymmetry* **1996**, *7*, 2181-2184.

72   D. A. Evans, B. T. Connell, *J. Am. Chem. Soc.* **2003**, *125*, 10899-10905.

73   D. A. Evans, M. C. Kozlowski, J. A. Murry, C. S. Burgey, K. R. Campos, B. T. Connell, R. J. Staples, *J. Am. Chem. Soc.* **1999**, *121*, 669-685.

74   Auch hier gelangen die Autoren zum Enantiomer der Statinseitenkettensubstruktur. Durch einen Wechsel des Katalysators sollte jedoch prinzipiell auch *ent*-**136** zugänglich sein.

75   T. Katsuki, K. B. Sharpless, *J. Am. Chem. Soc.* **1980**, *102*, 5976-5978.

76   D. C. Dittmer, R. P. Discordia, Y. Zhang, C. K. Murphy, A. Kumar, A. S. Pepito, Y. Wang, *J. Org. Chem.* **1993**, *58*, 718-731.

77   H. Urabe, T. Matsuka, F. Sato, *Tetrahedron Lett.* **1992**, *33*, 4179-4182.

78   H. Urabe, T. Matsuka, F. Sato, *Tetrahedron Lett.* **1992**, *33*, 4183-4186.

79   Die angegebene Ausbeute und der *ee* beziehen sich auf die Darstellung von *ent*-**149**: Y. Kobayashi, T. Ito, Y. Isao, U. Hirokazu, F. Sato, *Synlett* **1991**, *11*, 811-813.

80   F. Bonadies, R. Di Fabio, A. Gubbiotti, S. Mecozzi, C. Bonini, *Tetrahedron Lett.* **1987**, *28*, 703-706.

81   P. Herold, P. Mohr, C. Tamm, *Helv. Chim. Act.* **1983**, *66*, 744-754.

82   F. Bonadies, G. Rossi, C. Bonini, *Tetrahedron Lett.* **1984**, *25*, 5431-5434.

83   Diese auf der (eigentlich *katalytisch* asymmetrischen) SHARPLESS-Epoxidierung basierende Synthese wird hier vorgestellt, obwohl die Autoren aus nicht näher angegebenen Gründen 1.1 Äquiv. *D*-(–)-DET einsetzen, was die Synthese genau genommen zu einer *stöchiometrisch* asymmetrischen Route macht.

84    $$MeO\diagup\!\!\!\diagdown O\underset{\substack{\\ H \; \; \; H}}{\overset{Na^{\oplus}}{\diagdown \underset{Al}{\ominus} \diagup}} O\diagup\!\!\!\diagdown OMe$$

85   G. Sabitha, K. Sudhakar, Ch. Srinivas, J. S. Yadav, *Synthesis* **2007**, 705-708.

86   J. S. Yadav, P. K. Deshpande, G. V. M. Sharma, *Tetrahedron* **1990**, *46*, 7033.

87   Dieses Beispiel wird hier vorgestellt, obwohl es sich dabei genau genommen, aufgrund des chiralen Rests R, um eine *diastereo*selektive Reaktion handelt. Es gibt jedoch Beispiele echter *enantio*selektiver Epoxidierungen unter diesen Reaktionsbedingungen (vgl. *Lit.: 88*).

88   S. Tosaki, Y. Horiuchi, T. Nemoto, T. Ohshima, M. Shibasaki, *Chem. Eur. J.* **2004**, *10*, 1527-1544.

89   M. Bougauchi, S. Watanabe, T. Arai, H. Sasai, M. Shibasaki, *J. Am. Chem. Soc.* **1997**, *119,* 2329-2330.

90   T. Nemoto, T. Ohshima, M. Shibasaki, *J. Am. Chem. Soc.* **2001**, *123*, 9474-9475.

91   T. J. Hunter, G. A. O'Doherty, *Org. Lett.* **2001**, *3*, 1049-1052.

92   S. George, A. Sudalai, *Tetrahedron Lett.* **2007**, *48*, 8544-8546.

93   Mechanismus der asymmetrischen α-Hydroxylierung von Aldehyden durch Prolin/Nitrosobenzol: G. Zhong, *Angew. Chem.* **2003**, *115*, 4379-4382; *Angew. Chem. Int. Ed.* **2003**, *35*, 4247-4250.

94   H. Priepke, *Dissertation*, Universität Würzburg, **1993**.

95   M. Menges, R. Brückner, *Synlett* **1993**, *12*, 901-905.

96   Jan Hübner, *Dissertation*, Universität Freiburg, **2001**.

97   K. Körber, P. Risch, R. Brückner, *Synlett* **2005**, *19*, 2905-2910.

98   G. A. Molander, G. Hahn, *J. Org. Chem.* **1986**, *51*, 1135-1138.

99   Single-Electron-Transfer

100   G. E. Keck, C. A. Wager, T. Sell, T. T. Wager, *J. Org. Chem.* **1999**, *64*, 2172-2173.

101   K. Körber, *unveröffentlichte Ergebnisse*.

102   A. Zörb, *Diplomarbeit*, Universität Freiburg, **2007**.

103   Bestimmt auf der Stufe der nach der Dihydroxylierung erhaltenen αβ-Dihydroxyketone bzw. geeigneter Derivate derselben (*vgl. Diplomarbeit, Kapitel 3.4*).

104   C. H. Hövelmann, K. Muñiz, *Chem. Eur. J.* **2005**, *11*, 3951-3958.

105   Acylierung von Methyltriphenylphosphoran mit Säurechloriden: J. R. Proudfoot, C. Djerassi, *J. Am. Chem. Soc.* **1984**, *106*, 5613-5622.

106   Die ^{1}H-NMR-Spektren zeigten keinerlei Signale von evtl. anteilig gebildetem *cis*-Isomer.

107   Der jeweilige Enantiomerenüberschuss wurde per GC bzw. HPLC-Analyse an geeigneten Derivaten bestimmt (vgl. Experimentalteil).

108   H. C. Kolb, M. S. VanNieuwenhze, K. B. Sharpless, *Chem. Rev.* **1994**, *94*, 2483-2547.

109   a) K. B. Sharpless, W. Amberg, Y. L. Bennani, G. A. Crispino, J. Hartung, K.-S. Jeong, H.-L. Kwong, K. Morikawa, Z.-M. Wang, D. Xu, X.-L. Zhang, *J. Org. Chem.* **1992**, *57*, 2768-2771; b) H. C. Kolb, P. G. Andersson, K. B. Sharpless, *J. Am. Chem. Soc.* **1994**, *116*, 1278-1291; c) N. Moitessier, C. Henry, C. Len, Y. Chapleur, *J. Org. Chem.* **2002**, *67*, 7275-7282.

110   Hierbei kamen die von SHARPLESS zur Deborylierung von als B-Phenyldioxaborinane geschützten 1,2-Diole etablierten

Reaktionsbedingungen zur Anwendung: A. Gypser, D. Michel, D. S. Nirschl, K. B. Sharpless, *J. Org. Chem.* **1998**, *63*, 7322-7327.

111   A. Dahlén, E. Prasad, R. A. Flowers, G. Hilmersson, *Chem. Eur. J.* **2005**, *11*, 3279-3284.

112   Die Berechnung der Diastereomerenanteile gelingt auch durch den Vergleich der Integralflächen des separierten (*anti*- bzw. *trans*-) 1-H-Signals mit den überlagernden 1-H- und 3-H-Resonanzen des *syn*- + *anti*- bzw. *cis*- + *trans*-Diastereomers:

$$\text{Anteil } anti \text{ resp. } trans\text{-Diastereomer [\%]} = \frac{\text{Fläche 1-H (}anti\text{ resp. }trans\text{)} \cdot 100\%}{\text{Fläche 1-H (}syn\text{ resp. }cis\text{) + 3-H (}anti\text{ resp. }trans\text{)}}$$

Sie führt bei **203j** zu einem Diastereomerenverhältnis von 75:25 (statt zuvor 71:29). Beim entsprechenden B-Phenyldioxaborinan **229j** liefert die so durchgeführte Berechnung ein Verhältnis von 59:41 (statt zuvor 60:40). Im Rahmen der ^{1}H-NMR Genauigkeit sind die mit beiden Verfahren berechneten Verhältnisse identisch.

113   Eine Zuordnung *eines* Signals zu einem *einzelnen* C-Atom innerhalb eines Nuclid-Paars (C-1 und C-3) ist anhand der vorgenommenen Analyse nicht möglich.

114   R. W. Hoffmann, U. Weidmann, *Chem. Ber.* **1985**, *118*, 3980-3992.

115   H.-O. Kalinowski, S. Berger, S. Braun, *Carbon-13 NMR Spectroscopy*, John Wiley & Sons, Chichester, **1988**, pp. 118-123.

116   R. W. Hoffmann, S. Froech, *Tetrahedron Lett.* **1985**, *26*, 1643-1646.

117   O. Barun, S. Sommer, H. Waldmann, *Angew. Chem.* **2004**, *116*, 3258-3261; *Angew. Chem. Int. Ed.* **2004**, *43*, 3195-3199.

118   J.-F. Lavellée, C. Spino, R. Ruel, K. T. Hogan, P. Deslongchamps, *Can. J. Chem.*, **1992**, *70*, 1406-1426.

119   S. Wolfe, S. Ro, Z. Shi, *Can. J. Chem.* **2001**, *79*, 1259-1271.

120   C. Yuan, K. Wang, J. Li, Z. Li, *Heteroat. Chem.* **2002**, *13*, 153-156.

121   In Anlehnung an: R. A. Urbanek, S. F. Sabes, C. J. Forsyth, *J. Am. Chem. Soc.* **1998**, *120*, 2523-2533.

122   T. Siu, C. D. Cox, S. J. Danishefsky, *Angew. Chem.* **2003**, *45*, 5787-5792; *Angew. Chem. Int. Ed.* **2003**, *42*, 5629-5634.

123   J. Gebauer, S. Blechert, *J. Org. Chem.* **2006**, *71*, 2021-2025.

124   M. Sato, J. Sakaki, K. Takayama, S. Kobayashi, M. Suzuki, C. Kaneko, *Chem. Pharm. Bull.* **1990**, *38*, 94-98.

125 Auch eine Überführung von **241** in die entsprechende β-Ketosäure (nicht gezeigt) durch Behandlung mit *p*TsOH (10 mol-%) in Aceton/H₂O 8:1 (v:v) gelang nicht. Hier wurde **241** nach 3 d bei Raumtemp. in 94% Ausbeute reisoliert.

126 Auch die Behandlung von **250** mit K₂CO₃ (1.5 Äquiv.) in MeOH, die aus **250** die Bildung der Lactonform (nicht gezeigt) von **251** hätte bewirken sollen, führte nach 18 h bei Raumtemp. zu einem komplexen Produktgemisch.

127 A. L. Bowie Jr., D. Trauner, *J. Org. Chem.* **2009**, *74*, 1581-1586.

128 R. Öhrlein, G. Baisch, *Adv. Synth. Catal.* **2003**, *345*, 713-715.

129 C. K. Lau, S. Crumpler, K. Macfarlane, F. Lee, C. Berthelette, *Synlett* **2004**, *13*, 2281-2286; stellten **264** in 6 Stufen ausgehend von 2-Deoxy-*D*-ribose dar.

130 H. Suzuki, Y. Yokohama, C. Miyagi, Y. Murakami, *Chem. Pharm. Bull.* **1991**, *39*, 2170-2172.

131 Im Gegensatz zur literaturbekannten WITTIG-Reaktion von Methyltriphenylphosphoniumbromid und Indol-2-carbaldehyd mit KHMDS (L. Perez-Serrano, L. Casarrubios, G. Dominguez, P. Gonzales-Perez, J. Perez-Castells, *Synthesis* **2002**, 1810-1812) wurde hier BuLi als Base verwendet; der guten Ausbeute zufolge war diese Vorgehensweise gerechtfertigt.

132 H. E. Blackwell, D. J. O'Leary, A. K. Chatterjee, R. A. Washenfelder, D. A. Bussmann, R. H. Grubbs, *J. Am. Chem. Soc.* **2000**, *122*, 58-71.

133 „Grubbs II"

134 „Grubbs-Hoveyda II"

135 L. M. Bennasar, T. Roca, M. Monerris, D. Garcia-Diaz, *J. Org. Chem.* **2006**, *71*, 7028-7034.

136   a) M. Amat, B. Checa, N. Llor, E. Molins, J. Bosch, *Chem. Comm.* **2009**, *20*, 2935-2937; b) M. Amat, B. Checa, N. Llor, E. Molins, J. Bosch, *J. Org. Chem.* **2010**, *75*, 178-189.

137   L. M. Bennasar, E. Zulaica, D. Sole, T. Roca, D. Garcia-Diaz, *J. Org. Chem.* **2009**, *74*, 8359-8368.

138   Eine am 13.07.2010 durchgeführte SciFinder Recherche (CAPLUS Datenbank) nach der Umsetzung:

Metathesis

lieferte lediglich die in *Schema 47* vorgestellten Treffer.

139   D. R. Sliskovic, B. D. Roth, M. W. Wilson, M. L. Hoefle, R. S. Newton, *J. Med. Chem.* **1990**, *33*, 31-38.

140   Bezogen auf die längste lineare Sequenz der Synthese.

141   W.C. Still, M. Kahn, A. Mitra, *J. Org. Chem.* **1978**, *43*, 2923-2925.

www.ingramcontent.com/pod-product-compliance
Lightning Source LLC
Chambersburg PA
CBHW071402170526
45165CB00001B/158